수학이 쉬워지는
완벽한 솔루션

# 완쏠

## 개념 라이트

공통수학1

# 완쏠 개념 라이트 공통수학1

| | |
|---|---|
| **초판 2쇄** | 2024년 7월 31일 |
| **초판 1쇄** | 2023년 10월 27일 |
| **펴낸곳** | 메가스터디(주) |
| **펴낸이** | 손은진 |
| **개발 책임** | 배경윤 |
| **개발** | 김민, 신상희, 성기은, 오성한 |
| **디자인** | 이정숙, 신은지 |
| **마케팅** | 엄재욱, 김세정 |
| **제작** | 이성재, 장병미 |
| **주소** | 서울시 서초구 효령로 304(서초동) 국제전자센터 24층 |
| **대표전화** | 1661.5431(내용 문의 02-6984-6901 / 구입 문의 02-6984-6868,9) |
| **홈페이지** | http://www.megastudybooks.com |
| **출판사 신고 번호** | 제 2015-000159호 |
| **출간제안/원고투고** | 메가스터디북스 홈페이지 <투고 문의>에 등록 |

**메가스터디BOOKS**

'메가스터디북스'는 메가스터디㈜의 교육, 학습 전문 출판 브랜드입니다.

초중고 참고서는 물론, 어린이/청소년 교양서, 성인 학습서까지 다양한 도서를 출간하고 있습니다.

수학 기본기를 강화하는
# 완쏠 개념 라이트는
# 이렇게 만들었습니다!

새 교육과정에 충실한
중요 개념 선별 & 수록

교과서 수준에 철저히 맞춘
필수 예제와 유제 수록

최신 내신 기출과
수능, 평가원, 교육청 기출문제의
분석과 수록

개념을 빠르게
점검하는 단원 정리

정확한 답과 설명을
건너뛰지 않는 **친절한 해설**

# 이 책의 **짜임새**

STEP 1

## 필수 개념 + 개념 확인하기

단원별로 꼭 알아야 하는 필수 개념과
그 개념을 확인하는 문제로 개념을 쉽게 이해할 수 있다.

STEP 2

## 교과서 예제로 개념 익히기

개념별로 교과서에 빠지지 않고 수록되는 예제들을
필수 예제로 선정했고, 필수 예제와 같은 유형의 문제를
한번 더 풀어 보며 기본기를 다질 수 있다.

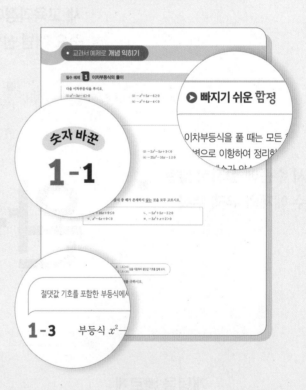

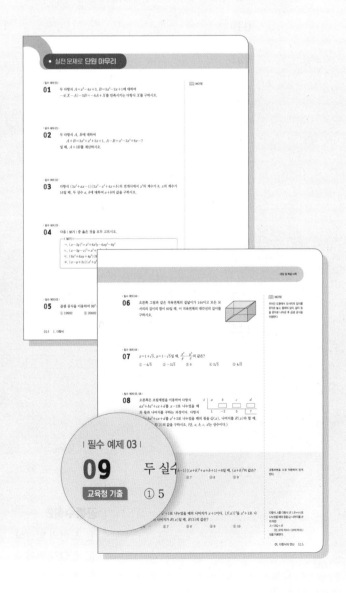

## STEP 3

### 실전 문제로 단원 마무리

단원 전체의 내용을 점검하는 다양한 난이도의 실전 문제로
내신 대비를 탄탄하게 할 수 있고,
수능·평가원·교육청 기출로 수능적 감각을 키울 수 있다.

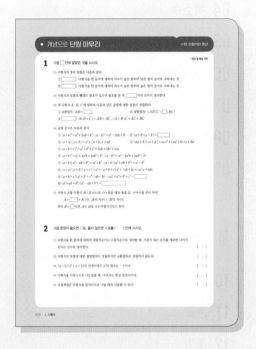

### 개념으로 단원 마무리

### 빈칸&○× 문제로 단원 마무리

개념을 제대로 이해했는지 빈칸 문제로 확인한 후,
○× 문제로 개념에 대한 이해도를 다시 한번
점검할 수 있다.

| 필수 예제 03 |

## 09

두 실수

교육청 기출

① 5

# 이 책의 차례

Ⅰ. 다항식

# 01

# 다항식의 연산

# 01 다항식의 연산

## 1 다항식의 덧셈과 뺄셈

**(1) 다항식의 정리 방법**

① 내림차순: 다항식을 한 문자에 대하여 차수가 높은 항부터 낮은 항의 순서로 나타내는 것

② 오름차순: 다항식을 한 문자에 대하여 차수가 낮은 항부터 높은 항의 순서로 나타내는 것

참고 특별한 언급이 없으면 다항식은 일반적으로 내림차순으로 정리한다.

**(2) 다항식의 덧셈과 뺄셈은 다음과 같은 순서로 계산한다.**

❶ 괄호가 있으면 괄호를 푼다. ❶

❷ 동류항끼리 모아서 간단히 정리한다.

**(3) 다항식의 덧셈에 대한 성질**

세 다항식 $A$, $B$, $C$에 대하여 다음 법칙이 성립한다.

① 교환법칙: $A+B=B+A$

② 결합법칙: $(A+B)+C=A+(B+C)$ ❷

## 2 다항식의 곱셈

**(1) 다항식의 곱셈은 다음과 같은 순서로 계산한다.**

❶ 분배법칙과 지수법칙을 이용하여 전개한다.

❷ 동류항끼리 모아서 간단히 정리한다.

참고 다항식의 곱셈에서는 다음 지수법칙을 이용한다.
$x^m x^n = x^{m+n}$ (단, $m$, $n$은 자연수)

**(2) 다항식의 곱셈에 대한 성질**

세 다항식 $A$, $B$, $C$에 대하여 다음 법칙이 성립한다.

① 교환법칙: $AB=BA$

② 결합법칙: $(AB)C=A(BC)$ ❸

③ 분배법칙: $A(B+C)=AB+AC$, $(A+B)C=AC+BC$

## 3 곱셈 공식

(1) $(a+b)^2=a^2+2ab+b^2$, $(a-b)^2=a^2-2ab+b^2$

(2) $(a+b)(a-b)=a^2-b^2$

(3) $(x+a)(x+b)=x^2+(a+b)x+ab$

(4) $(ax+b)(cx+d)=acx^2+(ad+bc)x+bd$

(5) $(a+b+c)^2=a^2+b^2+c^2+2ab+2bc+2ca$

(6) $(a+b)^3=a^3+3a^2b+3ab^2+b^3$, $(a-b)^3=a^3-3a^2b+3ab^2-b^3$

(7) $(a+b)(a^2-ab+b^2)=a^3+b^3$, $(a-b)(a^2+ab+b^2)=a^3-b^3$

(8) $(x+a)(x+b)(x+c)=x^3+(a+b+c)x^2+(ab+bc+ca)x+abc$

(9) $(a+b+c)(a^2+b^2+c^2-ab-bc-ca)=a^3+b^3+c^3-3abc$

(10) $(a^2+ab+b^2)(a^2-ab+b^2)=a^4+a^2b^2+b^4$

---

### 개념 플러스⁺

**▪ 다항식에 대한 용어**

① 항의 차수: 항에서 특정한 문자가 곱해진 개수

② 다항식의 차수: 다항식의 항 중에서 차수가 가장 높은 항의 차수

③ 동류항: 특정한 문자에 대하여 차수가 같은 항

❶ ① 괄호 앞의 부호가 '+'이면 부호를 그대로
➡ $A+(B-C)=A+B-C$

② 괄호 앞의 부호가 '−'이면 부호를 반대로
➡ $A-(B-C)=A-B+C$

❷ 다항식의 덧셈에 대한 결합법칙이 성립하므로 $(A+B)+C$와 $A+(B+C)$는 괄호를 생략하여 $A+B+C$로 나타낼 수 있다.

❸ 다항식의 곱셈에 대한 결합법칙이 성립하므로 $(AB)C$와 $A(BC)$는 괄호를 생략하여 $ABC$로 나타낼 수 있다.

**▪ 곱셈 공식의 변형**

① $a^2+b^2=(a+b)^2-2ab$
$\qquad =(a-b)^2+2ab$

② $(a+b)^2=(a-b)^2+4ab$
$\quad (a-b)^2=(a+b)^2-4ab$

③ $a^3+b^3=(a+b)^3-3ab(a+b)$
$\quad a^3-b^3=(a-b)^3+3ab(a-b)$

④ $a^2+b^2+c^2$
$\quad =(a+b+c)^2-2(ab+bc+ca)$

### ❹ 다항식의 나눗셈

**(1) 다항식의 나눗셈**

각 다항식을 내림차순으로 정리한 다음 자연수의 나눗셈과 같은 방법으로 계산한다.

> **참고** 다항식의 나눗셈에서는 다음 지수법칙을 이용한다.
> $$x^m \div x^n = \begin{cases} x^{m-n} & (m>n) \\ 1 & (m=n) \end{cases} \text{ (단, } x \neq 0 \text{이고 } m, n \text{은 자연수)}$$

$$
\begin{array}{r}
6x+2 \quad \leftarrow \text{몫} \\
x+1\overline{)6x^2+8x+5} \\
\underline{6x^2+6x} \\
2x+5 \\
\underline{2x+2} \\
3 \leftarrow \text{나머지}
\end{array}
$$

**(2)** 다항식 $A$를 다항식 $B\,(B \neq 0)$로 나누었을 때의 몫을 $Q$, 나머지를 $R$라 하면

$$A = BQ + R \text{ (단, } (R\text{의 차수}) < (B\text{의 차수}))$$

특히 $R=0$이면 $A$는 $B$로 나누어떨어진다고 한다.

**(3) 조립제법**

다항식을 일차식으로 나눌 때, 계수만을 이용하여 몫과 나머지를 구하는 방법

> **예** 다항식 $x^3 - 4x^2 + x + 5$를 $x-2$로 나누었을 때의 몫과 나머지는 다음과 같이 구할 수 있다.

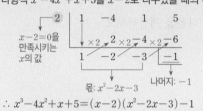

$$\therefore x^3 - 4x^2 + x + 5 = (x-2)(x^2 - 2x - 3) - 1$$

**개념 플러스⁺**

▨ 다항식의 나눗셈을 할 때는 자연수의 나눗셈과 같은 방법으로 계산한다. 이 때 해당되는 차수의 항이 없으면 그 자리를 비워 두고 계산한다.

▨ 조립제법을 이용할 때는 차수가 높은 항부터 차례로 모든 항의 계수를 적고, 이때 해당되는 차수의 항이 없으면 그 자리에 0을 적는다.

---

## 교과서 개념 확인하기

정답 및 해설 10쪽

**1** 다항식 $4x^3 - 3xy^2 + x^2y^2 + 2y - 3$에 대하여 다음 물음에 답하시오.

　(1) $x$에 대하여 내림차순으로 정리하시오.　　　(2) $y$에 대하여 내림차순으로 정리하시오.

**2** 다음을 계산하시오.

　(1) $(x^2 - xy + 2y^2) + (3x^2 + 4xy - 5y^2)$　　　(2) $(4x^2 + xy - y^2) - (x^2 - 2xy + 3y^2)$

**3** 다음 식을 전개하시오.

　(1) $x(2x^2 + x - 3)$　　　(2) $(a^2 + 3a - 2)(a-1)$

**4** 곱셈 공식을 이용하여 다음 식을 전개하시오.

　(1) $(x+4)^2$　　　(2) $(a+3b)(a-3b)$

　(3) $(x+3)^3$　　　(4) $(x+2)(x^2 - 2x + 4)$

**5** $x+y=3$, $xy=-2$일 때, 다음 식의 값을 구하시오.

　(1) $x^2 + y^2$　　　(2) $x^3 + y^3$

**6** 오른쪽은 조립제법을 이용하여 $(4x^3 - 2x^2 + 3x - 1) \div (x-1)$의 몫과 나머지를 구하는 과정이다. ☐ 안에 알맞은 것을 쓰고, 몫과 나머지를 각각 구하시오.

$$
\begin{array}{r|rrrr}
\square & 4 & -2 & \square & -1 \\
& & 4 & 2 & 5 \\
\hline
& 4 & \square & 5 & \square
\end{array}
$$

**◐ 다시 정리하는 개념**

두 다항식 $A=3x^3+2x-4$, $B=-x^3+3x^2-4x$에 대하여 다음을 계산하시오.

(1) $A+B$

(2) $A-B$

(3) $A+3B$

(4) $-A-2B$

① 다항식의 덧셈, 뺄셈을 할 때는 먼저 괄호를 풀고, 동류항끼리 모아서 간단히 정리한다.

② 괄호 앞의 부호가 '−'이면 괄호 안에 있던 각 항의 부호는 반대로 바뀐다.

**숫자 바꾼**

**1-1** 두 다항식 $A=-x^2+4xy-3y^2$, $B=6x^2-xy+4y^2$에 대하여 다음을 계산하시오.

(1) $A+B$

(2) $A-B$

(3) $2A+5B$

(4) $-A-3B$

**1-2** 세 다항식 $A=x^2-2xy+2y^2$, $B=x^2-3xy-y^2$, $C=x^2-y^2$에 대하여 다음을 계산하시오.

(1) $2(A-B)+A$

(2) $(3A+B)-(C-B)$

**1-3** 두 다항식 $A=3x^2-2xy-y^2$, $B=x^2+3xy-2y^2$에 대하여 $A-3(X-B)=7A$를 만족시키는 다항식 $X$를 구하시오.

## 필수 예제 **2** 다항식의 전개식에서 계수 구하기

**▶ 문제 해결 tip**

다항식 $(4x^2+2x+3)(x^2+3x+5)$의 전개식에서 다음을 구하시오.

(1) $x$의 계수

(2) $x^3$의 계수

다항식의 전개식에서 특정한 항의 계수를 구할 때는 분배법칙을 이용하여 특정한 항이 나오는 항들만 전개하여 계수를 구한다.

**소자 바꾼**

**2-1** 다항식 $(7x^3-4x^2+x+3)(2x^2+x-2)$의 전개식에서 다음을 구하시오.

(1) $x^3$의 계수

(2) $x^4$의 계수

**2-2** 다항식 $(5x^4-2x^3+4x^2+x)^2$의 전개식에서 $x^5$의 계수를 구하시오.

**2-3** 다항식 $(3x^2-5x+2)(x^2+ax+1)$의 전개식에서 $x^2$의 계수가 $-5$일 때, 상수 $a$의 값을 구하시오.

## 필수 예제 **3** 곱셈 공식

◉ 빠지기 쉬운 함정

다음 식을 전개하시오.

(1) $(-2x+5)^3$

(2) $(2x-1)(4x^2+2x+1)$

(3) $(a+3b-c)^2$

(4) $(x+1)(x+2)(x+3)$

(5) $(x+y+1)(x^2+y^2-xy-x-y+1)$

(6) $(x^2+x+1)(x^2-x+1)$

곱셈 공식을 무조건 외워서 식을 전개하는 것은 시간을 단축시키는 효과가 있지만 곱셈 공식을 틀리게 외우면 잘못된 전개를 할 수 있으니 유의한다.

**숫자 바꾼**

### 3-1 다음 식을 전개하시오.

(1) $(x+2y)^3$

(2) $(x+3y)(x^2-3xy+9y^2)$

(3) $(x-y+2z)^2$

(4) $(x-1)(x+2)(x-3)$

(5) $(a+b-c)(a^2+b^2+c^2-ab+bc+ca)$

(6) $(a^2+3a+9)(a^2-3a+9)$

### 3-2 다음 식을 전개하시오.

(1) $(a-b)(a+b)(a^2+b^2)(a^4+b^4)$

(2) $(x-y)^3(x+y)^3$

(3) $(a-1)^3(a^2+a+1)^3$

(4) $(x-2)(x+2)(x^2+2x+4)(x^2-2x+4)$

공통부분이 보이는 경우 공통부분을 $X$로 치환하여 전개하고, 공통부분이 보이지 않는 경우 식을 변형한 후 공통부분을 $X$로 치환하여 전개해 보자.

### 3-3 다음 식을 전개하시오.

(1) $(x^2+x-2)(x^2+x+4)$

(2) $(x-1)(x-5)(x+3)(x+7)$

## 필수 예제 **4** 곱셈 공식의 변형

● 다시 정리하는 개념

다음 물음에 답하시오.

(1) $x+y=3$, $x^2+y^2=11$일 때, $x^3+y^3$의 값을 구하시오.

(2) $a+b+c=1$, $a^2+b^2+c^2=13$일 때, $ab+bc+ca$의 값을 구하시오.

① $a^3+b^3$
$\quad =(a+b)^3-3ab(a+b)$
$a^3-b^3$
$\quad =(a-b)^3+3ab(a-b)$
② $a^3+b^3+c^3$
$\quad =(a+b+c)$
$\qquad \times(a^2+b^2+c^2-ab-bc-ca)$
$\qquad\qquad +3abc$

**숫자 바꾼**

**4-1** 다음 물음에 답하시오.

(1) $x-y=2$, $x^2+y^2=6$일 때, $x^3-y^3$의 값을 구하시오.

(2) $a+b+c=4$, $a^2+b^2+c^2=38$, $abc=6$일 때, $a^3+b^3+c^3$의 값을 구하시오.

**4-2** 다음 물음에 답하시오.

(1) $x+y=6$, $xy=3$일 때, $\dfrac{y}{x}+\dfrac{x}{y}$의 값을 구하시오.

(2) $a+b+c=5$, $a^2+b^2+c^2=35$, $abc=-1$일 때, $\dfrac{1}{a}+\dfrac{1}{b}+\dfrac{1}{c}$의 값을 구하시오.

> 문자가 $a, b$의 2개인 곱셈 공식의 변형에 $a$ 대신 $x$, $b$ 대신 $\dfrac{1}{x}$을 대입하여 생각해 보자.

**4-3** $x+\dfrac{1}{x}=6$일 때, 다음 식의 값을 구하시오. (단, $x>1$)

(1) $x^2+\dfrac{1}{x^2}$        (2) $x^3+\dfrac{1}{x^3}$        (3) $x-\dfrac{1}{x}$

## 필수 예제 **5** 다항식의 나눗셈

다음 다항식의 나눗셈의 몫과 나머지를 각각 구하시오.

(1) $(x^2+3x+4) \div (x-1)$

(2) $(x^3+2x^2-3x+5) \div (x+1)$

**⊙ 다시 정리하는 개념**

다항식의 나눗셈을 할 때는 차수를 맞춰서 계산한다. 이때 해당하는 차수의 항이 없으면 그 자리를 비워 둔다.

**숫자 바꿈**

**5-1** 다음 다항식의 나눗셈의 몫과 나머지를 각각 구하시오.

(1) $(3x^3-2x^2+5x+1) \div (x-2)$

(2) $(x^4+2x^3-4x-3) \div (x^2+1)$

**5-2** 다항식 $x^3+4x^2-5x+6$을 다항식 $x^2-x+1$로 나누었을 때의 몫을 $Q(x)$, 나머지를 $R(x)$라 할 때, $Q(3)+R(2)$의 값을 구하시오.

**5-3** 다항식 $x^3-7x^2+5$를 다항식 $X$로 나누었을 때의 몫이 $x^2-6x-6$이고 나머지가 $-1$일 때, 다항식 $X$를 구하시오.

## 필수 예제 **6** 조립제법

오른쪽은 조립제법을 이용하여 다항식 $x^3-5x^2+4$를 $x-2$로 나누었을 때의 몫과 나머지를 구하는 과정이다. 상수 $a$, $b$, $c$, $d$에 대하여 $a+b+c+d$의 값을 구하시오.

| 2 | 1 | $-5$ | $b$ | 4 |
|---|---|------|-----|-----|
|   |   | $a$  | $-6$ | $-12$ |
|   | 1 | $-3$ | $c$ | $d$ |

**▶ 다시 정리하는 개념**

조립제법을 이용할 때는 차수가 높은 항부터 차례로 모든 항의 계수를 빠짐없이 적어야 하며, 해당되는 차수의 항이 없으면 그 자리에 0을 적는다.

---

**숫자 바꾼**

**6-1** 오른쪽은 조립제법을 이용하여 다항식 $x^3+2x-9$를 $x-3$으로 나누었을 때의 몫과 나머지를 구하는 과정이다. 상수 $a$, $b$, $c$, $d$에 대하여 $a+b+c+d$의 값을 구하시오.

| 3 | 1 | $a$ | 2  | $-9$ |
|---|---|-----|----|------|
|   |   | 3   | $c$ | $d$ |
|   | 1 | $b$ | 11 | 24 |

**6-2** 조립제법을 이용하여 다음 다항식의 나눗셈의 몫과 나머지를 각각 구하시오.

(1) $(x^3-2x^2+3x+5)\div(x-1)$

(2) $(x^3-3x^2-8x)\div(x+2)$

**6-3** 다항식 $2x^3+x^2+3x-4$를 $x-\dfrac{1}{2}$로 나누었을 때의 몫과 나머지를 구하기 위하여 조립제법을 이용하였더니 오른쪽과 같았다. 다음 물음에 답하시오.

| $a$ | 2 | $b$ | 3 | $-4$ |
|-----|---|-----|---|------|
|     |   | 1   | $c$ | $d$ |
|     | 2 | $b+1$ | 4 | $-4+d$ |

(1) 상수 $a$, $b$, $c$, $d$의 값을 각각 구하시오.

(2) 다항식 $2x^3+x^2+3x-4$를 $2x-1$로 나누었을 때의 몫과 나머지를 각각 구하시오.

| 필수 예제 01 |

**01** 두 다항식 $A=x^2-4x+3$, $B=5x^2-2x+1$에 대하여
$-4(X-A)-5B=-6A+X$를 만족시키는 다항식 $X$를 구하시오.

| 필수 예제 01 |

**02** 두 다항식 $A$, $B$에 대하여
$$A+B=3x^3+x^2+2x+1, \ A-B=x^3-3x^2+8x-7$$
일 때, $A+3B$를 계산하시오.

| 필수 예제 02 |

**03** 다항식 $(3x^2+ax-1)(2x^3-x^2+4x+b)$의 전개식에서 $x^3$의 계수가 8, $x$의 계수가 16일 때, 두 상수 $a$, $b$에 대하여 $a+b$의 값을 구하시오.

| 필수 예제 03 |

**04** 다음 | 보기 | 중 옳은 것을 모두 고르시오.

┌─| 보기 |─────────────────────────────────┐
ㄱ. $(x-2y)^3=x^3+6x^2y-6xy^2-8y^3$

ㄴ. $(x-3y-z)^2=x^2+9y^2+z^2-6xy+6yz-2zx$

ㄷ. $(9x^2+6xy+4y^2)(9x^2-6xy+4y^2)=81x^4+12x^2y^2+16y^2$

ㄹ. $(x-y+2z)(x^2+y^2+4z^2+xy+2yz-2zx)=x^3-y^3+8z^3+6xyz$
└────────────────────────────────────────┘

| 필수 예제 03 |

**05** 곱셈 공식을 이용하여 $99^2+101^2$을 계산하면?

① 19992  ② 20002  ③ 20012  ④ 20022  ⑤ 20032

수와 연산으로 이루어진 복잡한 식의 값은 수를 문자로 치환한 후 곱셈 공식을 이용하여 구한다.

| 필수 예제 04 |

**06** 오른쪽 그림과 같은 직육면체의 겉넓이가 144이고 모든 모서리의 길이의 합이 60일 때, 이 직육면체의 대각선의 길이를 구하시오.

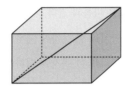

📖 **NOTE**

주어진 도형에서 모서리의 길이를 문자로 놓고, 둘레의 길이, 넓이 등을 문자로 나타낸 후 곱셈 공식을 이용한다.

| 필수 예제 04 |

**07** $x=1+\sqrt{5}$, $y=1-\sqrt{5}$일 때, $\dfrac{x^2}{y}-\dfrac{y^2}{x}$의 값은?

① $-4\sqrt{5}$ ② $-2\sqrt{5}$ ③ $0$ ④ $2\sqrt{5}$ ⑤ $4\sqrt{5}$

| 필수 예제 05, 06 |

**08** 오른쪽은 조립제법을 이용하여 다항식 $ax^3+bx^2+cx+d$를 $x-2$로 나누었을 때의 몫과 나머지를 구하는 과정이다. 다항식 $ax^3+bx^2+cx+d$를 $x^2+2$로 나누었을 때의 몫을 $Q(x)$, 나머지를 $R(x)$라 할 때, $Q(-1)+R(2)$의 값을 구하시오. (단, $a$, $b$, $c$, $d$는 상수이다.)

| 2 | $a$ | $b$ | $c$ | $d$ |
|---|---|---|---|---|
| | | □ | □ | □ |
| | 1 | $-2$ | 5 | 7 |

| 필수 예제 03 |

**09** 두 실수 $a$, $b$에 대하여 $(a+b-1)\{(a+b)^2+a+b+1\}=8$일 때, $(a+b)^3$의 값은?

교육청 기출

① 5 ② 6 ③ 7 ④ 8 ⑤ 9

공통부분을 $X$로 치환하여 전개한다.

| 필수 예제 05 |

**10** 다항식 $f(x)$를 $x^2+1$로 나누었을 때의 나머지가 $x+1$이다. $\{f(x)\}^2$을 $x^2+1$로 나누었을 때의 나머지가 $R(x)$일 때, $R(3)$의 값은?

교육청 기출

① 6 ② 7 ③ 8 ④ 9 ⑤ 10

다항식 $A$를 다항식 $B$ $(B\neq0)$로 나누었을 때의 몫을 $Q$, 나머지를 $R$라 하면
$A=BQ+R$
(단, ($R$의 차수)<($B$의 차수))
임을 이용한다.

• 정답 및 해설 15쪽

**1** 다음 ☐ 안에 알맞은 것을 쓰시오.

(1) 다항식의 정리 방법은 다음과 같다.

　① ☐☐☐ : 다항식을 한 문자에 대하여 차수가 높은 항부터 낮은 항의 순서로 나타내는 것

　② ☐☐☐ : 다항식을 한 문자에 대하여 차수가 낮은 항부터 높은 항의 순서로 나타내는 것

(2) 다항식의 덧셈과 **뺄셈**은 괄호가 있으면 괄호를 푼 후, ☐☐☐끼리 모아서 정리한다.

(3) 세 다항식 $A$, $B$, $C$에 대하여 다음과 같은 곱셈에 대한 성질이 성립한다.

　① 교환법칙: $AB = \boxed{\phantom{xx}}$ 　　　　　② 결합법칙: $(AB)C = \boxed{\phantom{x}}(BC)$

　③ ☐☐☐ : $A(B+C) = AB + AC$, $(A+B)C = AC + BC$

(4) 곱셈 공식은 다음과 같다.

　① $(a+b)^2 = a^2 + 2ab + b^2$, $(a-b)^2 = a^2 - 2ab + b^2$　② $(a+b)(a-b) = \boxed{\phantom{xx}}$

　③ $(x+a)(x+b) = x^2 + (a+b)x + ab$　　　　④ $(ax+b)(cx+d) = acx^2 + (ad+bc)x + bd$

　⑤ $(a+b+c)^2 = a^2 + b^2 + c^2 + 2ab + 2bc + 2ca$

　⑥ $(a+b)^3 = a^3 + 3a^2b + 3ab^2 + b^3$, $(a-b)^3 = a^3 - 3a^2b + 3ab^2 - b^3$

　⑦ $(a+b)(a^2 - ab + b^2) = a^3 + b^3$, $(a-b)(a^2 + ab + b^2) = a^3 - b^3$

　⑧ $(x+a)(x+b)(x+c) = x^3 + (a+b+c)x^2 + (ab+bc+ca)x + abc$

　⑨ $(a+b+c)(a^2 + b^2 + c^2 - ab - bc - ca) = a^3 + b^3 + c^3 - \boxed{\phantom{xx}}$

　⑩ $(a^2 + ab + b^2)(a^2 - ab + b^2) = \boxed{\phantom{xxxx}}$

(5) 다항식 $A$를 다항식 $B$ ($B \neq 0$)로 나누었을 때의 몫을 $Q$, 나머지를 $R$라 하면

　　$A = \boxed{\phantom{xx}} + R$ (단, ($R$의 차수) < ($B$의 차수))

　특히 $R = \boxed{\phantom{x}}$이면 $A$는 $B$로 나누어떨어진다고 한다.

**2** 다음 문장이 옳으면 ○표, 옳지 않으면 ×표를 (　　) 안에 쓰시오.

(1) 다항식을 한 문자에 대하여 내림차순이나 오름차순으로 정리할 때, 기준이 되는 문자를 제외한 나머지

　문자는 상수로 생각한다. 　　　　　　　　　　　　　　　　　　　　　　　　　　　　　( 　 )

(2) 다항식의 덧셈에 대한 결합법칙이 성립하지만 교환법칙은 성립하지 않는다. 　　　　　　　( 　 )

(3) $(x-2)(x^2+x+5)$의 전개식에서 $x^2$의 계수는 $-1$이다. 　　　　　　　　　　　　　( 　 )

(4) 다항식을 이차식으로 나누었을 때, 나머지는 항상 일차식이다. 　　　　　　　　　　　　( 　 )

(5) 조립제법은 다항식을 일차식으로 나눌 때만 사용할 수 있다. 　　　　　　　　　　　　　( 　 )

# 02

# 항등식과
# 나머지정리

# 02 항등식과 나머지정리

I. 다항식

## 1 항등식

(1) **항등식**: 문자를 포함하는 등식에서 그 문자에 어떤 값을 대입하여도 항상 성립하는 등식

**참고** 다음은 모두 $x$에 대한 항등식을 나타낸다.

① 모든 $x$에 대하여 성립하는 등식  　② 임의의 $x$에 대하여 성립하는 등식

③ $x$의 값에 관계없이 항상 성립하는 등식  　④ $x$가 어떤 값을 갖더라도 성립하는 등식

(2) **항등식의 성질**

① $ax^2+bx+c=0$이 $x$에 대한 항등식이면 $a=b=c=0$이다.

　또한, $a=b=c=0$이면 $ax^2+bx+c=0$은 $x$에 대한 항등식이다.

② $ax^2+bx+c=a'x^2+b'x+c'$이 $x$에 대한 항등식이면 $a=a'$, $b=b'$, $c=c'$이다.

　또한, $a=a'$, $b=b'$, $c=c'$이면 $ax^2+bx+c=a'x^2+b'x+c'$은 $x$에 대한 항등식이다.

③ $ax+by+c=0$이 $x$, $y$에 대한 항등식이면 $a=b=c=0$이다.

　또한, $a=b=c=0$이면 $ax+by+c=0$은 $x$, $y$에 대한 항등식이다.

## 2 미정계수법

항등식의 뜻과 성질을 이용하여 주어진 등식에서 정해져 있지 않은 계수를 정하는 방법을 **미정계수법**이라 한다.

(1) **계수비교법**: 항등식의 양변의 동류항의 계수를 비교하여 미정계수를 정하는 방법❶

(2) **수치대입법**: 항등식의 문자에 적당한 수를 대입하여 미정계수를 정하는 방법❷

**예** 등식 $a(x-2)+b(x-1)=2x$가 $x$에 대한 항등식이 되도록 하는 두 상수 $a$, $b$의 값을 각각 구해 보자.

| [방법 1] 계수비교법 | [방법 2] 수치대입법 |
|---|---|
| 좌변을 전개하여 정리하면 | 양변에 $x=1$을 대입하면 |
| $(a+b)x-2a-b=2x$ | $a(1-2)+b(1-1)=2$ |
| 양변의 동류항의 계수를 비교하면 | $-a=2$ ∴ $a=-2$ |
| $a+b=2$, $-2a-b=0$ | 양변에 $x=2$를 대입하면 |
| 위의 두 식을 연립하여 풀면 | $a(2-2)+b(2-1)=4$ |
| $a=-2$, $b=4$ | ∴ $b=4$ |

## 3 나머지정리와 인수정리

(1) **나머지정리**❸

① 다항식 $f(x)$를 일차식 $x-a$로 나누었을 때의 나머지를 $R$라 하면❹

　　$R=f(a)$

② 다항식 $f(x)$를 일차식 $ax+b$로 나누었을 때의 나머지를 $R$라 하면

　　$R=f\left(-\dfrac{b}{a}\right)$ (단, $a$, $b$는 상수)

**예** ① 다항식 $f(x)=x^3-3x^2+x-4$를 $x-3$으로 나누었을 때의 나머지를 $R$라 하면

　　$R=f(3)=3^3-3\times3^2+3-4=-1$

② 다항식 $f(x)=2x^3-x^2+6x+1$을 $2x-1$로 나누었을 때의 나머지를 $R$라 하면

　　$R=f\left(\dfrac{1}{2}\right)=2\times\left(\dfrac{1}{2}\right)^3-\left(\dfrac{1}{2}\right)^2+6\times\dfrac{1}{2}+1=4$

---

### 개념 플러스⁺

■ 등식: 등호(＝)를 사용하여 수나 식이 서로 같음을 나타낸 식

■ 방정식: 문자를 포함한 등식에서 그 문자에 특정한 값을 대입하였을 때만 성립하는 등식

■ 미정계수: 값이 정해져 있지 않은 계수

❶ **계수비교법이 편리한 경우**

① 양변을 한 문자에 대한 내림차순으로 정리하기 쉬운 경우

② 식이 간단하여 전개하기 쉬운 경우

❷ **수치대입법이 편리한 경우**

① 적당한 값을 대입하면 식이 간단해지는 경우

② 식이 복잡하여 전개하기 어려운 경우

❸ 나머지정리를 이용하여 다항식 $f(x)$의 나머지를 구하려면 (나누는 식)=0을 만족시키는 $x$의 값을 $f(x)$에 대입한다.

❹ 다항식을 일차식으로 나누었을 때의 나머지는 상수이다.

(2) **인수정리**

다항식 $f(x)$에 대하여

① $f(a)=0$이면 $f(x)$는 일차식 $x-a$로 나누어떨어진다.

② $f(x)$가 일차식 $x-a$로 나누어떨어지면 $f(a)=0$이다.

참고 다음은 모두 다항식 $f(x)$가 $x-a$로 나누어떨어짐을 나타낸다.

　① $f(x)$를 $x-a$로 나누었을 때의 나머지가 0이다.

　② $f(a)=0$

　③ $f(x)$가 $x-a$를 인수로 갖는다.

**개념 플러스⁺**

◼ 하나의 다항식을 두 개 이상의 다항식의 곱으로 나타낼 때, 각각의 식을 원래 다항식의 인수라 한다.

---

**교과서 개념 확인하기** ─────────────────────────◦ 정답 및 해설 16쪽

**1** 다음 | 보기 | 중 $x$에 대한 항등식인 것을 모두 고르시오.

> ─┤ **보기** ├─
>
> ㄱ. $2(x+1)-1=3x-2$　　　　　　　　　　ㄴ. $x^2-3=4x$
>
> ㄷ. $(x+1)(x^2-x+1)=x^3+1$　　　　　　　ㄹ. $(x-2)^2+8x=(x+2)^2$

**2** 다음 등식이 $x$에 대한 항등식일 때, 두 상수 $a$, $b$의 값을 각각 구하시오.

(1) $(a-3)x+b=0$ 　　　　　　　　　　(2) $ax+b-1=4x+5$

(3) $x^2-a(x+2)=x^2+2x+b$ 　　　　　　(4) $(x-1)(2x+3)=ax^2+x+b$

**3** 다음 등식이 $x$, $y$에 대한 항등식일 때, 세 상수 $a$, $b$, $c$의 값을 각각 구하시오.

(1) $ax+by+c-2=0$ 　　　　　　　　　(2) $(a+1)x+(b-4)y+c=0$

(3) $(a+1)x+5y+c=-4x+by-2$ 　　　　(4) $(a+3)x+(b-5)y+2=x+y+c$

**4** 다항식 $f(x)=5x^2+3x-2$를 다음 일차식으로 나누었을 때의 나머지를 구하시오.

(1) $x-1$ 　　　　　　　　　　　　　　(2) $x+2$

(3) $x-\dfrac{1}{2}$ 　　　　　　　　　　　　(4) $x-\dfrac{1}{3}$

**5** 다음 | 보기 | 중 다항식 $f(x)=x^3+2x^2-x-2$의 인수를 모두 고르시오.

> ─┤ **보기** ├─
>
> ㄱ. $x+3$　　　　　ㄴ. $x+1$　　　　　ㄷ. $x-1$　　　　　ㄹ. $x-2$

---

**필수 예제 1 항등식과 계수비교법**

다음 등식이 $x$에 대한 항등식일 때, 세 상수 $a$, $b$, $c$의 값을 각각 구하시오.

(1) $(x+1)(ax+2)=3x^2+bx+c$

(2) $x^3+ax-2=(x-1)(x^2-bx+c)$

▶ **다시 정리하는 개념**

다음과 같은 경우 계수비교법을
이용하여 미정계수를 구한다.
① 양변을 한 문자에 대한 내림차
순으로 정리하기 쉬운 경우
② 식이 간단하여 전개하기 쉬운
경우

---

**숫자 바꾼**

**1-1** 다음 등식이 모든 실수 $x$에 대하여 성립할 때, 세 상수 $a$, $b$, $c$의 값을 각각 구하시오.

(1) $(x+a)(x^2-1)=x^3+bx^2+cx-5$

(2) $ax(x+1)+(x-1)(bx+c)=2x+6$

**1-2** 임의의 실수 $x$, $y$에 대하여 등식

$$a(x+3y)+b(5x-y)+c=7x+5y-1$$

이 성립할 때, 세 상수 $a$, $b$, $c$에 대하여 $a+b+c$의 값을 구하시오.

---

**필수 예제 2 항등식과 수치대입법**

다음 등식이 $x$에 대한 항등식일 때, 세 상수 $a$, $b$, $c$의 값을 각각 구하시오.

(1) $x^2+ax-6=bx(x-1)+c(x-1)(x-2)$

(2) $a(x-1)^2+b(x-1)+c=3x^2-5x+8$

▶ **다시 정리하는 개념**

다음과 같은 경우 수치대입법을
이용하여 미정계수를 구한다.
① 적당한 값을 대입하면 식이 간
단해지는 경우
② 식이 복잡하여 전개하기 어려
운 경우

---

**숫자 바꾼**

**2-1** 다음 등식이 $x$의 값에 관계없이 항상 성립할 때, 세 상수 $a$, $b$, $c$의 값을 구하시오.

(1) $a(x-1)(x-3)+b(x-3)+c=x^2-3x+5$

(2) $x^3+x^2+x-3=(x+1)^3+a(x+1)^2+b(x+1)+c$

**2-2** 모든 실수 $x$에 대하여 등식

$$(2x^2+3x-4)^5=a_{10}x^{10}+a_9x^9+a_8x^8+\cdots+a_1x+a_0$$

이 성립할 때, $a_0+a_1+a_2+\cdots+a_9+a_{10}$의 값을 구하시오.

(단, $a_0$, $a_1$, $\cdots$, $a_{10}$은 상수이다.)

## 필수 예제 **3** 다항식의 나눗셈과 항등식

다항식 $x^4+ax^2+b$를 $(x+1)(x-2)$로 나누었을 때의 나머지가 $3x-1$일 때, 두 상수 $a$, $b$의 값을 각각 구하시오.

> **▶ 단원 밖의 개념**
>
> 다항식 $A$를 다항식 $B\,(B\neq0)$로 나누었을 때의 몫을 $A$, 나머지를 $R$라 하면
> $$A=BQ+R$$
> (단, ($R$의 차수)$<$($B$의 차수))

**숫자 바꿈**

**3-1** 다항식 $x^4+ax+b$를 $x^2-1$로 나누었을 때의 나머지가 $2x+3$일 때, 두 상수 $a$, $b$에 대하여 $ab$의 값을 구하시오.

**3-2** 다항식 $x^3+ax^2-5x+b$가 $x^2+2x-3$으로 나누어떨어질 때, 두 상수 $a$, $b$에 대하여 $b-a$의 값을 구하시오.

> 두 다항식 $x^3+4x^2+ax+b$, $x^2+x+1$의 최고차항의 계수가 1이므로 몫을 $x+c\,(c$는 상수)라 하고 항등식을 세워 보자.

**3-3** 다항식 $x^3+4x^2+ax+b$를 $x^2+x+1$로 나누었을 때의 나머지가 $x-2$일 때, 두 상수 $a$, $b$에 대하여 $a+b$의 값을 구하시오.

## 필수 예제 **4** 나머지정리

● **다시 정리하는 개념**

다항식 $f(x)$를 일차식 $x-a$로
나누었을 때의 나머지를 $R$라 하면
$$R=f(a)$$

다항식 $x^3+3x^2+ax+2$를 $x-2$로 나누었을 때의 나머지가 6일 때, 다음 물음에 답하시오.

(1) 상수 $a$의 값을 구하시오.

(2) 다항식 $x^3+3x^2+ax+2$를 $x-1$로 나누었을 때의 나머지를 구하시오.

숫자 바꾼

**4-1** 다항식 $2x^3+ax^2-5x-3$을 $2x-1$로 나누었을 때의 나머지가 $-2$일 때, 이 다항식을 $x+1$로 나누었을 때의 나머지를 구하시오. (단, $a$는 상수이다.)

**4-2** 다항식 $3x^3+ax^2+bx-6$을 $x-1$로 나누었을 때의 나머지는 5이고, $x-2$로 나누었을 때의 나머지는 2이다. 두 상수 $a$, $b$에 대하여 $b-a$의 값을 구하시오.

다항식 $f(x)$를 이차식으로 나누었을 때의 나머지는 일차 이하의 다항식이므로
나머지를 $ax+b$ ($a$, $b$는 상수)라 하고 항등식을 세워 보자.

**4-3** 다항식 $f(x)$를 $x-1$로 나누었을 때의 나머지는 $-2$이고, $x-3$으로 나누었을 때의 나머지는 4이다. $f(x)$를 $(x-1)(x-3)$으로 나누었을 때의 나머지를 구하시오.

• 정답 및 해설 18쪽

## 필수 예제 5 인수정리

◐ 다시 정리하는 개념

다항식 $2x^3+x^2+4ax+a+1$이 $2x+1$로 나누어떨어질 때, 상수 $a$의 값을 구하시오.

다항식 $f(x)$가 일차식 $x-\alpha$로 나누어떨어지면 $f(\alpha)=0$이다.

숫자 바꾼
**5-1** 다항식 $3x^3-4x^2-ax+18$이 $x+2$를 인수로 가질 때, 상수 $a$의 값을 구하시오.

**5-2** 다항식 $x^3+ax^2-7x+b$가 $x+1$, $x-2$로 각각 나누어떨어질 때, 두 상수 $a$, $b$에 대하여 $a-b$의 값을 구하시오.

다항식 $f(x)$가 $(x-\alpha)(x-\beta)$로 나누어떨어지면 $x-\alpha$, $x-\beta$가 각각 $f(x)$의 인수임을 이용해 보자.

**5-3** 다항식 $x^3+ax^2+bx+15$가 $(x+3)(x-1)$을 인수로 가질 때, 이 다항식을 $x-2$로 나누었을 때의 나머지를 구하시오. (단, $a$, $b$는 상수이다.)

| 필수 예제 01 |

**01**  모든 실수 $k$에 대하여 등식
$$(k-2)x+(k+1)y-k+5=0$$
이 성립하도록 하는 두 실수 $x$, $y$에 대하여 $x-y$의 값을 구하시오.

| 필수 예제 01 |

**02**  임의의 실수 $x$에 대하여 등식
$$x^3+ax^2-2x+5=(x+1)(x^2+bx+5)$$
가 성립할 때, 두 상수 $a$, $b$에 대하여 $ab$의 값을 구하시오.

| 필수 예제 02 |

**03**  등식
$$(5x^2+2x-1)^3=a_0+a_1x+a_2x^2+a_3x^3+a_4x^4+a_5x^5+a_6x^6$$
이 $x$에 대한 항등식일 때, $a_0-a_1+a_2-a_3+a_4-a_5+a_6$의 값을 구하시오.

(단, $a_0$, $a_1$, $a_2$, $\cdots$, $a_6$은 상수이다.)

| 필수 예제 02 |

**04**  다항식 $f(x)$에 대하여 $x$의 값에 관계없이 등식
$$(x+1)(x^2-3)f(x)=x^4+ax^2+b$$
가 항상 성립할 때, 두 상수 $a$, $b$에 대하여 $b-a$의 값을 구하시오.

| 필수 예제 03 |

**05**  다항식 $x^3+ax+5$를 $x^2+3x+b$로 나누었을 때의 나머지가 $2x-4$가 되도록 하는 두 상수 $a$, $b$에 대하여 $a+b$의 값을 구하시오.

NOTE

| 필수 예제 04 |

**06** 다항식 $f(x)$를 $x-2$로 나누었을 때의 나머지가 5이고, 다항식 $g(x)$를 $x-2$로 나누었을 때의 나머지가 $-2$일 때, $4f(x)+2g(x)$를 $x-2$로 나누었을 때의 나머지를 구하시오.

| 필수 예제 04 |

**07** 다항식 $f(x)$를 $x^2-x-2$로 나누었을 때의 나머지가 $5x-1$이고, $x^2+4x+3$으로 나누었을 때의 나머지가 $-x+1$이다. $f(x)$를 $x^2+x-6$으로 나누었을 때의 나머지는?

① $x-7$　　② $x-3$　　③ $x+3$　　④ $x+7$　　⑤ $2x+3$

| 필수 예제 05 |

**08** 다항식 $x^3-3x^2+ax+b$가 $x^2-6x+5$로 나누어떨어질 때, 다항식 $x^2+ax+b$를 $x+1$로 나누었을 때의 나머지를 구하시오. (단, $a$, $b$는 상수이다.)

| 필수 예제 04 |

**09** 교육청 기출

$x$에 대한 삼차다항식
$$P(x)=(x^2-x-1)(ax+b)+2$$
에 대하여 $P(x+1)$을 $x^2-4$로 나누었을 때의 나머지가 $-3$일 때, $50a+b$의 값을 구하시오. (단, $a$, $b$는 상수이다.)

| 필수 예제 05 |

**10** 교육청 기출

최고차항의 계수가 1인 삼차다항식 $f(x)$가 다음 조건을 만족시킬 때, $f(0)$의 값은?

> (가) 다항식 $f(x+3)-f(x)$는 $(x-1)(x+2)$로 나누어떨어진다.
> (나) 다항식 $f(x)$를 $x-2$로 나누었을 때의 나머지는 $-3$이다.

① 13　　② 14　　③ 15　　④ 16　　⑤ 17

•정답 및 해설 20쪽

**1** 다음 □ 안에 알맞은 것을 쓰시오.

(1) 다음은 모두 $x$에 대한 □□□을 나타낸다.

① 모든 $x$에 대하여 성립하는 등식　　　② 임의의 $x$에 대하여 성립하는 등식

③ $x$의 값에 관계없이 항상 성립하는 등식　④ $x$가 어떤 값을 갖더라도 성립하는 등식

(2) 항등식에서는 다음과 같은 성질이 성립한다.

① $ax^2+bx+c=0$이 $x$에 대한 항등식이면 $a=b=c=$□이다.

또한, $a=b=c=$□이면 $ax^2+bx+c=0$은 $x$에 대한 항등식이다.

② $ax^2+bx+c=a'x^2+b'x+c'$이 $x$에 대한 항등식이면 $a=$□, $b=$□, $c=$□이다.

또한, $a=$□, $b=$□, $c=$□이면 $ax^2+bx+c=a'x^2+b'x+c'$은 $x$에 대한 항등식이다.

③ $ax+by+c=$□이 $x$, $y$에 대한 항등식이면 $a=b=c=0$이다.

또한, $a=b=c=0$이면 $ax+by+c=$□은 $x$, $y$에 대한 항등식이다.

(3) 항등식의 뜻과 성질을 이용하여 주어진 등식에서 정해져 있지 않은 계수를 정하는 방법을 □□□□□이라 하고, 다음과 같은 두 가지 방법이 있다.

① 계수비교법: 항등식의 양변의 동류항의 □□를 비교하여 미정계수를 정하는 방법

② □□□□□: 항등식의 문자에 적당한 수를 대입하여 미정계수를 정하는 방법

(4) 다항식 $f(x)$를 일차식 $x-a$로 나누었을 때의 나머지를 $R$라 하면

$$R=f(\boxed{\phantom{x}})$$

가 성립하고, 이것을 □□□□□라 한다.

(5) 나머지정리에 의하여 다음과 같은 인수정리가 성립한다.

> 다항식 $f(x)$에 대하여
>
> ① $f(a)=0$이면 $f(x)$는 일차식 □□□로 나누어떨어진다.
>
> ② $f(x)$가 일차식 $x-a$로 나누어떨어지면 □□□$=0$이다.

**2** 다음 문장이 옳으면 ○표, 옳지 않으면 ×표를 ( ) 안에 쓰시오.

(1) 다항식의 곱셈 공식은 항등식이다. 　　　　　　　　　　　　　　　　( 　 )

(2) 다항식 $f(x)$를 일차식 $ax+b$ ($a$, $b$는 상수)로 나누었을 때의 나머지는 $f\left(\dfrac{b}{a}\right)$이다. ( 　 )

(3) 다항식 $f(x)$를 일차식 $2x-1$로 나누었을 때와 $x-\dfrac{1}{2}$로 나누었을 때의 나머지는 서로 같다. ( 　 )

(4) 다항식 $f(x)$에 대하여 $f(a)\neq0$이면 $f(x)$는 $x-a$로 나누어떨어지지 않는다. ( 　 )

# 03

# 인수분해

# 03 인수분해

## 1 인수분해

(1) **인수분해**: 하나의 다항식을 두 개 이상의 다항식의 곱으로 나타내는 것
이때 곱을 이루는 각각의 다항식을 원래 다항식의 인수라 한다.

(2) **인수분해 공식**

① $a^2+2ab+b^2=(a+b)^2$, $a^2-2ab+b^2=(a-b)^2$

② $a^2-b^2=(a+b)(a-b)$

③ $x^2+(a+b)x+ab=(x+a)(x+b)$

④ $acx^2+(ad+bc)x+bd=(ax+b)(cx+d)$

⑤ $a^2+b^2+c^2+2ab+2bc+2ca=(a+b+c)^2$

⑥ $a^3+3a^2b+3ab^2+b^3=(a+b)^3$, $a^3-3a^2b+3ab^2-b^3=(a-b)^3$

⑦ $a^3+b^3=(a+b)(a^2-ab+b^2)$, $a^3-b^3=(a-b)(a^2+ab+b^2)$

⑧ $a^3+b^3+c^3-3abc=(a+b+c)(a^2+b^2+c^2-ab-bc-ca)$

⑨ $a^4+a^2b^2+b^4=(a^2+ab+b^2)(a^2-ab+b^2)$

> **참고** 계수가 유리수인 다항식을 인수분해할 때, 특별한 조건이 없으면 인수분해된 계수를 유리수의 범위로 한정하여 생각한다.
> 즉, $x^2-4$는 $(x+2)(x-2)$로 인수분해하고, $x^2-2$는 $(x+\sqrt{2})(x-\sqrt{2})$로 인수분해하지 않는다.

## 2 복잡한 식의 인수분해

(1) **공통부분이 있는 다항식**

공통부분이 있는 다항식은 다음과 같은 순서로 인수분해한다.

❶ 공통부분을 $X$로 치환하여 주어진 다항식을 $X$에 대한 식으로 나타낸다. ❶

❷ ❶의 식을 인수분해한다.

❸ $X$에 원래의 식을 대입한 후 다시 인수분해한다.

> **예** $(x+y)(x+y+5)+6$에서 $x+y=X$라 하면
> $X(X+5)+6=X^2+5X+6$
> $\qquad =(\underline{X}+5)(\underline{X}+1)$ 〉 $X$에 $x+y$를 대입
> $\qquad =(\underline{x+y}+5)(\underline{x+y}+1)$

(2) **$x^4+ax^2+b$ 꼴의 다항식 ❷**

$x^4+ax^2+b$ ($a$, $b$는 상수) 꼴의 다항식은 다음과 같은 방법으로 인수분해한다.

① $X^2+aX+b$가 인수분해되는 경우

$x^2=X$로 치환하여 $X$에 대한 이차식 $X^2+aX+b$ 꼴로 나타낸 후 $X^2+aX+b$를 인수분해하여 구한다.

> **예** $x^4+5x^2+6$에서 $x^2=X$라 하면
> $x^4+5x^2+6=X^2+5X+6=(X+2)(X+3)=(x^2+2)(x^2+3)$

② $X^2+aX+b$가 인수분해되지 않는 경우

$x^4+ax^2+b$에서 이차항 $ax^2$을 적당히 분리하여 $A^2-B^2$ 꼴로 변형한 후 인수분해한다.

> **예** $x^4+x^2+1=(x^4+2x^2+1)-x^2=(x^2+1)^2-x^2$
> $\qquad =(x^2+1+x)(x^2+1-x)=(x^2+x+1)(x^2-x+1)$

### 개념 플러스⁺

▪ 인수분해 공식은 곱셈 공식의 좌변과 우변을 바꾸어 놓은 것이다.

❶ 공통부분이 드러나지 않는 다항식은 공통부분이 생기도록 적당히 묶어 변형한다.

❷ $x^4+ax^2+b$와 같이 차수가 짝수인 항과 상수항으로만 이루어진 다항식을 복이차식이라 한다.

(3) **여러 개의 문자를 포함한 다항식의 인수분해**

차수가 가장 낮은 한 문자❸에 대하여 내림차순으로 정리한 후 공통인수로 묶어내거나
인수분해 공식을 이용하여 인수분해한다.

(4) **인수정리를 이용한 다항식의 인수분해**

$f(x)$가 삼차 이상의 다항식일 때 인수정리와 조립제법을 이용하여 다음과 같은 순서로
인수분해한다.

❶ $f(\alpha)=0$을 만족시키는 상수 $\alpha$의 값을 찾는다.

❷ 조립제법을 이용하여 $f(x)$를 $x-\alpha$로 나누었을 때의 몫 $Q(x)$를 구한다.

❸ $f(x)=(x-\alpha)Q(x)$ 꼴로 나타낸 후 $Q(x)$가 더 이상 인수분해되지 않을 때까지
인수분해한다.

참고 계수가 모두 정수인 다항식 $f(x)$에서 $f(\alpha)=0$을 만족시키는 $\alpha$의 값은

$\pm \dfrac{(f(x)의 \ 상수항의 \ 약수)}{(f(x)의 \ 최고차항의 \ 계수의 \ 약수)}$ 중에서 찾을 수 있다.

## 교과서 개념 확인하기                                              정답 및 해설 20쪽

**1** 다음 식을 인수분해하시오.

(1) $a^2b+2ab^2+3ab$

(2) $x(a+b)-y(a+b)$

**2** 다음 식을 인수분해하시오.

(1) $x^2+10x+25$

(2) $25a^2-36b^2$

(3) $x^3-3x^2+3x-1$

(4) $a^3-8$

(5) $a^3-b^3+c^3+3abc$

(6) $x^4+9x^2+81$

**3** 다음 식을 인수분해하시오.

(1) $(a+b)^2+5(a+b)-6$

(2) $x^4-x^2-6$

**4** 오른쪽은 다항식 $x^3+x^2-6x+4$를 인수분해하는
과정이다. (가), (나), (다)에 알맞은 것을 각각 구하시오.

> $f(x)=x^3+x^2-6x+4$라 하면 $f(1)=\boxed{\text{(가)}}$ 이므로 $\boxed{\text{(나)}}$ 은
> $f(x)$의 인수이다.
>
> 따라서 오른쪽과 같이 조립제법을 이
> 용하면 $f(x)$를 $\boxed{\text{(나)}}$ 로 나누었
> 을 때의 몫은 $\boxed{\text{(다)}}$ 이므로
>
> | 1 | 1 | 1 | −6 | 4 |
> |---|---|---|----|---|
> |   |   | 1 | 2  | −4 |
> |   | 1 | 2 | −4 | 0 |
>
> $x^3+x^2-6x+4=(\boxed{\text{(나)}})(\boxed{\text{(다)}})$

**개념 플러스⁺**

❸ 차수가 모두 같을 때는 어느 한 문자에
대하여 내림차순으로 정리한다.

✘ 인수분해 공식을 이용할 수 없는 삼차
이상의 다항식은 인수정리를 이용하여
일차식인 인수를 찾아서 인수분해한다.

## 필수 예제 **1** 공식을 이용하는 경우의 인수분해

**▶ 빠지기 쉬운 함정**

다음 식을 인수분해하시오.

(1) $x^3-9x^2+27x-27$

(2) $8a^3+12a^2b+6ab^2+b^3$

(3) $27a^3+8b^3$

(4) $16x^4+4x^2y^2+y^4$

일반적으로 다항식의 인수분해는 계수가 유리수인 범위까지 인수분해한다.

**숫자 바꾼**

**1-1** 다음 식을 인수분해하시오.

(1) $8x^3+36x^2y+54xy^2+27y^3$

(2) $x^2+9y^2+4z^2-6xy-12yz+4zx$

(3) $64x^3-27y^3$

(4) $a^3+27b^3-c^3+9abc$

**1-2** 다음 중 $27a^3-b^3+8+18ab$의 인수인 것은?

① $3a+b-2$

② $3a+b+2$

③ $3a-b-2$

④ $3a-b+2$

⑤ $3a-2b+1$

**1-3** 다음 중 인수분해가 옳지 <u>않은</u> 것은?

① $4x^2-12xy+9y^2=(2x-3y)^2$

② $125x^3+27y^3=(5x+3y)(25x^2-15xy+9y^2)$

③ $64x^3-48x^2y+12xy^2-y^3=(4x-y)^3$

④ $8a^3-b^3-c^3-6abc=(2a-b-c)(4a^2+b^2+c^2+2ab-bc+2ca)$

⑤ $4x^2+y^2+25z^2+4xy-10yz-20zx=(2x-y+5z)^2$

## 필수 예제 **2** 식을 변형하는 경우의 인수분해

**○ 다시 정리하는 개념**

다음 식을 인수분해하시오.

(1) $x^2 + 9y^2 - z^2 + 6xy$

(2) $(x+2)^4 - (x-2)^2$

(3) $a^9 - 1$

(4) $a^3 + 1 + 4a^2 + 4a$

인수분해 공식을 바로 이용하기 어려운 경우는 주어진 식을 적절히 변형한 후 인수분해 공식을 이용한다.

---

**숫자 바꾼**

**2-1** 다음 식을 인수분해하시오.

(1) $16x^2 - y^2 - z^2 - 2yz$

(2) $(a-4)^4 - (a+1)^2$

(3) $a^8 - b^8$

(4) $x^3 - y^3 - x^2 - xy - y^2$

**2-2** 다음 중 $x^6 - y^6$의 인수가 <u>아닌</u> 것은?

① $x+y$

② $x-y$

③ $x^2 + y^2$

④ $x^2 + xy + y^2$

⑤ $x^2 - xy + y^2$

**2-3** 다항식 $2x^3 + 6x^2y + 12xy^2 + 8y^3$을 인수분해하면 $2(x+y)(x^2 + axy + by^2)$일 때, 두 상수 $a$, $b$에 대하여 $ab$의 값을 구하시오.

**필수 예제 3 치환에 의한 인수분해**

**◐ 다시 정리하는 개념**

다음 식을 인수분해하시오.

(1) $(x^2-x+5)(x^2-x-2)+6$

(2) $x(x+1)(x+2)(x+3)-8$

공통부분이 있는 다항식은 공통부분을 하나로 문자로 치환하여 인수분해한다.
이때 공통부분이 보이지 않으면 공통부분이 생기도록 식을 변형한다.

**숫자 바꾼**

**3-1** 다음 식을 인수분해하시오.

(1) $(x^2+4x)^2-(x^2+4x)-12$

(2) $(x+1)(x+2)(x+3)(x+4)+1$

(3) $(x^2+x)(x^2+x+2)-8$

(4) $(x+3)(x+1)(x-2)(x-4)-56$

**3-2** 다항식 $x(x+1)(x-1)(x-2)+a$가 $x$에 대한 이차식의 완전제곱식으로 인수분해될 때, 상수 $a$의 값을 구하시오.

> $x^4+ax^2+b\,(a, b$는 상수) 꼴의 다항식은 $x^2=X$로 치환하거나 이차항을 적당히 분리하여 $A^2-B^2$ 꼴로 변형한 후 인수분해한다.

**3-3** 다음 식을 인수분해하시오.

(1) $x^4-10x^2+9$

(2) $x^4-3x^2+9$

• 정답 및 해설 22쪽

**필수 예제 4** 여러 개의 문자를 포함한 식의 인수분해

다음 식을 인수분해하시오.

(1) $x^2y + y^2z - x^2z - y^3$

(2) $x^2 + 2y^2 + 3xy - x - 3y - 2$

(3) $x^2y - xy^2 + y^2z - yz^2 + z^2x - zx^2$

**○ 다시 정리하는 개념**

가장 차수가 낮은 문자 또는 어느 한 문자(차수가 모두 같은 경우)에 대하여 내림차순으로 정리하여 인수분해한다.

**숫자 바꾼**

**4-1** 다음 식을 인수분해하시오.

(1) $x^2 + 2xy - 3y^2 + 4x + 4y + 4$

(2) $2a^2 + 5ab - 3b^2 + 3a - 5b - 2$

(3) $xy(x+y) + yz(y-z) - zx(z+x)$

**4-2** 다항식 $x^2 - 3xy + 2y^2 + 4x - 5y + 3$을 인수분해하면 $(x+ay+b)(x+cy+1)$일 때, 세 상수 $a$, $b$, $c$에 대하여 $a+b-c$의 값을 구하시오.

**4-3** 다항식 $x^2 + 4xy + 3y^2 + kx + 13y + 12$가 $x$, $y$에 대한 두 일차식의 곱으로 인수분해될 때, 자연수 $k$의 값을 구하시오.

### 필수 예제 **5** 인수정리를 이용한 인수분해

다음 식을 인수분해하시오.

(1) $x^3 - 4x - 3$

(2) $x^3 + 6x^2 + 11x + 6$

(3) $2x^3 - 4x^2 + 3x - 1$

(4) $x^4 - x^3 + 2x^2 + x - 3$

**▶ 다시 정리하는 개념**

삼차 이상의 다항식 $f(x)$를 인수분해할 때는 $f(a) = 0$을 만족시키는 상수 $a$의 값을 구하여 $f(x) = (x-a)Q(x)$ 꼴로 인수분해한 후, $Q(x)$가 더 이상 인수분해되지 않을 때까지 인수분해한다.

**숫자 바꾼**

**5-1** 다음 식을 인수분해하시오.

(1) $x^3 - 6x^2 + 3x + 2$

(2) $x^3 + x + 10$

(3) $2x^3 + 3x^2 + 4x + 3$

(4) $x^4 - 3x^3 + 2x^2 + 2x - 4$

**5-2** 다항식 $f(x) = x^3 + ax^2 - 5x - 6$이 $x - 2$로 나누어떨어질 때, 다음 물음에 답하시오.

(1) 상수 $a$의 값을 구하시오.

(2) $f(x)$를 인수분해하시오.

**5-3** 다항식 $f(x) = x^3 + 5x^2 + ax + b$가 $(x+1)^2$을 인수로 가질 때, 두 상수 $a$, $b$에 대하여 $ab$의 값을 구하시오.

· 정답 및 해설 23쪽

## 필수 예제 **6** 인수분해를 이용하여 식의 값 구하기

$x=2+\sqrt{3}$, $y=2-\sqrt{3}$일 때, $x^4+y^4-x^3y-xy^3$의 값을 구하시오.

> **▶ 문제 해결 tip**
>
> 주어진 식을 인수분해하여 간단히 정리한 후, 주어진 조건을 이용하여 식의 값을 구한다.

**숫자 바꿈**

**6-1** $x+y=99$일 때, $x^2+y^2+2xy+4x+4y+3$의 값을 구하시오.

**6-2** $x+y+z=0$일 때, $\dfrac{x^3+y^3+z^3}{xyz}$의 값을 구하시오.

## 필수 예제 **7** 인수분해를 이용한 수의 계산

$\dfrac{1005^3+8}{1005\times1003+4}$의 값을 구하시오.

> **▶ 문제 해결 tip**
>
> 수를 문자로 치환하고 인수분해 공식을 이용한다.

**숫자 바꿈**

**7-1** $\dfrac{11^4+11^2+1}{11^3-1}$의 값을 구하시오.

**7-2** $\sqrt{13\times14\times15\times16+1}$의 값을 구하시오.

## 실전 문제로 단원 마무리

**| 필수 예제 01 |**

**01** 다음 | 보기 | 중 옳은 것을 모두 고르시오.

┌─── 보기 ├───

ㄱ. $a(x-y)+b(y-x)=(a+b)(x-y)$

ㄴ. $8x^3-12x^2y+6xy^2-y^3=(2x-y)^3$

ㄷ. $27x^3+64=(3x+4)(9x^2-12x+16)$

ㄹ. $16x^4+36x^2y^2+81y^4=(4x^2+12xy+9y^2)(4x^2-12xy+9y^2)$

**| 필수 예제 02 |**

**02** 다음 중 다항식 $a^2-25c^2-ab+5bc$의 인수인 것은?

① $a-b-5c$    ② $a-b+5c$    ③ $a+b+5c$

④ $a-5b$    ⑤ $a+5c$

**| 필수 예제 02 |**

**03** 다항식 $x^4-19x^2+25$가 $(x^2+ax+b)(x^2-3x+c)$로 인수분해될 때, 세 상수 $a$, $b$, $c$에 대하여 $a-b-c$의 값을 구하시오.

**| 필수 예제 04 |**

**04** 다항식 $a^2(b+c)+b^2(c+a)+c^2(a+b)+2abc$를 인수분해하면?

① $(a-b)(a+b)(b+c)$    ② $(a+b)(b+c)(a-c)$

③ $(a+b)(b+c)(c+a)$    ④ $(a+c)(a+b+2c)$

⑤ $(a+c)(a+2b+c)$

**| 필수 예제 04 |**

**05** 삼각형의 세 변의 길이 $a$, $b$, $c$에 대하여

$a^3+a^2b+ac^2-ab^2-b^3+bc^2=0$이 성립할 때, 이 삼각형은 어떤 삼각형인가?

① $a=b$인 이등변삼각형    ② $a=c$인 이등변삼각형

③ 빗변의 길이가 $a$인 직각삼각형    ④ 빗변의 길이가 $b$인 직각삼각형

⑤ 정삼각형

삼각형의 세 변의 길이가 $a, b, c$일 때
① $a=b$ 또는 $b=c$ 또는 $c=a$
➡ 이등변삼각형
② $a=b=c$ ➡ 정삼각형
③ $a^2=b^2+c^2$
➡ 빗변의 길이가 $a$인 직각삼각형

| 필수 예제 05 |

**06** 다항식 $f(x)=x^4+2x^3-9x^2-2x+k$가 $x-1$을 인수로 가질 때, 다음 중 $f(x)$의 인수가 <u>아닌</u> 것은? (단, $k$는 상수이다.)

① $x-2$　　② $x+1$　　③ $x+2$　　④ $x+4$　　⑤ $x^2+2x-8$

**NOTE**

| 필수 예제 06 |

**07** $a-b=6$, $b-c=-2$일 때, $ab^2-a^2b+bc^2-b^2c+ca^2-c^2a$의 값을 구하시오.

| 필수 예제 07 |

**08** $11^4-3\times11^3-14\times11^2+48\times11-32$의 값을 구하시오.

수를 문자로 치환하고 그 문자에 대한 다항식으로 만들어 인수분해한다.

| 필수 예제 03 |

**09** $x$에 대한 다항식 $(x-1)(x-4)(x-5)(x-8)+a$가 $(x+b)^2(x+c)^2$으로 인수분
**교육청 기출** 해될 때, 세 정수 $a$, $b$, $c$에 대하여 $a+b+c$의 값은?

① 19　　② 21　　③ 23　　④ 25　　⑤ 27

| 필수 예제 07 |

**10** 2 이상의 세 자연수 $p$, $q$, $r$에 대하여
**교육청 기출** $42\times(42-1)\times(42+6)+5\times42-5=p\times q\times r$일 때, $p+q+r$의 값은?

① 131　　② 133　　③ 135　　④ 137　　⑤ 139

• 정답 및 해설 26쪽

**1** 다음 ☐ 안에 알맞은 것을 쓰시오.

(1) 하나의 다항식을 두 개 이상의 다항식의 곱으로 나타내는 것을 ☐☐☐☐ 라 한다.

(2) 인수분해 공식은 다음과 같다.

  ① $a^2+2ab+b^2=(a+b)^2$, $a^2-2ab+b^2=(a-b)^2$

  ② $a^2-b^2=(a+b)(a-b)$        ③ $x^2+(a+b)x+ab=(x+a)(x+b)$

  ④ $acx^2+(ad+bc)x+bd=(ax+b)(cx+d)$     ⑤ $a^2+b^2+c^2+2ab+2bc+2ca=(\boxed{\phantom{xxxxxx}})^2$

  ⑥ $a^3+3a^2b+3ab^2+b^3=(a+b)^3$, $a^3-3a^2b+3ab^2-b^3=(a-b)^3$

  ⑦ $a^3+b^3=(a+b)(a^2-ab+b^2)$, $a^3-b^3=(a-b)(a^2+ab+b^2)$

  ⑧ $a^3+b^3+c^3-3abc=(a+b+c)(\boxed{\phantom{xxxxxxxxxxxx}})$

  ⑨ $a^4+a^2b^2+b^4=(a^2+ab+b^2)(a^2-ab+b^2)$

(3) $f(x)$가 삼차 이상의 다항식일 때 ☐☐☐☐ 와 조립제법을 이용하여 다음과 같은 순서로 인수분해한다.

  ❶ $f(\alpha)=0$을 만족시키는 상수 $\alpha$의 값을 찾는다.

  ❷ 조립제법을 이용하여 $f(x)$를 $x-\alpha$로 나누었을 때의 몫 $Q(x)$를 구한다.

  ❸ $f(x)=(x-\alpha)\boxed{\phantom{xx}}$ 꼴로 나타낸 후 ☐☐☐ 가 더 이상 인수분해되지 않을 때까지 인수분해한다.

**2** 다음 문장이 옳으면 ○표, 옳지 않으면 ×표를 ( ) 안에 쓰시오.

(1) 다항식의 인수분해는 특별한 언급이 없으면 실수 계수의 범위에서 한다.     (     )

(2) 다항식 $(x^2-3x+1)(x^2-3x+5)+3$을 공통부분을 치환하여 인수분해하면
   $(x^2-3x+1)(x^2-3x+5)+3=(x-1)(x-2)(x^2-3x+4)$이다.     (     )

(3) 다항식 $x^2-2xy+y^2-3x+3y+2$를 인수분해하면 $(x-y+1)(x-y+2)$이다.     (     )

(4) 인수정리를 이용하여 다항식 $f(x)=2x^3+4x^2-9x+3$을 인수분해할 때, $f(\alpha)=0$을 만족시키는

   $\alpha$의 값은 $\pm\dfrac{(3의\ 약수)}{(2의\ 약수)}$ 중에서 찾을 수 있다.     (     )

(5) $\dfrac{100\times101+1}{100^4+100^2+1}$의 값은 $100=x$라 하고 $x^4+x^2+1=(x^2+x+1)(x^2-x+1)$임을 이용하여

   구하면 $\dfrac{1}{9901}$이다.     (     )

# 04

# 복소수

# 04 · 복소수

## 1 복소수

(1) **허수단위 $i$** ❶: 제곱하여 $-1$이 되는 새로운 수를 기호 $i$로 나타내고, $i$를 **허수단위**라 한다.
또한, 제곱하여 $-1$이 된다는 뜻에서 $i=\sqrt{-1}$로 나타낸다. 즉,
$$i^2=-1, \ i=\sqrt{-1}$$

(2) **복소수**: $a$, $b$가 실수일 때, $a+bi$ 꼴로 나타내어지는 수를 **복소수**라
한다. 이때 $a$를 **실수부분**, $b$를 **허수부분**이라 한다.

실수부분 허수부분

> **예** $2+3i$의 실수부분은 2, 허수부분은 3이다.

(3) **복소수의 분류**
① 복소수 $a+bi$ ($a$, $b$는 실수)에서 실수가 아닌 복소수 $a+bi$ ($b\neq0$)를 **허수**라 하고,
특히 실수부분이 0인 허수 $bi$ ($b\neq0$)를 순허수라 한다.
② 복소수 $a+bi$ ($a$, $b$는 실수)는 다음과 같이 분류할 수 있다.

복소수 $a+bi$ $\begin{cases} \text{실수 } a \quad (b=0) \\ \text{허수 } a+bi \ (b\neq0) \end{cases}$ $\begin{cases} \text{순허수 } bi \qquad\qquad (a=0,\ b\neq0) \\ \text{순허수가 아닌 허수 } a+bi \ (a\neq0,\ b\neq0) \end{cases}$

(4) **복소수가 서로 같을 조건**
두 복소수 $a+bi$, $c+di$ ($a$, $b$, $c$, $d$는 실수)에 대하여 ❷
① $a=c$, $b=d$이면 $a+bi=c+di$
② $a=0$, $b=0$이면 $a+bi=0$

(5) **켤레복소수**: 복소수 $a+bi$ ($a$, $b$는 실수)에서 허수부분의 부호를
바꾼 복소수 $a-bi$를 $a+bi$의 **켤레복소수**라 하고, 기호로
$\overline{a+bi}$로 나타낸다. ❸

$$\overline{a+bi}=a\ominus bi$$

> **참고** 복소수 $z$와 그 켤레복소수 $\bar{z}$에 대하여
> ① $z$가 실수이면 $z=\bar{z}$이다.　② $z$가 순허수이면 $z=-\bar{z}$이다.

## 2 복소수의 사칙연산

(1) **복소수의 사칙연산**
$a$, $b$, $c$, $d$가 실수일 때
① 덧셈: $(a+bi)+(c+di)=(a+c)+(b+d)i$
② 뺄셈: $(a+bi)-(c+di)=(a-c)+(b-d)i$
③ 곱셈: $(a+bi)(c+di)=(ac-bd)+(ad+bc)i$
④ 나눗셈: $\dfrac{a+bi}{c+di}=\dfrac{ac+bd}{c^2+d^2}+\dfrac{bc-ad}{c^2+d^2}i$ (단, $c+di\neq0$)

(2) **복소수의 연산에 대한 성질**
세 복소수 $z_1$, $z_2$, $z_3$에 대하여
① 교환법칙: $z_1+z_2=z_2+z_1$, $z_1z_2=z_2z_1$
② 결합법칙: $(z_1+z_2)+z_3=z_1+(z_2+z_3)$, $(z_1z_2)z_3=z_1(z_2z_3)$
③ 분배법칙: $z_1(z_2+z_3)=z_1z_2+z_1z_3$, $(z_1+z_2)z_3=z_1z_3+z_2z_3$

---

### 개념 플러스⁺

❶ $i$는 허수단위를 뜻하는
imaginary unit의 첫 글자이다.

■ 허수에서는 대소 관계를 생각하지 않는
다.

❷ ① $a+bi=c+di$이면
　 $a=c, b=d$
② $a+bi=0$이면
　 $a=0, b=0$

❸ 복소수 $z$의 켤레복소수 $\bar{z}$는 '$z$ bar'라
읽는다.

■ 복소수 $z$, $z_1$, $z_2$와 그 켤레복소수
$\bar{z}$, $\bar{z_1}$, $\bar{z_2}$에 대하여 다음이 성립한다.
① $\overline{(\bar{z})}=z$
② $z+\bar{z}=$(실수), $z\bar{z}=$(실수)
③ $\overline{z_1+z_2}=\bar{z_1}+\bar{z_2}$,
　 $\overline{z_1-z_2}=\bar{z_1}-\bar{z_2}$
④ $\overline{z_1z_2}=\bar{z_1}\times\bar{z_2}$,
　 $\overline{\left(\dfrac{z_1}{z_2}\right)}=\dfrac{\bar{z_1}}{\bar{z_2}}$ (단, $z_2\neq0$)

**3** $i$의 거듭제곱

$i, i^2, i^3, i^4, \cdots$의 값을 차례로 구하면

$\quad i, -1, -i, 1$

이 반복되므로 $i$의 거듭제곱은 다음과 같은 규칙으로 나타난다.

$\quad i^{4k+1}=i, i^{4k+2}=-1, i^{4k+3}=-i, i^{4k+4}=1$

$\hfill$ (단, $k$는 음이 아닌 정수)

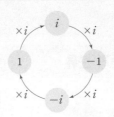

**예** $i^9=(i^4)^2\times i=i$

$\quad (-i)^{11}=(-1)^{11}\times i^{11}=-1\times(i^4)^2\times i^3=-i^3=-(-i)=i$

**4** 음수의 제곱근

(1) **음수의 제곱근:** $a>0$일 때

$\quad$① $\sqrt{-a}=\sqrt{a}i$ $\qquad\qquad$ ② $-a$의 제곱근은 $\sqrt{a}i$와 $-\sqrt{a}i$이다.

$\quad$**예** $\sqrt{-9}=\sqrt{9}i=3i$, $-\sqrt{-8}=-\sqrt{8}i=-2\sqrt{2}i$

(2) **음수의 제곱근의 성질** ❹

$\quad$① $a<0$, $b<0$이면 $\sqrt{a}\sqrt{b}=-\sqrt{ab}$ $\qquad$ ② $a>0$, $b<0$이면 $\dfrac{\sqrt{a}}{\sqrt{b}}=-\sqrt{\dfrac{a}{b}}$

$\quad$**참고** ① $a<0$, $b<0$ 이외에는 $\sqrt{a}\sqrt{b}=\sqrt{ab}$ $\qquad$ ② $a>0$, $b<0$ 이외에는 $\dfrac{\sqrt{a}}{\sqrt{b}}=\sqrt{\dfrac{a}{b}}$ (단, $b\neq0$)

**개념 플러스⁺**

❹ $a, b$가 실수일 때

① $\sqrt{a}\sqrt{b}=-\sqrt{ab}$이면

$\quad a<0, b<0$ 또는 $a=0$ 또는 $b=0$

② $\dfrac{\sqrt{a}}{\sqrt{b}}=-\sqrt{\dfrac{a}{b}}$이면

$\quad a>0, b<0$ 또는 $a=0, b\neq0$

---

**교과서 개념 확인하기** $\hfill$ ○ 정답 및 해설 **27쪽**

**1** 다음 복소수의 실수부분과 허수부분을 각각 구하시오.

$\quad$(1) $1+2i$ $\qquad\qquad$ (2) $-2i$ $\qquad\qquad$ (3) $2+\sqrt{3}$ $\qquad\qquad$ (4) $\dfrac{2+i}{3}$

**2** 다음 | 보기 | 중 허수인 것과 순허수인 것을 각각 고르시오.

$\quad$| **보기** |

$\quad$ㄱ. $-i$ $\qquad\qquad$ ㄴ. $\sqrt{3}i$ $\qquad\qquad$ ㄷ. $\sqrt{5}-1$ $\qquad\qquad$ ㄹ. $-1+i$

**3** 다음 등식을 만족시키는 두 실수 $a$, $b$의 값을 각각 구하시오.

$\quad$(1) $a+bi=-1-5i$ $\qquad\qquad$ (2) $(a-4)+3i=-2+(b+4)i$

**4** 다음 복소수의 켤레복소수를 구하시오.

$\quad$(1) $-4+2i$ $\qquad\qquad$ (2) $1-5i$ $\qquad\qquad$ (3) $2$ $\qquad\qquad$ (4) $\sqrt{3}i$

**5** 다음을 계산하시오.

$\quad$(1) $\sqrt{-2}+\sqrt{-18}$ $\qquad$ (2) $\sqrt{-12}-\sqrt{-3}$ $\qquad$ (3) $\sqrt{-3}\sqrt{-8}$ $\qquad$ (4) $\dfrac{\sqrt{12}}{\sqrt{-3}}$

**6** 다음 수의 제곱근을 구하시오.

$\quad$(1) $-7$ $\qquad\qquad$ (2) $-\dfrac{1}{9}$ $\qquad\qquad$ (3) $-8$ $\qquad\qquad$ (4) $-\dfrac{9}{16}$

## 필수 예제 **1** 복소수의 뜻과 분류

**다음 중 옳지 <u>않은</u> 것은?**

① 실수는 복소수이다.

② $-4i$는 허수이다.

③ 2의 허수부분은 0이다.

④ $3-2i$의 실수부분은 3, 허수부분은 2이다.

⑤ 허수부분이 0인 복소수는 모두 실수이다.

> **● 다시 정리하는 개념**
>
> 복소수 $a+bi\,(a, b$는 실수$)$는 다음과 같이 분류할 수 있다.
>
> $\begin{cases} \text{실수 } a \quad (b=0) \\ \text{허수 } a+bi \ (b\neq0) \end{cases}$

**숫자 바꾼**

**1-1** 다음 중 옳은 것을 모두 고르면? (정답 2개)

① 0은 복소수가 아니다.

② $-2i$는 순허수이다.

③ $\sqrt{-25}=-5i$이다.

④ $\sqrt{2}i$의 실수부분은 0, 허수부분은 $\sqrt{2}$이다.

⑤ $a\neq0$, $b=0$이면 $a+bi$는 실수이다.

**1-2** 다음 복소수 중에서 실수, 허수를 각각 찾으시오.

$$2-3i, \quad 4, \quad \sqrt{3}-3i, \quad \frac{1-i}{4}, \quad \pi$$

**1-3** 다음 중 켤레복소수를 바르게 구한 것은?

① $\overline{3+i}=-3-i$

② $\overline{-2+3i}=2-3i$

③ $\overline{\sqrt{2}}=-\sqrt{2}$

④ $\overline{-7i}=7i$

⑤ $\overline{\left(\dfrac{1+3i}{5}\right)}=-\dfrac{1+3i}{5}$

## 필수 예제 **2** 복소수의 사칙연산

다음을 계산하시오.

(1) $2i+(3-i)$

(2) $(1+2i)-3i$

(3) $(2+3i)(2-i)$

(4) $\dfrac{1+i}{1-i}$

**▶ 문제 해결 tip**

$i$를 문자처럼 생각하여 계산하고, 분모에 허수가 있는 경우는 분모의 켤레복소수를 분모, 분자에 곱하여 분모를 실수로 만든다.

**숫자 바꿈**

**2-1** 다음을 계산하시오.

(1) $(3+4i)+(2-3i)$

(2) $(2+5i)-(1-2i)$

(3) $(1-i)^2$

(4) $\dfrac{1-2i}{2+3i}$

**2-2** $2(5+10i)-(3-i)+4(-i+3)$을 $a+bi$ ($a$, $b$는 실수) 꼴로 나타내시오.

**2-3** $(-3+i)(5-2i)+\dfrac{1+2i}{2-i}$의 실수부분을 $a$, 허수부분을 $b$라 할 때, $b-a$의 값을 구하시오.

**필수 예제 3 복소수가 실수 또는 순허수가 될 조건**

● 다시 정리하는 개념

다음 물음에 답하시오.

(1) 복소수 $(3-i)x+1-5i$가 실수일 때, 실수 $x$의 값을 구하시오.

(2) 복소수 $x^2+(2+i)x-3-i$가 순허수일 때, 실수 $x$의 값을 구하시오.

$a+bi$ ($a$, $b$는 실수) 꼴의 복소수가

① 실수이려면 ➡ $b=0$

② 순허수이려면 ➡ $a=0$, $b\neq0$

**숫자 바꾼**

**3-1** 다음 물음에 답하시오.

(1) 복소수 $(3-2i)x-6+i$가 실수일 때, 실수 $x$의 값을 구하시오.

(2) 복소수 $x^2-(5+i)x+6+3i$가 순허수일 때, 실수 $x$의 값을 구하시오.

**3-2** 복소수 $z=(a+2)+(a-7)i$에 대하여 $z^2$이 실수가 되도록 하는 모든 실수 $a$의 값의 합을 구하시오.

**필수 예제 4 복소수가 서로 같을 조건**

● 다시 정리하는 개념

다음 등식을 만족시키는 두 실수 $x$, $y$의 값을 각각 구하시오.

(1) $2x+(6-3y)i=6$　　　　(2) $x(3-i)-y(2+5i)=1-6i$

두 복소수에서 실수부분은 실수부분끼리, 허수부분은 허수부분끼리 서로 같을 때, 두 복소수는 서로 같다고 한다.

**숫자 바꾼**

**4-1** 다음 등식을 만족시키는 두 실수 $x$, $y$의 값을 각각 구하시오.

(1) $3x+(10-2y)i=9+2i$　　　　(2) $x(1-i)^2-y(1+2i)=5-4i$

**4-2** 등식 $\dfrac{x}{3+i}+\dfrac{y}{3-i}=\dfrac{3}{1-i}$을 만족시키는 두 실수 $x$, $y$에 대하여 $x+2y$의 값을 구하시오.

• 정답 및 해설 28쪽

## 필수 예제 **5** 켤레복소수의 성질

복소수 $z$에 대한 다음 설명 중 옳지 <u>않은</u> 것은? (단, $\bar{z}$는 $z$의 켤레복소수이다.)

① $z\bar{z}$는 실수이다.

② $z$가 허수이면 $z-\bar{z}$는 순허수이다.

③ $z^2$이 실수이면 $z$는 실수이다.

④ $z\bar{z}=0$이면 $z=0$이다.

⑤ $\dfrac{1}{z}+\dfrac{1}{\bar{z}}$은 실수이다. (단, $z\neq0$)

### ▶ 다시 정리하는 개념

복소수 $z$의 켤레복소수를 $\bar{z}$라 할 때

① $z+\bar{z}=$(실수)

② $z\bar{z}=$(실수)

③ $z$가 실수 ➡ $\bar{z}=z$

④ $z$가 순허수 ➡ $\bar{z}=-z$

---

**표현 바꾼**

**5-1** 복소수 $z$에 대하여 다음 중 반드시 실수인 것의 개수를 구하시오.

(단, $z\neq0$이고, $\bar{z}$는 $z$의 켤레복소수이다.)

$$z+\bar{z}, \quad (z-\bar{z})i, \quad \frac{z}{\bar{z}}, \quad \overline{z\bar{z}}, \quad z^2+\bar{z}^2$$

**5-2** 복소수 $z=(i+3)k+2-i$가 $z=\bar{z}$를 만족시킬 때, 실수 $k$의 값을 구하시오.

(단, $\bar{z}$는 $z$의 켤레복소수이다.)

> 공통인수를 찾아 인수분해한 후 켤레복소수의 성질을 이용하여
> 주어진 식을 간단히 정리해 보자.

**5-3** $\alpha=2-i$, $\beta=1+2i$일 때, $\alpha\bar{\alpha}+\bar{\alpha}\beta+\alpha\bar{\beta}+\beta\bar{\beta}$의 값을 구하시오.

(단, $\bar{\alpha}$, $\bar{\beta}$는 각각 $\alpha$, $\beta$의 켤레복소수이다.)

## 필수 예제 **2** 절댓값 기호를 포함한 방정식의 풀이

**⊙ 단원 밖의 공식**

다음 방정식을 푸시오.

(1) $x^2-8|x|-9=0$

(2) $x^2-4|x-2|=13$

$$|A|=\begin{cases} A & (A\geq0) \\ -A & (A<0) \end{cases}$$

임을 이용하여 절댓값 기호를 없앤 후, 방정식을 푼다.

**숫자 바꾼**

**2-1** 다음 방정식을 푸시오.

(1) $2x^2-3|x|-5=0$

(2) $x^2-6|x+1|-2=0$

**2-2** 방정식 $x^2-|3x-1|+x-4=0$을 푸시오.

**2-3** 방정식 $x^2+3\sqrt{x^2+2x}-6=0$의 모든 근의 합을 구하시오.

**필수 예제 3 이차방정식의 근의 판별**

이차방정식 $x^2-2x+k-3=0$이 다음과 같은 근을 갖도록 하는 실수 $k$의 값 또는 범위를 구하시오.

(1) 서로 다른 두 실근

(2) 중근

(3) 서로 다른 두 허근

**◉ 다시 정리하는 개념**

계수가 실수인 이차방정식의 판별식을 $D$라 할 때
① $D>0$ ➡ 서로 다른 두 실근
② $D=0$ ➡ 중근
③ $D<0$ ➡ 서로 다른 두 허근

**숫자 바꿔**

**3-1** $x$에 대한 이차방정식 $x^2-(2k+3)x+k^2=0$이 다음과 같은 근을 갖도록 하는 실수 $k$의 값 또는 범위를 구하시오.

(1) 서로 다른 두 실근

(2) 중근

(3) 서로 다른 두 허근

**3-2** 이차방정식 $x^2-7x+k+2=0$이 실근을 갖도록 하는 자연수 $k$의 개수를 구하시오.

**3-3** $x$에 대한 이차방정식 $x^2-6kx+9k^2-k-3=0$이 허근을 가질 때, 이차방정식 $2x^2+4x-k+5=0$의 근을 판별하시오.

## 필수 예제 **4** 근과 계수의 관계의 활용

이차방정식 $x^2-6x+7=0$의 두 근을 $\alpha$, $\beta$라 할 때, 다음 식의 값을 구하시오.

(1) $\alpha+\beta$

(2) $\alpha\beta$

(3) $\alpha^2+\beta^2$

(4) $\dfrac{1}{\alpha}+\dfrac{1}{\beta}$

> **다시 정리하는 개념**
>
> 이차방정식
> $ax^2+bx+c=0$의 두 근을
> $\alpha$, $\beta$라 하면
> ➡ $\alpha+\beta=-\dfrac{b}{a}$, $\alpha\beta=\dfrac{c}{a}$

**숫자 바꾼**

**4-1** 이차방정식 $3x^2+12x-8=0$의 두 근을 $\alpha$, $\beta$라 할 때, 다음 식의 값을 구하시오.

(1) $\alpha+\beta$

(2) $\alpha\beta$

(3) $(\alpha-\beta)^2$

(4) $\dfrac{\beta}{\alpha}+\dfrac{\alpha}{\beta}$

**4-2** 이차방정식 $x^2-6x+1=0$의 두 근을 $\alpha$, $\beta$라 할 때, $\alpha^3+\beta^3-5(\alpha+\beta)$의 값을 구하시오.

> 이차방정식의 두 근을 $\alpha$, $3\alpha$ $(\alpha\neq0)$라 하고
> 이차방정식의 근과 계수의 관계를 이용해 보자.

**4-3** 이차방정식 $x^2-12x+k-2=0$의 두 근의 비가 $1:3$일 때, 실수 $k$의 값을 구하시오.

**필수 예제 5** **두 수를 근으로 하는 이차방정식**

다음 두 수를 근으로 하고 $x^2$의 계수가 1인 이차방정식을 구하시오.

(1) $\dfrac{1}{2}$, $2$

(2) $1+\sqrt{3}$, $1-\sqrt{3}$

(3) $2+i$, $2-i$

> ● **다시 정리하는 개념**
>
> 두 수 $\alpha$, $\beta$를 근으로 하고, $x^2$의 계수가 1인 이차방정식은
> $x^2-(\alpha+\beta)x+\alpha\beta=0$
> 즉, $x^2-$(두 근의 합)$x$
>                 $+$(두 근의 곱)$=0$

**숫자 바꿔**

**5-1** 다음 두 수를 근으로 하고 $x^2$의 계수가 1인 이차방정식을 구하시오.

(1) $\dfrac{1}{4}$, $\dfrac{3}{4}$

(2) $-2+3\sqrt{2}$, $-2-3\sqrt{2}$

(3) $1+\sqrt{5}i$, $1-\sqrt{5}i$

**5-2** 이차방정식 $2x^2-8x+7=0$의 두 근을 $\alpha$, $\beta$라 할 때, $\alpha-1$, $\beta-1$을 두 근으로 하고 $x^2$의 계수가 2인 이차방정식을 구하시오.

**5-3** 이차방정식 $x^2+ax+7=0$의 두 근을 $\alpha$, $\beta$라 하면 이차방정식 $x^2-6x+b=0$의 두 근이 $\alpha+\beta$, $\alpha\beta$일 때, $a+b$의 값을 구하시오. (단, $a$, $b$는 상수이다.)

## 필수 예제 **6** 이차방정식의 켤레근의 성질

이차방정식 $x^2+ax+b=0$에 대하여 다음 물음에 답하시오.

(1) 한 근이 $-\sqrt{2}$일 때, 두 유리수 $a$, $b$에 대하여 $a+b$의 값을 구하시오.

(2) 한 근이 $-1+i$일 때, 두 실수 $a$, $b$에 대하여 $a+b$의 값을 구하시오.

**숫자 바꾼**

**6-1** 이차방정식 $x^2-ax+b=0$에 대하여 다음 물음에 답하시오.

(1) 한 근이 $1-\sqrt{5}$일 때, 두 유리수 $a$, $b$에 대하여 $a+b$의 값을 구하시오.

(2) 한 근이 $3-2i$일 때, 두 실수 $a$, $b$에 대하여 $a+b$의 값을 구하시오.

**6-2** 이차방정식 $x^2-8x+a=0$의 한 근이 $b+2i$일 때, 두 실수 $a$, $b$에 대하여 $ab$의 값을 구하시오.

**6-3** 두 유리수 $a$, $b$에 대하여 이차방정식 $x^2+ax+b=0$의 한 근이 $3-\sqrt{2}$일 때, 이차방정식 $x^2-bx+3a=0$을 푸시오.

| 필수 예제 01 |

**01** $x$에 대한 이차방정식 $ax^2-(a^2-2)x+2(a-2)=0$의 한 근이 2일 때, 상수 $a$의 값과 다른 한 근의 합은?

① $\dfrac{4}{3}$      ② $2$      ③ $\dfrac{8}{3}$      ④ $\dfrac{10}{3}$      ⑤ $4$

📖 NOTE

주어진 방정식이 이차방정식이려면 $x^2$의 계수가 0이 아니어야 한다.

| 필수 예제 01 |

**02** 이차방정식 $(\sqrt{2}-1)x^2-(2\sqrt{2}-1)x+2=0$의 두 근을 $\alpha$, $\beta$라 할 때, $(2\alpha-\beta)^2$의 값을 구하시오. (단, $\alpha>\beta$)

이차항의 계수가 무리수인 이차방정식은 이차항의 계수를 유리화한 후 해를 구한다.

| 필수 예제 02 |

**03** 방정식 $2\sqrt{(x+2)^2}=x^2+4x+1$의 모든 근의 합은?

① $-3$      ② $-4$      ③ $-5$      ④ $-6$      ⑤ $-7$

$\sqrt{A^2}=|A|=\begin{cases} A & (A\geq0) \\ -A & (A<0) \end{cases}$

| 필수 예제 03 |

**04** 이차방정식 $ax^2-(2a-3)x+a-2=0$이 실근을 갖지 않도록 하는 정수 $a$의 최솟값을 구하시오.

| 필수 예제 03 |

**05** 이차식 $(k-1)x^2-2(k-1)x+4k-7$이 완전제곱식이 될 때, 실수 $k$의 값을 구하시오.

이차식 $ax^2+bx+c$가 완전제곱식이 되려면 이차방정식 $ax^2+bx+c=0$은 중근을 가져야 함을 이용한다.

| 필수 예제 04 |

**06** 이차방정식 $x^2-(a-4)x-10=0$의 두 근의 차가 7일 때, 모든 양수 $a$의 값의 합을 구하시오.

| 필수 예제 05 |

**07** 이차방정식 $2x^2-4x+1=0$의 두 근을 $\alpha$, $\beta$라 할 때, $\dfrac{1}{\alpha}$과 $\dfrac{1}{\beta}$을 두 근으로 하는 이차방정식은 $x^2+ax+b=0$이다. $a^2+b^2$의 값을 구하시오. (단, $a$, $b$는 상수이다.)

| 필수 예제 06 |

**08** 두 실수 $a$, $b$에 대하여 이차방정식 $x^2+ax+b=0$의 한 근이 $2+\sqrt{3}i$이고, $\dfrac{1}{a}$, $\dfrac{1}{b}$을 두 근으로 하는 이차방정식을 $mx^2+nx-1=0$이라 할 때, 두 상수 $m$, $n$에 대하여 $m+n$의 값을 구하시오.

| 필수 예제 04 |

**09** 이차방정식 $x^2+x-1=0$의 서로 다른 두 근을 $\alpha$, $\beta$라 하자. 다항식 $P(x)=2x^2-3x$에
교육청 기출 대하여 $\beta P(\alpha)+\alpha P(\beta)$의 값은?

① 5　　　　② 6　　　　③ 7　　　　④ 8　　　　⑤ 9

| 필수 예제 06 |

**10** 두 실수 $a$, $b$에 대하여 이차방정식 $x^2+ax+b=0$의 한 근이 $\dfrac{b}{2}+i$일 때, $ab$의 값
교육청 기출 은? (단, $i=\sqrt{-1}$이다.)

① $-16$　　　② $-8$　　　③ $-4$　　　④ $-2$　　　⑤ $-1$

• 정답 및 해설 38쪽

**1** 다음 ☐ 안에 알맞은 것을 쓰시오.

(1) 계수가 실수인 이차방정식은 복소수의 범위에서 근을 가진다.

이때 이차방정식의 근 중에서 실수인 것을 ☐, 허수인 것을 ☐이라 한다.

(2) 계수가 실수인 이차방정식 $ax^2+bx+c=0$의 판별식을 $D$라 하면

$$D= \boxed{\phantom{xxxx}}$$

(3) 이차방정식의 근은 다음과 같이 판별할 수 있다.

> 계수가 실수인 이차방정식 $ax^2+bx+c=0$에서 $D=b^2-4ac$라 할 때
> ① ☐이면 서로 다른 두 실근을 갖는다.
> ② $D=0$이면 ☐을 갖는다.
> ③ $D<0$이면 서로 다른 두 허근을 갖는다.

(4) 이차방정식 $ax^2+bx+c=0$의 두 근을 $\alpha$, $\beta$라 하면 이차방정식의 근과 계수의 관계에 의하여

$$\alpha+\beta= \boxed{\phantom{xx}} , \ \alpha\beta= \boxed{\phantom{xx}}$$

(5) 두 수 $\alpha$, $\beta$를 근으로 하고, $x^2$의 계수가 1인 이차방정식은

$$x^2-(\boxed{\phantom{xx}})x+\boxed{\phantom{xx}}=0$$

(6) 이차방정식의 근을 이용하여 이차식을 다음과 같이 인수분해할 수 있다.

이차방정식 $ax^2+bx+c=0$의 두 근을 $\alpha$, $\beta$라 하면

$$ax^2+bx+c=\boxed{\phantom{x}}(x-\alpha)(x-\boxed{\phantom{x}})$$

**2** 다음 문장이 옳으면 ○표, 옳지 않으면 ×표를 ( ) 안에 쓰시오.

(1) 이차방정식 $x^2-4x+3=0$의 두 근의 합은 $-4$이다.     (　　)

(2) 이차식 $2x^2+x+1$은 복소수의 범위에서 인수분해된다.     (　　)

(3) 두 실수 $a$, $b$에 대하여 이차식 $x^2+ax+b$가 완전제곱식이면 이차방정식 $x^2+ax+b=0$이 중근을 갖는다.     (　　)

(4) 이차방정식 $x^2+2ix-3=0$의 판별식을 $D$라 할 때, $D>0$이므로 이 이차방정식은 두 실근을 갖는다.     (　　)

(5) 두 수 $1+3i$, $1-3i$가 이차방정식 $x^2+ax+b=0$의 두 근이면 $a$는 실수이다.     (　　)

(6) 계수가 무리수인 이차방정식의 한 근이 $1+\sqrt{3}$이면 다른 한 근은 $1-\sqrt{3}$이다.     (　　)

# 06

# 이차방정식과 이차함수

# 06 이차방정식과 이차함수

## ❶ 이차방정식과 이차함수의 관계

### (1) 이차방정식과 이차함수의 관계
이차함수 $y=ax^2+bx+c$의 그래프와 $x$축의 교점의 $x$좌표는 이차방정식
$ax^2+bx+c=0$의 실근과 같다. ❶

> **예** 이차방정식 $x^2-4x+3=0$의 근은 $x=1$ 또는 $x=3$이므로 이차함수 $y=x^2-4x+3$의 그래프와 $x$축은 서로 다른 두 점에서 만나고, 교점의 $x$좌표는 1, 3이다.

### (2) 이차함수 $y=ax^2+bx+c$의 그래프와 $x$축의 위치 관계
이차방정식 $ax^2+bx+c=0$의 판별식 $D=b^2-4ac$의 값의 부호에 따라 다음과 같다.

| | | $D>0$ | $D=0$ | $D<0$ |
|---|---|---|---|---|
| $ax^2+bx+c=0$의 근 | | 서로 다른 두 실근 | 중근 | 서로 다른 두 허근 |
| $y=ax^2+bx+c$의 그래프와 $x$축의 위치 관계 | | 서로 다른 두 점에서 만난다. | 한 점에서 만난다. (접한다.) | 만나지 않는다. |
| $y=ax^2+bx+c$의 그래프 | $a>0$ | | | |
| | $a<0$ | | | |

## ❷ 이차함수의 그래프와 직선의 위치 관계

이차함수 $y=ax^2+bx+c$의 그래프와 직선 $y=mx+n$의 교점의 $x$좌표는 이차방정식
$$ax^2+bx+c=mx+n, \ \ \text{즉} \ \ ax^2+(b-m)x+c-n=0 \quad \cdots\cdots \ \bigcirc$$
의 실근과 같으므로 이차함수 $y=ax^2+bx+c$의 그래프와 직선 $y=mx+n$의 위치 관계는
이차방정식 $\bigcirc$의 판별식 $D$의 값의 부호에 따라 다음과 같다. ❷

| | $D>0$ | $D=0$ | $D<0$ |
|---|---|---|---|
| $y=ax^2+bx+c$의 그래프와 직선 $y=mx+n$의 위치 관계 | 서로 다른 두 점에서 만난다. | 한 점에서 만난다. (접한다.) | 만나지 않는다. |
| $y=ax^2+bx+c \ (a>0)$의 그래프와 직선 $y=mx+n$ | | | |

> **예** 이차함수 $y=x^2-3x+2$의 그래프와 직선 $y=x-1$에서 이차방정식
> $x^2-3x+2=x-1$, 즉 $x^2-4x+3=0$의 판별식을 $D$라 하면
> $$\frac{D}{4}=(-2)^2-1\times3=1>0$$
> 이므로 이차함수 $y=x^2-3x+2$의 그래프와 직선 $y=x-1$은 서로 다른 두 점에서 만난다.

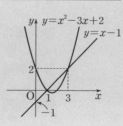

**개념 플러스⁺**

❶ 이차함수 $y=f(x)$의 그래프와 $x$축의 교점의 개수는 이차방정식 $f(x)=0$의 실근의 개수와 같다.

✖ 이차함수 $y=ax^2+bx+c$의 그래프가 $x$축과 만나면 이차방정식 $ax^2+bx+c=0$의 판별식을 $D$라 할 때, $D\geq0$이다.

❷ 이차함수 $y=f(x)$의 그래프와 직선 $y=g(x)$의 교점의 개수는 방정식 $f(x)=g(x)$의 실근의 개수와 같다.

## ③ 이차함수의 최대 · 최소

### (1) 이차함수의 최대 · 최소 ❸

이차함수 $y=a(x-p)^2+q$의 최댓값과 최솟값은 다음과 같다.

① $a>0$이면 $x=p$에서 최솟값 $q$를 갖고, 최댓값은 없다.

② $a<0$이면 $x=p$에서 최댓값 $q$를 갖고, 최솟값은 없다.

### (2) 제한된 범위에서 이차함수의 최대 · 최소

$\alpha \leq x \leq \beta$일 때, 이차함수 $f(x)=a(x-p)^2+q$의 최댓값과 최솟값은 다음과 같다. ❹

① 꼭짓점의 $x$좌표 $p$가 $\alpha \leq x \leq \beta$에 속할 때

$f(\alpha)$, $f(\beta)$, $f(p)$ 중 가장 큰 값이 최댓값이고, 가장 작은 값이 최솟값이다.

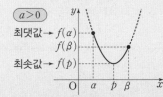 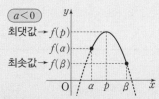

② 꼭짓점의 $x$좌표 $p$가 $\alpha \leq x \leq \beta$에 속하지 않을 때

$f(\alpha)$, $f(\beta)$ 중 큰 값이 최댓값이고, 작은 값이 최솟값이다.

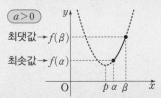 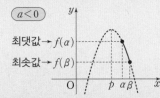

> **예** $y=x^2-2x+2=(x-1)^2+1$이므로 $0 \leq x \leq 3$에서 이 이차함수의 그래프는
> 오른쪽 그림과 같다.
> 따라서 $0 \leq x \leq 3$에서 이차함수 $y=x^2-2x+2$의
> 최댓값은 $x=3$일 때 5이고 최솟값은 $x=1$일 때 1이다.

### 개념 플러스⁺

❸ 이차함수 $y=ax^2+bx+c$의 최댓값과 최솟값은 이차함수의 식을 $y=a(x-p)^2+q$ 꼴로 변형하여 구한다.

❹ 제한된 범위에서 이차함수의 최댓값과 최솟값을 구할 때는 꼭짓점의 $x$좌표가 제한된 범위에 속하는지부터 확인한다.

---

### 교과서 개념 확인하기                정답 및 해설 39쪽

**1** 다음 이차함수의 그래프와 $x$축의 교점의 $x$좌표를 구하시오.

    (1) $y=x^2-2x-3$                              (2) $y=x^2-2x+1$

**2** 다음 이차함수의 그래프와 $x$축의 위치 관계를 말하시오.

    (1) $y=x^2-x-6$                                (2) $y=x^2-4x+4$

**3** 다음 직선과 이차함수 $y=x^2-5x+6$의 그래프의 위치 관계를 말하시오.

    (1) $y=x-3$                                       (2) $y=-2x+1$

**4** $x$의 값의 범위가 다음과 같을 때, 이차함수 $y=(x-2)^2-2$의 최댓값과 최솟값을 각각 구하시오.

    (1) $0 \leq x \leq 5$                                   (2) $3 \leq x \leq 4$

● 다시 정리하는 개념

**필수 예제 1** **이차방정식과 이차함수의 관계**

이차함수 $y=x^2-6x+k$의 그래프와 $x$축의 위치 관계가 다음과 같을 때, 실수 $k$의 값 또는 범위를 구하시오.

(1) 서로 다른 두 점에서 만난다.

(2) 한 점에서 만난다.

(3) 만나지 않는다.

> **● 다시 정리하는 개념**
>
> 이차함수 $y=ax^2+bx+c$의 그래프와 $x$축의 위치 관계는 이차방정식 $ax^2+bx+c=0$의 판별식의 값의 부호에 따라 판단할 수 있다.

**숫자 바꿔**

**1-1** 이차함수 $y=-x^2+5x+k-4$의 그래프와 $x$축의 위치 관계가 다음과 같을 때, 실수 $k$의 값 또는 범위를 구하시오.

(1) 서로 다른 두 점에서 만난다.

(2) 한 점에서 만난다.

(3) 만나지 않는다.

**1-2** 이차함수 $y=x^2+(k-1)x+k-1$의 그래프와 $x$축이 한 점에서 만나도록 하는 모든 정수 $k$의 값의 합을 구하시오.

**1-3** 이차함수 $y=x^2+ax-2$의 그래프가 $x$축과 두 점 $(1, 0)$, $(b, 0)$에서 만날 때, $a-b$의 값을 구하시오. (단, $a$는 상수이다.)

## 필수 예제 **2** 이차함수의 그래프와 직선의 위치 관계

이차함수 $y=2x^2+5x+k$의 그래프와 직선 $y=x+4$의 위치 관계가 다음과 같을 때, 실수 $k$의 값 또는 범위를 구하시오.

(1) 서로 다른 두 점에서 만난다.

(2) 한 점에서 만난다.

(3) 만나지 않는다.

> **⊙ 다시 정리하는 개념**
>
> 이차함수 $y=f(x)$의 그래프와 직선 $y=g(x)$의 위치 관계는 이차방정식 $f(x)=g(x)$, 즉 $f(x)-g(x)=0$의 판별식의 값의 부호에 따라 판단할 수 있다.

**숫자 바꾼**

**2-1** 이차함수 $y=-x^2+4x+k+2$의 그래프와 직선 $y=2x-k+7$의 위치 관계가 다음과 같을 때, 실수 $k$의 값 또는 범위를 구하시오.

(1) 서로 다른 두 점에서 만난다.

(2) 한 점에서 만난다.

(3) 만나지 않는다.

**2-2** 이차함수 $y=x^2+4x+3$의 그래프와 직선 $y=-x+1-k$가 만나지 않도록 하는 정수 $k$의 최솟값을 구하시오.

**2-3** 이차함수 $y=x^2+mx+2$의 그래프와 직선 $y=2x+n$의 교점의 $x$좌표가 1, 3일 때, 두 상수 $m$, $n$에 대하여 $mn$의 값을 구하시오.

### 필수 예제 **3** 이차함수의 최대 · 최소

주어진 $x$의 값의 범위에서 다음 이차함수의 최댓값과 최솟값을 각각 구하시오.

(1) $y=x^2-4x+3$ $(-1\leq x\leq 3)$

(2) $y=-2x^2-4x+2$ $(-2\leq x\leq 1)$

(3) $y=x^2+2x-3$ $(0\leq x\leq 2)$

(4) $y=-x^2+7$ $(1\leq x\leq 3)$

> **◐ 다시 정리하는 개념**
>
> 제한된 범위에서 이차함수의 최댓값과 최솟값을 구할 때는 이차함수를 $y=a(x-p)^2+q$ 꼴로 변형하여 꼭짓점의 $x$좌표가 제한된 범위에 포함되는지부터 확인한다.

#### 숫자 바꾼

**3-1** 주어진 $x$의 값의 범위에서 다음 이차함수의 최댓값과 최솟값을 각각 구하시오.

(1) $y=x^2-5x+\dfrac{1}{4}$ $(1\leq x\leq 5)$

(2) $y=-x^2+6x-6$ $(1\leq x\leq 4)$

(3) $y=2x^2-4x+1$ $(2\leq x\leq 3)$

(4) $y=-\dfrac{1}{2}x^2-2x$ $(0\leq x\leq 2)$

**3-2** $-1\leq x\leq 4$일 때, 이차함수 $y=-x^2+4x+k-1$의 최댓값이 1이다. 실수 $k$의 값과 이 이차함수의 최솟값을 각각 구하시오.

**3-3** $-2\leq x\leq 1$일 때, 이차함수 $y=x^2+6x+k$의 최댓값은 $M$, 최솟값은 $-3$이다. $k+M$의 값을 구하시오. (단, $k$는 실수이다.)

## 필수 예제 **4** 이차함수의 최대·최소의 활용

어떤 물체를 지면에서 초속 $40\,\mathrm{m}$로 쏘아올렸을 때, $x$초 후 지면으로부터 이 물체의 높이를 $y\,\mathrm{m}$라 하면 $x$와 $y$ 사이에는

$$y = -5x^2 + 40x$$

인 관계가 성립한다. 물체를 쏘아올린 후 3초 이상 6초 이하에서 이 물체의 최대 높이와 최소 높이를 각각 구하시오.

> **▶ 다시 정리하는 개념**
>
> 이차함수의 최대·최소의 활용은 다음과 같은 순서로 푼다.
> ❶ 주어진 문제에서 변수와 함수의 식을 파악한다.
> ❷ 제한된 범위에서 이차함수의 최댓값 또는 최솟값을 구한다.

숫자 바꿈
**4-1** 어느 다이빙 선수가 수면으로부터 $2\,\mathrm{m}$ 높이에 있는 스프링보드에서 뛰어올랐을 때, $x$초 후 수면으로부터 이 선수의 높이를 $y\,\mathrm{m}$라 하면 $x$와 $y$ 사이에는

$$y = -5x^2 + 8x + 2$$

인 관계가 성립한다. 0초 이상 1초 이하에서 이 선수는 $x = a$일 때 가장 높이 올라가고, 이때 수면으로부터 이 선수의 높이는 $b\,\mathrm{m}$이다. $a + b$의 값을 구하시오.

**4-2** 오른쪽 그림과 같이 직사각형 ABCD에서 두 점 A, B는 $x$축, 두 점 C, D는 이차함수 $y = -x^2 + 6$의 그래프 위에 있다. 직사각형 ABCD의 둘레의 길이의 최댓값을 구하시오.
(단, 점 C는 제1사분면, 점 D는 제2사분면 위에 있다.)

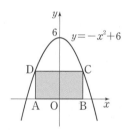

두 정사각형의 한 변의 길이를 각각 $a\,\mathrm{cm}$, $b\,\mathrm{cm}$라 하여 식을 세운 후, $b$를 $a$에 대한 식으로 나타내어 보자.

**4-3** 길이가 $32\,\mathrm{cm}$인 끈을 두 부분으로 나누어 정사각형을 두 개 만들 때, 두 정사각형의 넓이의 합의 최솟값을 구하시오.
(단, 정사각형을 만들 때, 끈이 겹치는 부분은 생각하지 않는다.)

| 필수 예제 01 |

**01** 이차함수 $y=x^2+kx+3$의 그래프와 $x$축이 만나는 두 점 사이의 거리가 2일 때, 양수 $k$의 값을 구하시오.

📖 **NOTE**

$x$좌표가 $\alpha$, $\beta$ $(\alpha<\beta)$인 $x$축 위의 두 점 사이의 거리가 $d$이면 $|\alpha-\beta|=d$임을 이용한다.

| 필수 예제 01 |

**02** 이차함수 $y=x^2+2(a-1)x+am+2m+b$의 그래프가 실수 $m$의 값에 관계없이 $x$축에 접할 때, 두 상수 $a$, $b$에 대하여 $a+b$의 값을 구하시오.

실수 $m$의 값에 관계없이 항상 성립하는 등식은 $m$에 대한 항등식임을 이용한다.

| 필수 예제 02 |

**03** 기울기가 2인 직선이 이차함수 $y=x^2-6x+9$의 그래프에 접할 때, 이 직선의 방정식이 $y=ax+b$이다. 두 상수 $a$, $b$에 대하여 $ab$의 값을 구하시오.

| 필수 예제 02 |

**04** 이차함수 $y=x^2+2kx+k^2$의 그래프와 직선 $y=3x-k$가 적어도 한 점에서 만나도록 하는 실수 $k$의 값의 범위는?

① $k<\dfrac{9}{16}$　　　　② $k\leq\dfrac{9}{16}$　　　　③ $k=\dfrac{9}{16}$

④ $k\geq\dfrac{9}{16}$　　　　⑤ $k>\dfrac{9}{16}$

| 필수 예제 03 |

**05** $1\leq x\leq a$에서 이차함수 $y=x^2+6x+b$의 최솟값이 4, 최댓값이 13일 때, 두 상수 $a$, $b$에 대하여 $a-b$의 값을 구하시오.

• 정답 및 해설 42쪽

📖 NOTE

공통부분이 있는 경우 공통부분을
한 문자로 치환하여 이 문자에 대한
이차함수로 고친 후, 치환한 문자의
제한 범위에 주의하여 최댓값 또는
최솟값을 구한다.

| 필수 예제 03 |

**06** $0 \le x \le 3$에서 함수 $y = -(x^2 - 2x)^2 + 4(x^2 - 2x) + 6$의 최댓값과 최솟값의 합을 구하시오.

| 필수 예제 04 |

**07** 어느 사진작가가 전시회를 하여 얻는 수익금을 기부하기로 하였다. 전시회의 입장권을 $x$만 원, 전시회에서 사진작가가 얻는 수익금을 $y$만 원이라 할 때, $x$와 $y$ 사이의 관계를 식으로 나타내면 $y = -100x^2 + 600x - 200$이다. 입장권의 가격은 1만 원 이상 4만 원 이하에서 결정되어야 한다고 할 때, 이 공연을 통해 사진작가가 얻는 수익금의 최댓값은?

① 300만 원      ② 400만 원      ③ 500만 원

④ 600만 원      ⑤ 700만 원

| 필수 예제 04 |

**08** 길이가 60 m인 철망을 이용하여 오른쪽 그림과 같이 담벽을 빗변으로 하는 직각삼각형 모양의 화단을 만들려고 한다. 직각을 낀 두 변 중 길지 않은 한 변의 길이가 $a$ m일 때 화단의 넓이는 최대이고, 이때의 화단의 넓이는 $b$ m²이다. $a+b$의 값을 구하시오. (단, 담벽에는 철망을 치지 않는다.)

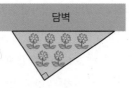

담벽

| 필수 예제 02 |

**09** 이차함수 $y = \dfrac{1}{2}(x-k)^2$의 그래프와 직선 $y=x$가 서로 다른 두 점 A, B에서 만난다. 두 점 A, B에서 $x$축에 내린 수선의 발을 각각 C, D라 하자. 선분 CD의 길이가 6일 때, 상수 $k$의 값은?

교육청 기출

① $\dfrac{7}{2}$      ② 4      ③ $\dfrac{9}{2}$      ④ 5      ⑤ $\dfrac{11}{2}$

| 필수 예제 03 |

**10** 양수 $a$에 대하여 $0 \le x \le a$에서 이차함수 $f(x) = x^2 - 8x + a + 6$의 최솟값이 0이 되도록 하는 모든 $a$의 값의 합은?

교육청 기출

① 11      ② 12      ③ 13      ④ 14      ⑤ 15

・정답 및 해설 43쪽

**1** 다음 ☐ 안에 알맞은 것을 쓰시오.

(1) 이차함수 $y=ax^2+bx+c$의 그래프와 $x$축의 교점의 $x$좌표는 이차방정식 $ax^2+bx+c=0$의 ☐과 같다.

(2) 이차함수 $y=ax^2+bx+c$의 그래프와 $x$축의 위치 관계는 이차방정식 $ax^2+bx+c=0$의 판별식 $D=b^2-4ac$의 값의 부호에 따라 다음과 같다.

　① $D>0$이면 ☐에서 만난다.

　② ☐이면 한 점에서 만난다.

　③ $D<0$이면 만나지 않는다.

(3) 이차함수 $y=ax^2+bx+c$의 그래프와 직선 $y=mx+n$의 교점의 $x$좌표는 이차방정식

　　$ax^2+bx+c=mx+n$, 즉 $ax^2+(b-m)x+c-n=0$　……　㉠

의 실근과 같으므로 이차함수 $y=ax^2+bx+c$의 그래프와 직선 $y=mx+n$의 위치 관계는 이차방정식 ㉠의 판별식 $D$의 값의 부호에 따라 다음과 같다.

　① ☐이면 서로 다른 두 점에서 만난다.

　② $D=0$이면 ☐에서 만난다.

　③ ☐이면 만나지 않는다.

(4) $x$의 값의 범위가 $\alpha \leq x \leq \beta$일 때, 이차함수 $f(x)=a(x-p)^2+q$의 최댓값과 최솟값은 꼭짓점의 $x$좌표인 $p$의 값에 따라 다음과 같이 구할 수 있다.

　① 꼭짓점의 $x$좌표 $p$가 $\alpha \leq x \leq \beta$에 속할 때

　　$f(\alpha)$, $f(\beta)$, ☐ 중 가장 큰 값이 최댓값이고, 가장 작은 값이 최솟값이다.

　② 꼭짓점의 $x$좌표 $p$가 $\alpha \leq x \leq \beta$에 속하지 않을 때

　　$f(\alpha)$, ☐ 중 큰 값이 최댓값이고, 작은 값이 최솟값이다.

**2** 다음 문장이 옳으면 ○표, 옳지 않으면 ×표를 ( ) 안에 쓰시오.

(1) 이차함수 $y=x^2-7x+6$의 그래프는 $x$축과 두 점에서 만난다. 　　　　( )

(2) 이차함수 $y=f(x)$의 그래프가 $x$축과 만나면 이차방정식 $f(x)=0$의 판별식 $D$에 대하여 $D>0$이다. 　( )

(3) 두 실수 $a$, $b$에 대하여 이차함수 $y=x^2+ax+b$의 그래프는 $x$축과 적어도 한 점에서 만난다. 　　( )

(4) 이차함수 $y=x^2$의 그래프와 직선 $y=2x-1$은 접한다. 　　　　( )

(5) $x$의 값의 범위가 $\alpha \leq x \leq \beta$인 이차함수 $y=f(x)$의 최댓값은 이차함수의 그래프의 꼭짓점의 위치에 관계없이 항상 $f(\alpha)$, $f(\beta)$ 중 큰 값이다. 　　　　( )

# 07

# 여러 가지 방정식

# 07 · 여러 가지 방정식

## ❶ 삼차방정식과 사차방정식

### (1) 삼차방정식과 사차방정식

다항식 $f(x)$가 $x$에 대한 삼차식, 사차식이면 방정식 $f(x)=0$을 각각 $x$에 대한 삼차방정식, 사차방정식이라 한다. ❶

### (2) 인수분해를 이용한 삼·사차방정식의 풀이

삼차방정식 또는 사차방정식 $f(x)=0$은 다항식 $f(x)$를 일차식 또는 이차식으로 인수분해한 후 다음을 이용하여 푼다. ❷

① $ABC=0$이면 $A=0$ 또는 $B=0$ 또는 $C=0$

② $ABCD=0$이면 $A=0$ 또는 $B=0$ 또는 $C=0$ 또는 $D=0$

[예] 삼차방정식 $x^3-x^2+2x-2=0$의 좌변을 인수분해하면
$(x-1)(x^2+2)=0$에서 $x-1=0$ 또는 $x^2+2=0$이므로 $x=1$ 또는 $x=\pm\sqrt{2}i$

### (3) 인수정리를 이용한 삼·사차방정식의 풀이

방정식 $f(x)=0$에서 $f(\alpha)=0$이면 ❸ $f(x)$는 $x-\alpha$를 인수로 가지므로 조립제법을 이용하여 $f(x)=(x-\alpha)Q(x)$ 꼴로 인수분해한 후 푼다.

[예] 방정식 $x^3-2x^2-x+2=0$에서 $f(x)=x^3-2x^2-x+2$라 하면
$f(1)=1-2-1+2=0$이므로 $x-1$은 $f(x)$의 인수이다.
조립제법을 이용하여 $f(x)$를 인수분해하면
$f(x)=(x-1)(x^2-x-2)=(x-1)(x+1)(x-2)$
따라서 방정식 $x^3-2x^2-x+2=0$의 해는
$x=-1$ 또는 $x=1$ 또는 $x=2$

$$\begin{array}{r|rrrr} 1 & 1 & -2 & -1 & 2 \\ & & 1 & -1 & -2 \\ \hline & 1 & -1 & -2 & 0 \end{array}$$

### (4) 공통부분이 있는 삼·사차방정식의 풀이

공통부분을 한 문자로 치환하여 식을 간단히 한 후 인수분해한다.

### (5) $x^4+ax^2+b=0$ ($a$, $b$는 상수) 꼴의 방정식의 풀이

① $x^2=X$로 치환하여 $X$에 대한 이차방정식으로 변형한 후 인수분해한다.

② 좌변이 바로 인수분해되지 않으면 $ax^2$을 적당히 분리하여 $A^2-B^2=0$ 꼴로 변형한 후 인수분해한다.

## ❷ 삼차방정식의 근과 계수의 관계와 성질

### (1) 삼차방정식의 근과 계수의 관계

① 삼차방정식 $ax^3+bx^2+cx+d=0$의 세 근을 $\alpha$, $\beta$, $\gamma$라 하면
$$\alpha+\beta+\gamma=-\frac{b}{a},\ \alpha\beta+\beta\gamma+\gamma\alpha=\frac{c}{a},\ \alpha\beta\gamma=-\frac{d}{a}$$

② $\alpha$, $\beta$, $\gamma$를 세 근으로 하고 $x^3$의 계수가 1인 삼차방정식은
$(x-\alpha)(x-\beta)(x-\gamma)=0$, 즉 $x^3-(\alpha+\beta+\gamma)x^2+(\alpha\beta+\beta\gamma+\gamma\alpha)x-\alpha\beta\gamma=0$

### (2) 삼차방정식의 켤레근의 성질 ❹

① 계수가 유리수인 삼차방정식 $ax^3+bx^2+cx+d=0$의 한 근이 $p+q\sqrt{m}$이면 다른 한 근은 $p-q\sqrt{m}$이다. (단, $p$, $q$는 유리수, $q\neq0$, $\sqrt{m}$은 무리수이다.)

② 계수가 실수인 삼차방정식 $ax^3+bx^2+cx+d=0$의 한 근이 $p+qi$이면 다른 한 근은 $p-qi$이다. (단, $p$, $q$는 실수, $q\neq0$, $i=\sqrt{-1}$이다.)

---

### 개념 플러스⁺

❶ 계수가 실수인 삼차방정식과 사차방정식은 복소수의 범위에서 각각 3개, 4개의 근을 갖는다.

❷ 특별한 언급이 없는 경우 삼차방정식과 사차방정식의 해는 복소수의 범위에서 구한다.

❸ 다항식 $f(x)$의 계수와 상수항이 모두 정수일 때 $f(\alpha)=0$을 만족시키는 $\alpha$의 값은
$$\pm\frac{(\text{상수항의 약수})}{(\text{최고차항의 계수의 약수})}$$
중에서 찾을 수 있다.

▪ 삼차방정식의 근과 계수의 관계를 이용하면 세 근을 직접 구하지 않아도 세 근의 합, 두 근끼리의 곱의 합, 세 근의 곱을 구할 수 있다.

❹ 이차방정식에서 켤레근이 존재할 때는 두 근이 서로 켤레근이지만 삼차방정식에서 켤레근이 존재할 때는 세 근 중 두 근이 서로 켤레근이다. 이때 ①에서의 세 근 중 켤레근을 제외한 나머지 한 근은 유리수, ②에서의 세 근 중 켤레근을 제외한 나머지 한 근은 실수이다.

**개념 플러스⁺**

(3) **삼차방정식 $x^3=1$의 허근 $\omega$ ⑤의 성질**

삼차방정식 $x^3=1$의 한 허근을 $\omega$라 하면 다음 성질이 성립한다.

(단, $\overline{\omega}$는 $\omega$의 켤레복소수이다.)

① $\omega^3=1$, $\omega^2+\omega+1=0$  ② $\omega+\overline{\omega}=-1$, $\omega\overline{\omega}=1$  ③ $\omega^2=\overline{\omega}=\dfrac{1}{\omega}$

[참고] ①에서 $\omega^2=-\omega-1$, ②에서 $\overline{\omega}=-\omega-1$, $\overline{\omega}=\dfrac{1}{\omega}$이므로 $\omega^2=\overline{\omega}=\dfrac{1}{\omega}$, 즉 삼차방정식 $x^3=1$의 한 허근이 $\omega$이면 다른 한 허근은 $\omega^2$이다.

### ❸ 연립이차방정식

(1) **연립이차방정식**

미지수가 2개인 연립방정식에서 차수가 가장 높은 방정식이 이차방정식일 때, 이 연립방정식을 연립이차방정식이라 한다.

(2) **일차방정식과 이차방정식으로 이루어진 연립방정식의 풀이**

일차방정식과 이차방정식으로 이루어진 연립방정식은 다음과 같은 순서로 푼다.

❶ 일차방정식을 한 문자에 대하여 정리한다.

❷ ❶을 이차방정식에 대입하여 푼다.

(3) **두 이차방정식으로 이루어진 연립방정식의 풀이**

인수분해하거나 이차항 또는 상수항을 소거하여 한 미지수를 다른 미지수에 대한 식으로 나타낸 후 푼다.

[예] 연립방정식 $\begin{cases} (x+y)(x-y)=0 & \cdots\cdots \ ㉠ \\ x^2+y^2=2 & \cdots\cdots \ ㉡ \end{cases}$의 ㉠에서 $x=-y$ 또는 $x=y$

(ⅰ) $x=-y$를 ㉡에 대입하여 풀면 $y=\pm1$  $\therefore \begin{cases}x=1\\y=-1\end{cases}$ 또는 $\begin{cases}x=-1\\y=1\end{cases}$

(ⅱ) $x=y$를 ㉡에 대입하여 풀면 $y=\pm1$  $\therefore \begin{cases}x=1\\y=1\end{cases}$ 또는 $\begin{cases}x=-1\\y=-1\end{cases}$

(ⅰ), (ⅱ)에서 주어진 연립방정식의 해는 $\begin{cases}x=1\\y=-1\end{cases}$ 또는 $\begin{cases}x=-1\\y=1\end{cases}$ 또는 $\begin{cases}x=1\\y=1\end{cases}$ 또는 $\begin{cases}x=-1\\y=-1\end{cases}$

⑤ $\omega$는 그리스 문자 Ω의 소문자로 오메가(omega)라 읽는다.

※ 삼차방정식 $x^3=-1$의 한 허근을 $\omega$라 하면 다음 성질이 성립한다.

(단, $\overline{\omega}$는 $\omega$의 켤레복소수이다.)

① $\omega^3=-1$, $\omega^2-\omega+1=0$

② $\omega+\overline{\omega}=1$, $\omega\overline{\omega}=1$

③ $\omega^2=-\overline{\omega}=-\dfrac{1}{\omega}$

---

**교과서 개념 확인하기**                                                    ○ 정답 및 해설 44쪽

**1** 인수분해를 이용하여 다음 방정식을 푸시오.

(1) $x^3+2x^2-x-2=0$  (2) $x^3+27=0$

(3) $x^3+5x^2-2x-10=0$  (4) $x^4-8x=0$

**2** 세 근이 $-2$, $1$, $2$인 $x^3$의 계수가 1인 삼차방정식을 구하시오.

**3** 방정식 $x^3=1$의 한 허근을 $\omega$라 할 때, 다음 식의 값을 구하시오.

(1) $\omega^2+\omega$  (2) $\omega+\dfrac{1}{\omega}$

**4** 연립방정식 $\begin{cases}y=x-1\\xy=6\end{cases}$을 푸시오.

## ● 교과서 예제로 **개념 익히기**

**필수 예제 ❶ 삼차방정식과 사차방정식의 풀이**

다음 방정식을 푸시오.

(1) $x^3 - 7x^2 + 14x - 8 = 0$

(2) $x^4 - x^3 - 5x^2 + 3x + 2 = 0$

**◉ 다시 정리하는 개념**

삼 · 사차방정식은 다음과 같은 방법으로 푼다.
① 인수분해 공식을 이용
② 인수정리를 이용
③ 치환을 이용

**숫자 바꾼 1-1** 다음 방정식을 푸시오.

(1) $3x^3 + 2x^2 - 6x + 1 = 0$

(2) $x^4 - 3x^3 + 2x^2 + 2x - 4 = 0$

**1-2** 가로의 길이가 16 cm, 세로의 길이가 10 cm인 직사각형 모양의 종이가 있다. 오른쪽 그림과 같이 이 종이의 네 귀퉁이에서 한 변의 길이가 $x$ cm인 정사각형을 잘라내고 접어 뚜껑 없는 상자를 만들었다. 이 상자의 부피가 120 cm³일 때, 자연수 $x$의 값을 구하시오.

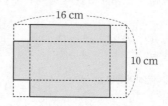

**필수 예제 ❷ 공통부분이 있는 삼 · 사차방정식의 풀이**

다음 방정식을 푸시오.

(1) $(x^2 - 2x)(x^2 - 2x + 3) + 2 = 0$

(2) $(x+1)(x+2)(x+3)(x+4) - 3 = 0$

**◉ 문제 해결 tip**

· 공통부분이 있을 때
➡ 공통부분을 치환한다.
· ( )( )( )( ) = $k$ ($k$는 상수)꼴
➡ 두 일차식의 상수항의 합이 같아지도록 두 개씩 짝을 지어 전개한 후 공통부분을 치환한다.

**숫자 바꾼 2-1** 다음 방정식을 푸시오.

(1) $(x^2 + 3x)^2 = 3x^2 + 9x + 4$

(2) $(x+1)(x+3)(x-2)(x-4) + 24 = 0$

**2-2** 다음 방정식을 푸시오.

(1) $x^4 + 5x^2 - 6 = 0$

(2) $x^4 - 20x^2 + 4 = 0$

## 필수 예제 **3** 근이 주어진 방정식의 미정계수 구하기

▶ 다시 정리하는 개념

삼차방정식 $x^3+ax^2-x-4=0$의 한 근이 $-4$일 때, 다음을 구하시오. (단, $a$는 실수이다.)

(1) $a$의 값

(2) 나머지 두 근

> 방정식 $f(x)=0$의 한 근이 $\alpha$이면 $f(\alpha)=0$이다.
> 즉, $f(x)$가 $x-\alpha$를 인수로 가지므로 $f(x)=(x-\alpha)Q(x)$ 꼴로 인수분해된다.

**숫자 바꿈**

**3-1** 삼차방정식 $x^3-2x^2+(a-3)x+a=0$의 한 근이 1일 때, 다음을 구하시오.

(단, $a$는 실수이다.)

(1) $a$의 값

(2) 나머지 두 근

**3-2** 삼차방정식 $x^3-ax^2+(b-5)x-3b=0$의 세 근이 1, 2, $\alpha$일 때, $a+b+\alpha$의 값을 구하시오. (단, $a$, $b$는 실수이다.)

삼차방정식의 실근을 먼저 구한 후 이차방정식의 근의 판별을 이용해 보자.

**3-3** 삼차방정식 $x^3+x^2+kx-k-2=0$이 한 개의 실근과 두 개의 허근을 가질 때, 정수 $k$의 최솟값을 구하시오.

**필수 예제 4 삼차방정식의 근과 계수의 관계**

삼차방정식 $x^3-3x^2+6x+2=0$의 세 근을 $\alpha$, $\beta$, $\gamma$라 할 때, 다음 식의 값을 구하시오.

(1) $\alpha^2+\beta^2+\gamma^2$

(2) $\dfrac{1}{\alpha}+\dfrac{1}{\beta}+\dfrac{1}{\gamma}$

**● 다시 정리하는 개념**

삼차방정식
$ax^3+bx^2+cx+d=0$의
세 근을 $\alpha, \beta, \gamma$라 하면
① $\alpha+\beta+\gamma=-\dfrac{b}{a}$
② $\alpha\beta+\beta\gamma+\gamma\alpha=\dfrac{c}{a}$
③ $\alpha\beta\gamma=-\dfrac{d}{a}$

**숫자 바꿔**

**4-1** 삼차방정식 $x^3-2x^2-5x+6=0$의 세 근을 $\alpha$, $\beta$, $\gamma$라 할 때, 다음 식의 값을 구하시오.

(1) $(\alpha+1)(\beta+1)(\gamma+1)$

(2) $\dfrac{1}{\alpha\beta}+\dfrac{1}{\beta\gamma}+\dfrac{1}{\gamma\alpha}$

**4-2** 삼차방정식 $x^3-x^2-5x+7=0$의 세 근을 $\alpha$, $\beta$, $\gamma$라 할 때, $(\alpha+\beta)(\beta+\gamma)(\gamma+\alpha)$의 값을 구하시오.

**4-3** 삼차방정식 $x^3+ax+2=0$의 세 근을 $\alpha$, $\beta$, $\gamma$라 할 때, $\dfrac{1}{\alpha}+\dfrac{1}{\beta}+\dfrac{1}{\gamma}=-3$이 성립한다. 상수 $a$의 값을 구하시오.

## 필수 예제 **5** 삼차방정식의 켤레근의 성질

삼차방정식 $x^3+ax^2+bx-1=0$의 두 근이 $-1$, $1+\sqrt{2}$일 때, 두 유리수 $a$, $b$에 대하여 $ab$의 값을 구하시오.

> **▶ 문제 해결 tip**
>
> 이차방정식의 켤레근의 성질과 삼차방정식의 켤레근의 성질은 동일하다. 또한, 사차 이상의 방정식에서도 켤레근의 성질을 적용할 수 있다.

**숫자 바꾼**

**5-1** 삼차방정식 $x^3-3x^2+ax+b=0$의 두 근이 $c$, $1-\sqrt{2}i$일 때, 세 실수 $a$, $b$, $c$에 대하여 $a-b+c$의 값을 구하시오.

**5-2** 삼차방정식 $x^3+ax^2+bx+6=0$의 한 근이 $1-\sqrt{3}$일 때, 다음을 구하시오.

(단, $a$, $b$는 유리수이다.)

(1) 나머지 두 근
(2) $a$, $b$의 값

**5-3** 계수가 모두 실수이고 $x^3$의 계수가 1인 삼차식 $f(x)$에 대하여 삼차방정식 $f(x)=0$의 두 근이 $1$, $-2+i$일 때, $f(-1)$의 값을 구하시오.

### 필수 예제 ❷ 연립일차부등식의 해가 주어졌을 때 미정계수 구하기

연립부등식 $\begin{cases} 5x-2 \leq 2x+a \\ x+b \leq 2x-1 \end{cases}$ 의 해가 $-1 \leq x \leq 3$일 때, 두 실수 $a$, $b$에 대하여 $a+b$의 값을 구하시오.

> **▶ 다시 정리하는 개념**
>
> 연립부등식의 해가 주어지면
> ➡ 각 부등식의 해의 공통부분과 주어진 해를 비교하여 미정계수를 구한다.

**표현 바꾼**

**2-1** 연립부등식 $\begin{cases} 2x+a \leq 3x \\ 3x-b > 0 \end{cases}$ 의 해를 수직선 위에 나타내면 오른쪽 그림과 같을 때, 두 실수 $a$, $b$에 대하여 $ab$의 값을 구하시오.

**2-2** 연립부등식 $\begin{cases} 3(x-1)+1 \leq 4 \\ 4x+a > 3x \end{cases}$ 가 해를 갖지 않도록 하는 실수 $a$의 값의 범위를 구하시오.

### 필수 예제 ❸ $A < B < C$ 꼴의 부등식의 풀이

다음 부등식을 푸시오.

(1) $3(x-2)+4 < 2x+8 \leq 6(x-1)+2$

(2) $0.3x-2 < 0.5x-\dfrac{3}{5} \leq 0.3x+2$

> **▶ 빠지기 쉬운 함정**
>
> $A < B < C$를
> $\begin{cases} A < B \\ A < C \end{cases}$ 또는 $\begin{cases} A < C \\ B < C \end{cases}$ 꼴로
> 고쳐서 풀지 않도록 주의한다.

**숫자 바꾼**

**3-1** 다음 부등식을 푸시오.

(1) $2(x+1)-4 \leq x+4 \leq 3(x-4)+6$

(2) $0.2x-1 < \dfrac{1}{2}x+\dfrac{17}{10} \leq 5-0.6x$

**3-2** 부등식 $3(x-2)+6 \leq 2x+5 < \dfrac{5}{2}x+\dfrac{7}{2}$의 해가 $a < x \leq b$일 때, $b-a$의 값을 구하시오.

## 필수 예제 **4** 연립일차부등식의 활용

연속하는 세 홀수의 합이 72보다 크고 81보다 작을 때, 이 세 홀수 중 가장 큰 수를 구하시오.

**◉ 문제 해결 tip**

연립일차부등식의 활용 문제는 문제의 의미를 파악하여 구하는 것을 미지수 $x$라 하고, 문제의 조건에 맞게 연립부등식을 세워서 푼다.

숫자 바꾼

**4-1** 연속하는 세 정수가 있다. 세 정수의 합은 60보다 크고 가장 작은 수와 가장 큰 수의 합은 나머지 수에 22를 더한 값보다 작을 때, 세 정수 중에서 가장 작은 수를 구하시오.

**4-2** 한 개에 500원인 사탕과 한 개에 700원인 초콜릿을 합하여 10개를 사려고 한다. 전체 가격이 5200원 이상 6000원 이하가 되게 하려고 할 때, 초콜릿은 최대 몇 개까지 살 수 있는지 구하시오.

먼저 두 식품 A, B의 1 g당 열량과 단백질의 양을 각각 구해 보자.

**4-3** 오른쪽 표는 두 식품 A, B의 100 g당 열량과 단백질의 양을 나타낸 것이다. 두 식품 A, B를 합하여 300 g을 섭취하여 열량을 540 kcal 이상, 단백질을 38 g 이상 얻으려고 할 때, 식품 B는 최소 몇 g을 섭취해야 하는지 구하시오.

| 식품 \ 성분 | 열량(kcal) | 단백질(g) |
|---|---|---|
| A | 120 | 16 |
| B | 210 | 12 |

## 필수 예제 **5** 절댓값 기호를 1개 포함한 부등식의 풀이

다음 부등식을 푸시오.

(1) $|x-2| < 3$

(2) $|2x-7| \geq 9$

**◉ 다시 정리하는 개념**

두 상수 $a, b$와 양수 $c$에 대하여

① $|ax+b| < c$

➡ $-c < ax+b < c$

② $|ax+b| > c$

➡ $ax+b < -c$

또는 $ax+b > c$

**숫자 바꾼**

**5-1** 다음 부등식을 푸시오.

(1) $|4x-6| \leq 2$  (2) $|5-2x| > 7$

**5-2** 부등식 $2|x+3| \leq x+6$을 만족시키는 정수 $x$의 개수를 구하시오.

## 필수 예제 **6** 절댓값 기호를 2개 포함한 부등식의 풀이

부등식 $|x-1| + |x| < 5$의 해가 $\alpha < x < \beta$일 때, $\beta - \alpha$의 값을 구하시오.

**◉ 문제 해결 tip**

절댓값 기호를 2개 포함한 부등식의 해를 구할 때는 절댓값 기호 안의 식의 값이 0이 되는 모든 $x$의 값을 생각하여 $x$의 값의 범위를 나누어 푼다.

**숫자 바꾼**

**6-1** 부등식 $|x+2| + |x-3| \leq 7$의 해가 $\alpha \leq x \leq \beta$일 때, $\alpha + \beta$의 값을 구하시오.

**6-2** 부등식 $|x-3| + |2x-15| < 9$를 만족시키는 모든 자연수 $x$의 값의 합을 구하시오.

| 필수 예제 01 |

**01** 다음 중 연립부등식 $\begin{cases} 2(x-4) \geq 1-x \\ \dfrac{x-3}{2} < \dfrac{x-1}{3} \end{cases}$ 을 만족시키는 $x$의 값이 될 수 <u>없는</u> 것은?

① 3      ② 4      ③ 5      ④ 6      ⑤ 7

| 필수 예제 01 |

**02** 다음 연립부등식 중 해가 <u>없는</u> 것은?

① $\begin{cases} 2x < 3x+4 \\ 3-4x \geq 2x-3 \end{cases}$      ② $\begin{cases} 5x-3 < 2x+6 \\ x+6 \leq 2x+10 \end{cases}$

③ $\begin{cases} 2(x+1) > x-6 \\ 2x-4 < 5(x-2) \end{cases}$      ④ $\begin{cases} 0.3x+0.1 \leq 0.4x \\ 0.05x+0.1 > 0.2x-0.15 \end{cases}$

⑤ $\begin{cases} 6x-2 \leq 4x-12 \\ \dfrac{x}{5}-2 < \dfrac{x-4}{3} \end{cases}$

| 필수 예제 02 |

**03** 연립부등식 $\begin{cases} 3(x-1) > 5x+3 \\ x-a \geq -3 \end{cases}$ 이 해를 갖도록 하는 상수 $a$의 값의 범위는?

① $a \geq -3$      ② $a \leq 0$      ③ $a < 0$      ④ $a > 0$      ⑤ $a > 3$

각 부등식의 해의 공통부분이 생기도록 해를 수직선 위에 나타낸다.

| 필수 예제 03 |

**04** 부등식 $x+12 < 3x+6 < 2x+5a$가 정수인 해를 갖도록 하는 정수 $a$의 최솟값을 구하시오.

| 필수 예제 04 |

**05** 삼각형의 세 변의 길이가 각각 $x-3$, $x-1$, $x+2$일 때, 자연수 $x$의 최솟값을 구하시오.

삼각형의 세 변의 길이가 주어지면
① (가장 짧은 변의 길이) $> 0$
② (가장 긴 변의 길이)
    $<$ (나머지 두 변의 길이의 합)
임을 이용하여 연립부등식을 세운다.

**NOTE**
학생이 한 의자에 4명씩 앉으면 학생이 앉은 마지막 1개의 의자에는 1명 이상 4명 이하의 학생이 앉을 수 있다.

| 필수 예제 04 |

**06** 어느 학교 학생들이 긴 의자에 앉으려고 한다. 한 의자에 3명씩 앉으면 학생이 5명 남고, 4명씩 앉으면 의자가 1개 남는다. 다음 중 의자의 개수가 될 수 있는 것은?

① 12  ② 13  ③ 14  ④ 15  ⑤ 16

| 필수 예제 05 |

**07** 부등식 $2|x-1|+x<4$의 해가 $x>a$에 포함되도록 하는 실수 $a$의 값의 범위를 구하시오.

| 필수 예제 06 |

**08** 부등식 $3|x+1|+|x-2|\leq5$를 만족시키는 모든 정수 $x$의 값의 합은?

① $-2$  ② $-1$  ③ 0  ④ 1  ⑤ 2

| 필수 예제 02 |

**09** 연립부등식 $\begin{cases} 3x-5<4 \\ x\geq a \end{cases}$ 를 만족시키는 정수 $x$가 2개일 때, 상수 $a$의 값의 범위는?

교육청 기출

① $0\leq a<1$  ② $0<a\leq1$  ③ $1<a<2$
④ $1\leq a<2$  ⑤ $1<a\leq2$

| 필수 예제 05 |

**10** $x$에 대한 부등식 $|3x-1|<x+a$의 해가 $-1<x<3$일 때, 양수 $a$의 값은?

교육청 기출

① 4  ② $\dfrac{17}{4}$  ③ $\dfrac{9}{2}$  ④ $\dfrac{19}{4}$  ⑤ 5

**1** 다음 ☐ 안에 알맞은 것을 쓰시오.

• 정답 및 해설 57쪽

(1) ① 두 개 이상의 부등식을 한 쌍으로 묶어서 나타낸 것을 ☐☐☐☐☐이라 하고, 일차부등식으로만 이루어진 연립부등식을 연립일차부등식이라 한다.

　② 연립부등식에서 두 부등식의 ☐☐인 해를 연립부등식의 해라 하고, 연립부등식의 해를 구하는 것을 연립부등식을 푼다고 한다.

(2) 연립일차부등식은 다음과 같은 순서로 푼다.

❶ 각각의 일차부등식을 푼다.

❷ ❶에서 구한 해를 하나의 수직선 위에 나타내어 ☐☐☐☐을 구한다.

(3) $a$, $b$는 유리수이고 $a<b$일 때, 연립부등식의 해는 다음과 같다.

| $\begin{cases} x \geq a \\ x < b \end{cases}$의 해 | $\begin{cases} x \geq a \\ x > b \end{cases}$의 해 | $\begin{cases} x < a \\ x < b \end{cases}$의 해 |
|---|---|---|
| $a \leq x < b$ | $x > \boxed{\phantom{x}}$ | $x < \boxed{\phantom{x}}$ |

(4) 연립부등식에서 각 부등식의 해를 수직선 위에 나타내었을 때

① 공통부분이 없는 경우는 연립부등식의 해가 ☐☐☐.

② 공통부분이 한 점인 경우는 연립부등식의 해가 ☐☐뿐이다.

(5) $a>0$일 때

① $|x|<a$의 해는 $-a<x<a$

② $|x|>a$의 해는 $x<\boxed{\phantom{x}}$ 또는 $x>\boxed{\phantom{x}}$

**2** 다음 문장이 옳으면 ○표, 옳지 않으면 ×표를 ( ) 안에 쓰시오.

(1) 부등식의 해는 항상 어떤 수의 범위로만 나온다. ( )

(2) 연립부등식의 해가 없다는 것은 수직선에서 두 부등식의 해의 공통부분이 없다는 의미이다. ( )

(3) 절댓값 기호를 포함한 부등식은 먼저 절댓값 기호 안의 식의 값이 0이 되는 $x$의 값을 경계로 $x$의 값의 범위를 나눈다. ( )

(4) 두 일차식 $f(x)$, $g(x)$에 대하여 $f(a)=0$, $g(b)=0$ $(a<b)$일 때, $|f(x)|+|g(x)|<c$ $(c>0)$ 꼴의 부등식은 $x$의 값의 범위를 $x\leq a$, $x\geq b$인 경우로 나누어 푼다. ( )

# 09

# 이차부등식

# 09 · 이차부등식

## ■ 이차부등식과 이차함수의 관계

(1) **이차부등식**: 부등식의 모든 항을 좌변으로 이항하여 정리하였을 때

$$ax^2+bx+c>0,\ ax^2+bx+c<0,\ ax^2+bx+c\geq0,\ ax^2+bx+c\leq0$$

$$(a\neq0,\ a,\ b,\ c\text{는 상수})$$

과 같이 좌변이 $x$에 대한 이차식인 부등식을 $x$에 대한 **이차부등식**이라 한다.

(2) **이차부등식의 해와 이차함수의 그래프의 관계**

① 이차부등식 $ax^2+bx+c>0$의 해❶

➡ 이차함수 $y=ax^2+bx+c$에서 $y>0$인 $x$의 값의 범위

➡ 이차함수 $y=ax^2+bx+c$의 그래프가 $x$축보다 위쪽에 있는 부분의 $x$의 값의 범위

② 이차부등식 $ax^2+bx+c<0$의 해❷

➡ 이차함수 $y=ax^2+bx+c$에서 $y<0$인 $x$의 값의 범위

➡ 이차함수 $y=ax^2+bx+c$의 그래프가 $x$축보다 아래쪽에 있는 부분의 $x$의 값의 범위

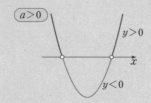 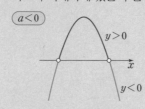

### 개념 플러스⁺

❶ $ax^2+bx+c\geq0$의 해는 $y=ax^2+bx+c$의 그래프에서 $x$축보다 위쪽에 있거나 $x$축과 만나는 부분의 $x$의 값의 범위이다.

❷ $ax^2+bx+c\leq0$의 해는 $y=ax^2+bx+c$의 그래프에서 $x$축보다 아래쪽에 있거나 $x$축과 만나는 부분의 $x$의 값의 범위이다.

## ■ 이차부등식의 풀이

이차함수 $y=ax^2+bx+c\,(a>0)$❸의 그래프가 $x$축과 만나는 점의 $x$좌표를 $\alpha,\ \beta\,(\alpha\leq\beta)$, 이차방정식 $ax^2+bx+c=0$의 판별식을 $D=b^2-4ac$라 할 때 이차부등식의 해는 다음과 같다.

❸ $a<0$인 경우에는 주어진 부등식의 양변에 $-1$을 곱하여 $x^2$의 계수를 양수로 바꾸어서 푼다. 이때 부등호의 방향이 바뀜에 주의한다.

|  | $D>0$ | $D=0$ | $D<0$ |
|---|---|---|---|
| $ax^2+bx+c=0$의 해 | 서로 다른 두 실근 $\alpha,\ \beta$ | 중근 $\alpha$ | 서로 다른 두 허근 |
| $y=ax^2+bx+c$의 그래프 | | | |
| $ax^2+bx+c>0$의 해 | $x<\alpha$ 또는 $x>\beta$ | $x\neq\alpha$인 모든 실수 | 모든 실수 |
| $ax^2+bx+c\geq0$의 해 | $x\leq\alpha$ 또는 $x\geq\beta$ | 모든 실수 | 모든 실수 |
| $ax^2+bx+c<0$의 해 | $\alpha<x<\beta$ | 없다. | 없다. |
| $ax^2+bx+c\leq0$의 해 | $\alpha\leq x\leq\beta$ | $x=\alpha$ | 없다. |

## ■ 이차부등식의 작성

(1) 해가 $\alpha<x<\beta$이고 $x^2$의 계수가 1인 이차부등식은

$$(x-\alpha)(x-\beta)<0,\ \text{즉}\ x^2-(\alpha+\beta)x+\alpha\beta<0$$

(2) 해가 $x<\alpha$ 또는 $x>\beta\,(\alpha<\beta)$이고 $x^2$의 계수가 1인 이차부등식은

$$(x-\alpha)(x-\beta)>0,\ \text{즉}\ x^2-(\alpha+\beta)x+\alpha\beta>0$$

## 4 이차부등식이 항상 성립할 조건 ❹

이차방정식 $ax^2+bx+c=0$의 판별식을 $D$라 할 때, 이차부등식이 항상 성립할 조건은 다음과 같다.

(1) 모든 실수 $x$에 대하여 $ax^2+bx+c>0$ ➡ $a>0$, $D<0$

(2) 모든 실수 $x$에 대하여 $ax^2+bx+c\geq0$ ➡ $a>0$, $D\leq0$

(3) 모든 실수 $x$에 대하여 $ax^2+bx+c<0$ ➡ $a<0$, $D<0$

(4) 모든 실수 $x$에 대하여 $ax^2+bx+c\leq0$ ➡ $a<0$, $D\leq0$

## 5 연립이차부등식

(1) **연립이차부등식**: 연립부등식에서 차수가 가장 높은 부등식이 이차부등식일 때, 이 연립부등식을 연립이차부등식이라 한다.

예 $\begin{cases} 3x\geq x+2 \\ x^2-2x-2<-x \end{cases}$ $\begin{cases} x^2-4x+4>0 \\ 2x^2+6x+5\leq x^2 \end{cases}$

(2) **연립이차부등식의 풀이**

연립이차부등식은 다음과 같은 순서로 푼다.

❶ 각 부등식을 푼다.

❷ 각 부등식의 해를 하나의 수직선 위에 나타낸다.

❸ 수직선에서 공통부분 ❺을 찾아 연립부등식의 해를 구한다.

> **개념 플러스⁺**

❹ 다음은 모두 같은 표현이다.
 ① 모든 실수 $x$에 대하여 이차부등식 $f(x)>0$이 성립한다.
 ② 이차부등식 $f(x)>0$의 해는 모든 실수이다.
 ③ 이차부등식 $f(x)\leq0$의 해는 없다.
 ④ 아래로 볼록한 이차함수 $y=f(x)$의 그래프와 $x$축은 만나지 않는다.

❺ 연립부등식을 이루는 각 부등식의 해의 공통부분이 없으면 연립부등식의 해는 없다.

---

**교과서 개념 확인하기** ────────────────────── ○ 정답 및 해설 58쪽

**1** 이차함수 $y=f(x)$의 그래프가 오른쪽 그림과 같을 때, 다음 이차부등식의 해를 구하시오.

(1) $f(x)>0$  (2) $f(x)\geq0$

(3) $f(x)<0$  (4) $f(x)\leq0$

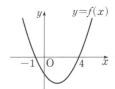

**2** 다음 이차부등식을 푸시오.

(1) $(x-1)(x-5)\leq0$  (2) $(x+4)(x-3)>0$

(3) $(x-2)^2\geq0$  (4) $(x+1)^2+4<0$

**3** 해가 다음과 같고 $x^2$의 계수가 1인 이차부등식을 구하시오.

(1) $-4<x<1$  (2) $x<1$ 또는 $x>9$

(3) $5\leq x\leq8$  (4) $x\leq-3$ 또는 $x\geq7$

**4** 다음은 연립이차부등식 $\begin{cases} 3x-5>-2 \\ x^2-5x+6\leq0 \end{cases}$ 의 해를 구하는 과정이다. ☐ 안에 알맞은 것을 쓰시오.

$3x-5>-2$에서 $3x>3$  ∴ $x>1$  ······ ㉠

$x^2-5x+6\leq0$에서 $(x-2)(x-3)\leq0$  ∴ ☐$\leq x\leq$☐  ······ ㉡

㉠, ㉡의 공통부분을 구하면

$2\leq x\leq3$

---

**필수 예제 1 이차부등식의 풀이**

다음 이차부등식을 푸시오.

(1) $x^2 - 3x - 4 > 0$

(2) $-x^2 + 5x - 6 \geq 0$

(3) $x^2 + 6x + 9 < 0$

(4) $-x^2 + 4x - 4 < 0$

**❍ 빠지기 쉬운 함정**

이차부등식을 풀 때는 모든 항을 좌변으로 이항하여 정리한 후, 이차항의 계수가 양수가 아닌 경우에는 양변에 $-1$을 곱하여 이차항의 계수를 양수로 고쳐서 푼다. 이때 양변에 $-1$을 곱하면 부등호의 방향이 반대로 바뀜에 주의한다.

**숫자 바꿈**

**1-1** 다음 이차부등식을 푸시오.

(1) $x^2 - 2x - 15 < 0$

(2) $-2x^2 - 5x + 3 < 0$

(3) $4x^2 - 12x + 9 \geq 0$

(4) $-25x^2 - 10x - 1 \geq 0$

**1-2** 다음 | 보기 |의 이차부등식 중 해가 존재하지 <u>않는</u> 것을 모두 고르시오.

┤ 보기 ├

ㄱ. $x^2 + 10x + 9 \leq 0$

ㄴ. $-5x^2 + 5x - 2 \geq 0$

ㄷ. $x^2 - 6x + 9 < 0$

ㄹ. $-3x^2 + x + 2 > 0$

절댓값 기호를 포함한 부등식에서는 $|A| = \begin{cases} A & (A \geq 0) \\ -A & (A < 0) \end{cases}$ 임을 이용하여 절댓값 기호를 없애 보자.

**1-3** 부등식 $x^2 - 4|x| - 5 < 0$의 해를 구하시오.

## 필수 예제 **2** 해가 주어진 이차부등식

이차부등식 $x^2-2x+k \leq 0$의 해가 $-3 \leq x \leq 5$일 때, 실수 $k$의 값을 구하시오.

> **◉ 빠지기 쉬운 함정**
>
> 두 양수 $a, b$에 대하여 해가 $-a \leq x \leq b$이고 $x^2$의 계수가 1인 이차부등식을 구할 때 $(x-a)(x+b) \leq 0$으로 생각하지 않도록 주의한다. 이때 바르게 구한 이차부등식은 $(x+a)(x-b) \leq 0$이다.

**숫자 바꿈**

**2-1** 이차부등식 $x^2+ax+6 > 0$의 해가 $x < 1$ 또는 $x > b$일 때, 두 실수 $a$, $b$에 대하여 $a-b$의 값을 구하시오. (단, $b > 1$)

**2-2** 이차부등식 $ax^2+bx+c < 0$의 해가 $-3 < x < 1$일 때, 이차부등식 $cx^2+bx+a < 0$의 해를 구하시오. (단, $a$, $b$, $c$는 상수이다.)

> 이차식 $f(x)$에 대하여 이차부등식 $f(x) < 0$의 해가 주어질 때 $x$ 대신 $mx+n$($m, n$은 상수)을 대입하여 이차부등식 $f(mx+n) < 0$의 해를 구해 보자.

**2-3** 이차부등식 $f(x) < 0$의 해가 $1 < x < 5$일 때, $f(-x) > 0$의 해를 구하시오.

**필수 예제 3** 모든 실수에 대하여 성립하는 이차부등식

모든 실수 $x$에 대하여 이차부등식 $x^2-2kx-3k>0$이 성립하도록 하는 실수 $k$의 값의 범위를 구하시오.

> ▶ **다시 정리하는 개념**
>
> 모든 실수 $x$에 대하여 이차부등식 $f(x)>0$이 성립하는 조건을 구하려면 이차방정식 $f(x)=0$의 판별식을 $D$라 할 때, $x^2$의 계수와 판별식 $D$의 값의 부호를 확인한다.

숫자 바꾼

**3-1** 모든 실수 $x$에 대하여 이차부등식 $-4x^2+2mx-m<0$이 성립하도록 하는 실수 $m$의 값의 범위를 구하시오.

**3-2** 이차부등식 $x^2+2(n-4)x+3(n-4)\leq0$의 해가 없도록 하는 정수 $n$의 개수를 구하시오.

**3-3** $x$에 대한 이차부등식 $x^2+2(a-3)x+3a^2-9a>0$의 해가 모든 실수가 되도록 하는 자연수 $a$의 최솟값을 구하시오.

## 필수 예제 **4** 연립이차부등식의 풀이

다음 연립이차부등식을 푸시오.

(1) $\begin{cases} x+3<0 \\ x^2+5x-6<0 \end{cases}$

(2) $\begin{cases} x^2-4\geq0 \\ x^2-x-12\leq0 \end{cases}$

> **◉ 다시 정리하는 개념**
>
> 연립이차부등식을 풀 때, 각 부등식의 해를 수직선 위에 나타내어 그 공통부분을 찾는다.

**숫자 바꾼**

**4-1** 다음 연립이차부등식을 푸시오.

(1) $\begin{cases} x^2-1>0 \\ x^2-2x-3<0 \end{cases}$

(2) $\begin{cases} x^2-6x+5>0 \\ x^2-3x-4\leq0 \end{cases}$

**4-2** 연립부등식 $\begin{cases} |x-2|\leq4 \\ x^2-7x+12>0 \end{cases}$ 을 만족시키는 정수 $x$의 개수를 구하시오.

## 필수 예제 **5** 해가 주어진 연립이차부등식

$x$에 대한 연립이차부등식 $\begin{cases} x^2+x-6\geq0 \\ x^2-(a+1)x+a<0 \end{cases}$ 의 해가 $2\leq x<4$일 때, 실수 $a$의 값을 구하시오.

> **◉ 빠지기 쉬운 함정**
>
> 부등식 문제에서 경계가 되는 값의 포함 여부는 경계가 되는 값을 부등식에 대입하여 성립하는지로 판단한다.

**숫자 바꾼**

**5-1** $x$에 대한 연립이차부등식 $\begin{cases} x^2-x-12<0 \\ x^2-(a+6)x+6a\leq0 \end{cases}$ 의 해가 $1\leq x<4$일 때, 실수 $a$의 값을 구하시오.

**5-2** $x$에 대한 연립이차부등식 $\begin{cases} x^2-(a+2)x+2a<0 \\ x^2-2x-15\geq0 \end{cases}$ 을 만족시키는 정수 $x$의 개수가 3일 때, 실수 $a$의 값의 범위를 구하시오. (단, $a>2$)

| 필수 예제 01 |

**01** 다음 중 이차부등식 $x^2-2x-8<0$과 해가 같은 것은?

① $|x+3|<1$　　　　② $|x+2|<1$　　　　③ $|x+1|<3$

④ $|x-1|<3$　　　　⑤ $|x-3|<5$

| 필수 예제 01 |

**02** 이차함수 $y=x^2-6x+9$의 그래프가 직선 $y=x-1$보다 위쪽에 있도록 하는 $x$의 값의 범위는?

① $x<-5$ 또는 $x>-2$　　　② $-2<x<5$　　　③ $x<2$ 또는 $x>5$

④ $x<2$ 또는 $2<x<5$　　　⑤ $2<x<5$

부등식 $f(x)>g(x)$의 해는 함수 $y=f(x)$의 그래프에서 함수 $y=g(x)$의 그래프보다 위쪽에 있는 부분의 $x$의 값의 범위임을 이용한다.

| 필수 예제 02 |

**03** 이차부등식 $f(x)\le 0$의 해가 $1\le x\le 5$일 때, 부등식 $f(2x-1)\ge 0$의 해는 $x\le \alpha$ 또는 $x\ge \beta$이다. 이때 $\alpha\beta$의 값을 구하시오.

| 필수 예제 02 |

**04** 이차부등식 $-x^2+2(k-2)x-4(k-2)\ge 0$의 해가 오직 한 개 존재하도록 하는 모든 실수 $k$의 값의 곱을 구하시오.

이차방정식 $ax^2+bx+c=0$의 판별식을 $D$라 할 때, 이차부등식 $ax^2+bx+c\ge 0$의 해가 오직 한 개 존재하려면 $a<0$, $D=0$이어야 한다.

| 필수 예제 03, 04 |

**05** 모든 실수 $x$에 대하여 이차부등식 $ax^2-3\le 4x-a$가 성립할 때, 실수 $a$의 최댓값을 구하시오.

주어진 부등식이 이차부등식이려면 $x^2$의 계수가 0이 아니어야 한다.

NOTE

| 필수 예제 04 |

**06** 연립부등식 $\begin{cases} x^2+3x-4\geq 0 \\ |x+1|+|x-2|<5 \end{cases}$ 를 만족시키는 정수 $x$의 최댓값은?

① 0　　　　② 1　　　　③ 2　　　　④ 3　　　　⑤ 4

| 필수 예제 04 |

**07** 세 변의 길이가 $x$, $x+1$, $x+2$인 삼각형이 둔각삼각형이 되도록 하는 정수 $x$의 개수를 구하시오.

삼각형의 세 변의 길이가
$a, b, c\,(a\leq b\leq c)$일 때
$c^2>a^2+b^2$이면 둔각삼각형임을
이용한다.

| 필수 예제 05 |

**08** $x$에 대한 연립이차부등식 $\begin{cases} x^2-3x<0 \\ x^2+(1-a)x-a\geq 0 \end{cases}$ 을 만족시키는 정수 $x$의 값이 2뿐일 때, 실수 $a$의 값의 범위는?

① $1<a\leq 2$　　　　② $2<a\leq 3$　　　　③ $3<a\leq 4$
④ $4<a\leq 5$　　　　⑤ $5<a\leq 6$

| 필수 예제 01 |

**09** 〔교육청 기출〕 이차항의 계수가 음수인 이차함수 $y=f(x)$의 그래프와 직선 $y=x+1$이 두 점에서 만나고 그 교점의 $y$좌표가 각각 3과 8이다. 이때 이차부등식 $f(x)-x-1>0$을 만족시키는 모든 정수 $x$의 값의 합은?

① 14　　　　② 15　　　　③ 16　　　　④ 17　　　　⑤ 18

이차부등식의 해와 이차함수의 그래프의 관계를 이용한다.

| 필수 예제 05 |

**10** 〔교육청 기출〕 $x$에 대한 연립부등식 $\begin{cases} x^2-2x-3\geq 0 \\ x^2-(5+k)x+5k\leq 0 \end{cases}$ 을 만족시키는 정수 $x$의 개수가 5가 되도록 하는 모든 정수 $k$의 값의 곱은?

① $-36$　　　　② $-30$　　　　③ $-24$　　　　④ $-18$　　　　⑤ $-12$

•정답 및 해설 63쪽

**1** 다음 □ 안에는 알맞은 것을 쓰고, ○ 안에는 알맞은 부등호를 쓰시오.

(1) 부등식의 모든 항을 좌변으로 이항하여 정리하였을 때, 좌변이 $x$에 대한 이차식인 부등식을

$x$에 대한 □□□□이라 한다.

(2) 이차부등식의 해와 이차함수의 그래프 사이에는 다음과 같은 관계가 성립한다.

① 이차부등식 $ax^2+bx+c>0$의 해

➡ 이차함수 $y=ax^2+bx+c$에서 $y$ ○ $0$인 $x$의 값의 범위

➡ 이차함수 $y=ax^2+bx+c$의 그래프가 $x$축보다 □쪽에 있는 부분의 $x$의 값의 범위

② 이차부등식 $ax^2+bx+c<0$의 해

➡ 이차함수 $y=ax^2+bx+c$에서 $y$ ○ $0$인 $x$의 값의 범위

➡ 이차함수 $y=ax^2+bx+c$의 그래프가 $x$축보다 □쪽에 있는 부분의 $x$의 값의 범위

(3) 이차함수 $y=ax^2+bx+c\,(a>0)$의 그래프가 $x$축과 만나는 점의 $x$좌표를 $\alpha$, $\beta\,(\alpha\leq\beta)$, 이차방정식

$ax^2+bx+c=0$의 판별식을 $D=b^2-4ac$라 하면 이차부등식의 해는 다음과 같다.

| | $D>0$ | $D=0$ | $D<0$ |
|---|---|---|---|
| $ax^2+bx+c=0$의 해 | 서로 다른 두 실근 $\alpha$, $\beta$ | 중근 $\alpha$ | 서로 다른 두 허근 |
| $ax^2+bx+c>0$의 해 | $x<\alpha$ 또는 $x>\beta$ | $x\neq\alpha$인 모든 실수 | □ |
| $ax^2+bx+c\geq0$의 해 | $x\leq\alpha$ 또는 $x\geq\beta$ | 모든 실수 | 모든 실수 |
| $ax^2+bx+c<0$의 해 | □ | 없다. | 없다. |
| $ax^2+bx+c\leq0$의 해 | $\alpha\leq x\leq\beta$ | □ | 없다. |

(4) 이차방정식 $ax^2+bx+c=0$의 판별식을 $D$라 할 때, 모든 실수 $x$에 대하여 이차부등식이 성립할 조건은 다음과 같다.

① 모든 실수 $x$에 대하여 $ax^2+bx+c>0$ ➡ $a>0$, $D<0$

② 모든 실수 $x$에 대하여 $ax^2+bx+c\geq0$ ➡ $a$ ○ $0$, $D\leq0$

③ 모든 실수 $x$에 대하여 $ax^2+bx+c<0$ ➡ $a<0$, $D<0$

④ 모든 실수 $x$에 대하여 $ax^2+bx+c\leq0$ ➡ $a<0$, $D$ ○ $0$

**2** 다음 문장이 옳으면 ○표, 옳지 않으면 ×표를 (　) 안에 쓰시오.

(1) 이차부등식 $(x+1)(x+2)\leq0$의 해는 $1\leq x\leq2$이다. (　　)

(2) 이차부등식 $x^2-a^2\leq0$의 해는 $-a\leq x\leq a$이다. (단, $a>0$) (　　)

(3) 세 실수 $a$, $\alpha$, $\beta\,(\alpha<\beta)$에 대하여 이차부등식 $a(x-\alpha)(x-\beta)<0$의 해는 $\alpha<x<\beta$이다. (　　)

(4) 모든 실수 $x$에 대하여 이차부등식 $-2x^2+4x-3<0$은 성립한다. (　　)

# 10

# 경우의 수

# 10 경우의 수

## 1 사건과 경우의 수

(1) **사건**: 실험이나 관찰에 의하여 나타나는 결과

(2) **경우의 수**: 사건이 일어날 수 있는 모든 경우의 가짓수

[예] 주사위 한 개를 던질 때, 짝수의 눈이 나오는 경우는 2, 4, 6의 3가지이다.

<u>사건</u>          <u>경우</u>   └ 경우의 수

## 2 합의 법칙

두 사건 $A$, $B$가 동시에 일어나지 않을 때, 사건 $A$, $B$가 일어나는 경우의 수가 각각 $m$, $n$
이면 사건 $A$ 또는 사건 $B$가 일어나는 경우의 수는

$m+n$ ❶

이고, 이것을 **합의 법칙**이라 한다.

[참고] ① 합의 법칙은 어느 두 사건도 동시에 일어나지 않는 셋 이상의 사건에 대해서도 성립한다.

② '또는', '이거나' 등의 표현이 쓰이면 합의 법칙을 이용한다.

## 3 곱의 법칙

두 사건 $A$, $B$에 대하여 사건 $A$가 일어나는 경우의 수가 $m$이고, 그 각각에 대하여 사건 $B$
가 일어나는 경우의 수가 $n$일 때, 두 사건 $A$, $B$가 잇달아 일어나는 경우의 수는

$m \times n$

이고, 이것을 **곱의 법칙**이라 한다.

[참고] ① 곱의 법칙은 잇달아 일어나는 셋 이상의 사건에 대해서도 성립한다.

② '이고', '그리고', '동시에', '잇달아' 등의 표현이 쓰이면 곱의 법칙을 이용한다.

### 개념 플러스⁺

❶ 두 사건 $A$, $B$가 동시에 일어나는 경
우의 수가 $l$일 때, 사건 $A$ 또는 사건
$B$가 일어나는 경우의 수는
$m+n-l$

---

### 교과서 개념 확인하기

정답 및 해설 64쪽

**1** 서로 다른 두 개의 주사위를 동시에 던질 때, 나오는 눈의 수의 합이 5인 경우의 수를 구하시오.

**2** 과자 3봉지와 음료 6개가 있을 때, 이 중 하나를 선택하는 경우의 수를 구하시오.

**3** 4종류의 상의와 3종류의 하의가 있을 때, 상의와 하의를 각각 하나씩 선택하여 입는 경우의 수를 구하시오.

## 교고서 예제로 **개념 익히기**

### 필수 예제 **1** 합의 법칙

1부터 20까지의 자연수가 각각 하나씩 적힌 20장의 카드 중에서 한 장을 선택할 때, 3의 배수 또는 7의 배수가 적힌 카드를 선택하는 경우의 수를 구하시오.

> ▶ **문제 해결 tip**
>
> '또는', '이거나' 등의 표현이 쓰이면 합의 법칙을 이용한다.

**표현 바꾼**

**1-1** 서로 다른 두 개의 주사위를 동시에 던질 때, 나오는 눈의 수의 합이 7 또는 8이 되는 경우의 수를 구하시오.

**1-2** 두 자연수 $x$, $y$에 대하여 부등식 $x+y \leq 5$를 만족시키는 순서쌍 $(x, y)$의 개수를 구하시오.

> 3의 배수이면서 4의 배수인 수가 있으면 그 경우가 중복됨에 유의하자.

**1-3** 1부터 25까지의 자연수가 각각 하나씩 적힌 25개의 공이 들어 있는 상자에서 한 개의 공을 꺼냈을 때, 꺼낸 공에 적힌 수가 3의 배수 또는 4의 배수인 경우의 수를 구하시오.

## 필수 예제 **2** 곱의 법칙

십의 자리의 숫자는 2의 배수이고, 일의 자리의 숫자는 홀수인 두 자리의 자연수의 개수를 구하시오.

**▶ 문제 해결 tip**

'이고', '그리고', '동시에', '잇달아' 등의 표현이 쓰이면 곱의 법칙을 이용한다.

**표현 바꾼**

**2-1** A, B 두 개의 주사위를 동시에 던질 때, A 주사위에서는 소수의 눈이 나오고 B 주사위에서는 홀수의 눈이 나오는 경우의 수를 구하시오.

**2-2** 어느 편의점에 3종류의 초코우유, 4종류의 딸기우유, 2종류의 바나나우유가 있다. 이 편의점에서 초코우유, 딸기우유, 바나나우유를 각각 하나씩 골라 구매하는 경우의 수를 구하시오.

**2-3** 다음 다항식의 전개식에서 항의 개수를 구하시오.

(1) $(a+b+c)(x+y+z)$

(2) $(a+b)(p+q)(x+y+z)$

## 필수 예제 **3** 약수의 개수

다음 수의 약수의 개수를 구하시오.

(1) 54

(2) 126

◉ 단원 밖의 공식

자연수 $N$이
$$N = a^p \times b^q \times c^r$$
($a, b, c$는 서로 다른 소수,
$p, q, r$는 자연수)
꼴로 소인수분해될 때
➡ (자연수 $N$의 약수의 개수)
$$= (p+1)(q+1)(r+1)$$

숫자 바꿈

**3-1** 다음 수의 약수의 개수를 구하시오.

(1) 144

(2) 204

**3-2** $2^3 \times 3^2 \times 7^a$의 약수의 개수가 72일 때, 자연수 $a$의 값을 구하시오.

**3-3** 두 수 308, 792의 공약수의 개수를 구하시오.

**필수 예제 4 도로망에서의 방법의 수**

오른쪽 그림과 같이 세 지점 A, B, C를 연결하는 길이 있다. A 지점에서 출발하여 C 지점으로 가는 방법의 수를 구하시오.

(단, 한 번 지나간 지점은 다시 지나지 않는다.)

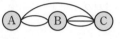

> ▶ **다시 정리하는** 개념
>
> 도로망에서의 방법의 수를 구할 때
> ① 동시에 갈 수 없는 길이면 합의 법칙 이용
> ② 동시에 갈 수 있거나 이어지는 길이면 곱의 법칙 이용

**숫자 바꾼**

**4-1** 오른쪽 그림과 같이 세 지점 A, B, C를 연결하는 길이 있다. A 지점에서 출발하여 C 지점으로 가는 방법의 수를 구하시오.

(단, 한 번 지나간 지점은 다시 지나지 않는다.)

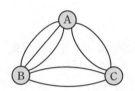

**4-2** 오른쪽 그림과 같이 집, 서점, 도서관, 학교를 연결하는 길이 있다. 집에서 학교까지 가는 방법의 수를 구하시오.

(단, 한 번 지나간 장소는 다시 지나지 않는다.)

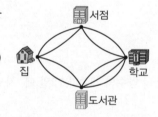

**4-3** 오른쪽 그림과 같이 4개의 도시 A, B, C, D를 연결하는 도로가 있다. A 도시에서 D 도시까지 가는 방법의 수를 구하시오. (단, 한 번 지나간 도시는 다시 지나지 않는다.)

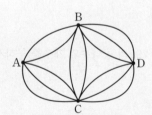

## 필수 예제 **5** 색칠하는 방법의 수

오른쪽 그림과 같이 A, B, C, D의 4개의 영역을 서로 다른 4가지 색으로 칠하려고 한다. 같은 색을 여러 번 사용해도 좋으나 인접한 영역은 서로 다른 색으로 칠할 때, 칠하는 방법의 수를 구하시오.

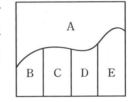

**◐ 문제 해결 tip**

인접한 영역이 가장 많은 영역부터 색을 칠하는 방법의 수를 구한다.

**숫자 바꿔**

**5-1** 오른쪽 그림과 같이 A, B, C, D, E의 5개의 영역을 서로 다른 5가지 색으로 칠하려고 한다. 같은 색을 여러 번 사용해도 좋으나 인접한 영역은 서로 다른 색으로 칠할 때, 칠하는 방법의 수를 구하시오.

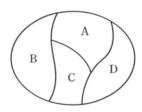

**5-2** 오른쪽 그림과 같이 A, B, C, D의 4개의 영역을 서로 다른 5가지 색으로 칠하려고 한다. 같은 색을 여러 번 사용해도 좋으나 인접한 영역은 서로 다른 색으로 칠할 때, 칠하는 방법의 수를 구하시오.

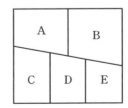

**5-3** 오른쪽 그림과 같이 A, B, C, D, E의 5개의 영역을 서로 다른 5가지 색으로 칠하려고 한다. 같은 색을 여러 번 사용해도 좋으나 인접한 영역은 서로 다른 색으로 칠할 때, 칠하는 방법의 수를 구하시오.

📖 NOTE

| 필수 예제 01 |

**01** 음이 아닌 두 정수 $x$, $y$에 대하여 부등식 $3x+5y \leq 18$을 만족시키는 순서쌍 $(x, y)$의 개수를 구하시오.

| 필수 예제 02 |

**02** 백의 자리의 숫자는 3의 배수, 십의 자리의 숫자는 홀수, 일의 자리의 숫자는 소수인 세 자리의 자연수의 개수를 구하시오.

| 필수 예제 02 |

**03** 두 주머니 A, B에 1부터 9까지의 자연수가 각각 하나씩 적힌 카드가 9장씩 들어 있다. 두 주머니 A, B에서 각각 한 장의 카드를 뽑았을 때, 뽑은 두 장의 카드에 적힌 수의 합이 짝수가 되는 경우의 수를 구하시오.

| 필수 예제 02 |

**04** 다항식 $(a+b)(x+y)(p-q+r)-(c-d)(s+t)$의 전개식에서 서로 다른 항의 개수를 구하시오.

| 필수 예제 02 |

**05** 100원짜리 동전 6개, 1000원짜리 지폐 3장의 일부 또는 전부를 사용하여 지불할 수 있는 방법의 수를 구하시오. (단, 0원을 지불하는 경우는 제외한다.)

$a$원짜리 동전 $n$개로 지불할 수 있는 방법은 $a$원짜리 동전이 0개, 1개, 2개, …, $n$개일 때의 $(n+1)$가지임을 이용한다.

| 필수 예제 03 |

**06**    280의 약수 중 짝수의 개수를 구하시오.

📖 **NOTE**

짝수는 반드시 2를 소인수로 가짐을 이용한다.

| 필수 예제 04 |

**07**    오른쪽 그림과 같이 세 지점 A, B, C를 연결하는 도로가 있다. A 지점에서 출발하여 다른 지점을 모두 한 번씩만 지난 후 다시 A 지점으로 돌아오는 방법의 수를 구하시오.

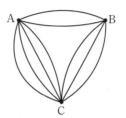

| 필수 예제 05 |

**08**    오른쪽 그림에서 A, B, C, D, E의 5개의 영역을 서로 다른 5가지 색으로 칠하려고 한다. 같은 색을 여러 번 사용해도 좋으나 인접한 영역은 서로 다른 색으로 칠할 때, 칠하는 방법의 수를 구하시오.

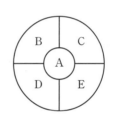

B 영역과 E 영역에 서로 같은 색을 칠하는 경우와 다른 색을 칠하는 경우로 나누어 생각한다.

| 필수 예제 01 |

**09**
교육청 기출

그림과 같이 두 원판 A, B가 있다. 두 원판 A, B를 각각 한 번씩 돌려 회전이 멈추었을 때, 화살표(⬇)가 가리키는 수를 각각 $a$, $b$라 하자. 이때 $a<b$인 경우의 수를 구하시오. (단, 화살표가 경계선을 가리키는 경우는 생각하지 않는다.)

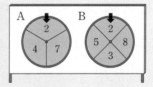

| 필수 예제 02 |

**10**
평가원 기출

다음 조건을 만족시키는 두 자리의 자연수의 개수는?

> (개) 2의 배수이다.
> (내) 십의 자리의 수는 6의 약수이다.

① 16      ② 20      ③ 24      ④ 28      ⑤ 32

• 정답 및 해설 68쪽

**1** 다음 ☐ 안에 알맞은 것을 쓰시오.

(1) 실험이나 관찰에 의하여 나타나는 결과를 ☐ 이라 하고, 사건이 일어날 수 있는 모든 경우의 가짓수를 ☐ 라 한다.

(2) 두 사건 $A$, $B$가 동시에 일어나지 않을 때, 사건 $A$, $B$가 일어나는 경우의 수가 각각 $m$, $n$이면

사건 $A$ 또는 사건 $B$가 일어나는 경우의 수는

☐

이고, 이것을 합의 법칙이라 한다.

(3) 두 사건 $A$, $B$에 대하여 사건 $A$가 일어나는 경우의 수가 $m$이고, 그 각각에 대하여 사건 $B$가 일어나는

경우의 수가 $n$일 때, 두 사건 $A$, $B$가 잇달아 일어나는 경우의 수는

$m \times n$

이고, 이것을 ☐ 이라 한다.

(4) 경우의 수를 구할 때, '또는', '~이거나' 등의 표현이 쓰이면 ☐ 을 이용하고,

'~이고', '그리고', '동시에', '잇달아' 등의 표현이 쓰이면 곱의 법칙을 이용한다.

**2** 다음 문장이 옳으면 ○표, 옳지 않으면 ×표를 ( ) 안에 쓰시오.

(1) 1부터 10까지의 자연수가 각각 하나씩 적힌 10장의 카드 중에서 한 장의 카드를 택할 때, 카드에 적힌

수가 2의 배수 또는 3의 배수인 경우는 7가지이다. ( )

(2) $(x-2)(x^2+x+5)$를 전개할 때 항의 개수는 $(p+q)(x+y+z)$를 전개할 때 항의 개수와 같다. ( )

(3) 자연수 $N$이 $N=a^p \times b^q \times c^r$ 꼴로 소인수분해될 때, $N$의 약수의 개수는 $(p+1)(q+1)(r+1)$이다.

(단, $a$, $b$, $c$는 서로 다른 소수, $p$, $q$, $r$는 자연수이다.) ( )

(4) 80을 소인수분해하면 $80=4^2 \times 5$이므로 80의 약수의 개수는 $3 \times 2 = 6$이다. ( )

(5) 1000원짜리 지폐 2장, 500원짜리 동전 2개로 지불할 수 있는 방법의 수와 금액의 수는 같다.

(단, 0원을 지불하는 경우는 제외한다.) ( )

# 11

# 순열

# 11

## 순열

### 1 순열

**(1) 순열**

서로 다른 $n$개에서 $r$ $(0<r\leq n)$개를 택하여 일렬로 나열하는 것을 $n$개에서 $r$개를 택하는 **순열**이라 하고, 이 순열의 수를 기호로 $_n\mathrm{P}_r$ **❶**와 같이 나타낸다.

$$\underset{\substack{\text{서로 다른} \\ \text{것의 개수}}}{\phantom{n}}\,_n\mathrm{P}_{\underset{\substack{\uparrow \\ \text{택하는} \\ \text{것의 개수}}}{r}}$$

**(2) 순열의 수**

서로 다른 $n$개에서 $r$개를 택하는 순열의 수는

$$_n\mathrm{P}_r=n(n-1)(n-2)\cdots(n-r+1)\ (단,\ 0<r\leq n)\ ❷$$

예 서로 다른 4개에서 3개를 택하는 순열의 수는

$$_4\mathrm{P}_3=4\times3\times2=24$$

### 2 $_n\mathrm{P}_r$의 계산

**(1) $n$의 계승**

1부터 $n$까지 자연수를 차례대로 곱한 것을 $n$의 **계승**이라 하고, 이것을 기호로 $n!$ **❸**과 같이 나타낸다. 즉,

$$n!=n(n-1)(n-2)\times\cdots\times3\times2\times1$$

예 $3!=3\times2\times1=6$

**(2) $n!$을 이용한 순열의 수**

① $_n\mathrm{P}_n=n!,\ _n\mathrm{P}_0=1,\ 0!=1$   ② $_n\mathrm{P}_r=\dfrac{n!}{(n-r)!}$ (단, $0\leq r\leq n$)

참고 $0!=1$이면 $_n\mathrm{P}_n=n!=\dfrac{n!}{0!}$, $_n\mathrm{P}_0=1$이면 $_n\mathrm{P}_0=1=\dfrac{n!}{n!}$

예 $_5\mathrm{P}_2=\dfrac{5!}{(5-2)!}=\dfrac{5\times4\times3\times2\times1}{3\times2\times1}=20$

**개념 플러스⁺**

❶ $_n\mathrm{P}_r$의 P는 순열을 뜻하는 Permutation의 첫 글자이다.

❷ $_n\mathrm{P}_r$는 $n$부터 시작하여 1씩 작아지는 자연수를 차례로 $r$개 곱한 것이다.

❸ $n!$은 '$n$ 팩토리얼(factorial)'이라 읽기도 한다.

---

**교과서 개념 확인하기** ────────────────────────○ 정답 및 해설 69쪽

**1** 서로 다른 7개에서 2개를 택하는 순열의 수를 기호로 나타내고, 그 값을 구하시오.

**2** 다음 값을 구하시오.

(1) $_5\mathrm{P}_3$ 　　　　　　(2) $_6\mathrm{P}_2$ 　　　　　　(3) $_{10}\mathrm{P}_3$

**3** 다음 값을 구하시오.

(1) $5!$ 　　　　　　(2) $1!$ 　　　　　　(3) $2!\times3!$

**4** 다음 값을 구하시오.

(1) $_3\mathrm{P}_1$ 　　　　　　(2) $_9\mathrm{P}_0$ 　　　　　　(3) $_4\mathrm{P}_2\times0!$

## • 교고서 예제로 **개념 익히기**

### 필수 예제 **1** $_n\mathrm{P}_r$의 계산

다음 등식을 만족시키는 자연수 $n$ 또는 $r$의 값을 구하시오.

(1) $_n\mathrm{P}_2 = 20$

(2) $_6\mathrm{P}_r = 120$

> **▶ 빠지기 쉬운 함정**
>
> $_n\mathrm{P}_r = n(n-1)(n-2) \times \cdots$
> $\times (n-r+1)$
> 이 공식으로 계산할 때는
> $0 < r \leq n$임에 주의한다.

**숫자 바꿈**

**1-1** 다음 등식을 만족시키는 자연수 $n$ 또는 $r$의 값을 구하시오.

(1) $_n\mathrm{P}_3 = 210$      (2) $_6\mathrm{P}_r = 360$

(3) $_n\mathrm{P}_2 = 8(n-1)$      (4) $_n\mathrm{P}_3 = 4n(n-1)$

**1-2** 등식 $2 \times {}_{n+1}\mathrm{P}_2 - {}_n\mathrm{P}_2 = 28$을 만족시키는 자연수 $n$의 값을 구하시오.

**1-3** $1 \leq r \leq n$일 때, 다음 등식이 성립함을 보이시오.

$$_n\mathrm{P}_r = n \times {}_{n-1}\mathrm{P}_{r-1}$$

**필수 예제 2  순열의 수**

● **다시 정리하는 개념**

> 일렬로 세우는 경우의 수, 순서를 생각하여 뽑는 경우의 수, 자격이 다른 대표를 뽑는 경우의 수를 구할 때는 순열의 수 $_nP_r$를 이용한다.

5명의 학생이 있을 때, 다음을 구하시오.

(1) 5명을 일렬로 세우는 경우의 수

(2) 5명 중에서 2명을 뽑아 일렬로 세우는 경우의 수

(3) 대표 1명, 부대표 1명, 총무 1명을 뽑는 경우의 수

숫자 바꾼

**2-1** 6명의 학생이 있을 때, 다음을 구하시오.

(1) 6명을 일렬로 세우는 경우의 수

(2) 6명 중에서 3명을 뽑아 일렬로 세우는 경우의 수

(3) 회장 1명, 부회장 1명을 뽑는 경우의 수

**2-2** 서로 다른 $n$권의 책 중에서 3권을 뽑아 책꽂이에 일렬로 세우는 경우의 수가 336일 때, $n$의 값을 구하시오.

**2-3** 5곳의 여행지 중에서 $r$곳을 선택하여 순서를 정한 후 관광하는 경우의 수가 60일 때, $r$의 값을 구하시오.

## 필수 예제 **3** 이웃하거나 이웃하지 않는 순열의 수

5개의 문자 $a$, $b$, $c$, $d$, $e$를 일렬로 나열할 때, 다음을 구하시오.

(1) $a$와 $b$가 이웃하도록 나열하는 경우의 수

(2) $c$와 $d$가 이웃하지 않도록 나열하는 경우의 수

▶ **문제 해결 tip**

① 이웃하는 경우
   이웃하는 것을 하나로 묶어서 생각하여 나열하고, 그 각각에 대하여 묶음 안에서 일렬로 나열하는 경우의 수를 구한다.

② 이웃하지 않는 경우
   이웃해도 되는 것을 먼저 나열하고, 나머지를 그 사이사이와 양 끝에 나열한다.

**숫자 바꿈**

**3-1** 남학생 3명, 여학생 3명을 일렬로 세울 때, 다음을 구하시오.

(1) 여학생끼리 이웃하도록 세우는 경우의 수

(2) 남학생끼리 이웃하지 않도록 세우는 경우의 수

**3-2** 이어달리기에 참가한 선생님 2명과 학생 4명을 일렬로 세울 때, 선생님끼리 이웃하지 않도록 세우는 경우의 수를 구하시오.

**3-3** 중학생 2명과 고등학생 $n$명을 일렬로 세울 때, 중학생끼리 이웃하도록 세우는 경우의 수가 1440이다. $n$의 값을 구하시오.

**필수 예제 4** 자연수의 개수에 대한 순열의 수

▶ 빠지기 쉬운 함정

5개의 숫자 0, 1, 2, 3, 4에서 서로 다른 3개의 숫자를 택하여 세 자리의 자연수를 만들 때, 다음을 구하시오.

(1) 자연수의 개수

(2) 홀수의 개수

자연수의 개수를 구할 때, 최고 자리에는 0이 올 수 없음에 주의해야 한다.

**숫자 바꿘**

**4-1** 6개의 숫자 0, 1, 2, 3, 4, 5에서 서로 다른 4개의 숫자를 택하여 네 자리의 자연수를 만들 때, 다음을 구하시오.

(1) 자연수의 개수

(2) 짝수의 개수

**4-2** 9개의 숫자 1, 2, 3, …, 9에서 서로 다른 2개의 숫자를 택하여 두 자리의 자연수를 만들 때, 각 자리의 숫자의 합이 짝수가 되는 자연수의 개수를 구하시오.

3의 배수인 수는 각 자리의 숫자의 합이 3의 배수임을 생각하여 풀어 보자.

**4-3** 5개의 숫자 1, 2, 3, 4, 5에서 서로 다른 3개의 숫자를 택하여 만들 수 있는 세 자리의 자연수 중에서 3의 배수의 개수를 구하시오.

## 필수 예제 5 사전식 배열을 이용하는 순열의 수

○ 문제 해결 tip

4개의 문자 $a$, $b$, $c$, $d$를 모두 한 번씩 사용하여 사전식으로 $abcd$부터 $dcba$까지 배열할 때, 다음 물음에 답하시오.

(1) $bcad$는 몇 번째에 오는 문자열인지 구하시오.

(2) 15번째에 오는 문자열을 구하시오.

문자를 사전식으로 배열할 때는 기준이 되는 문자의 형태를 살핀 후 위치를 정할 수 있는 문자를 먼저 배열한다.

**숫자 바꿔**

**5-1** 5개의 문자 $a$, $b$, $c$, $d$, $e$를 모두 한 번씩 사용하여 사전식으로 $abcde$부터 $edcba$까지 배열할 때, 다음 물음에 답하시오.

(1) $dbaec$는 몇 번째에 오는 문자열인지 구하시오.

(2) 63번째에 오는 문자열을 구하시오.

**5-2** 5개의 숫자 1, 2, 3, 4, 5 중에서 서로 다른 4개의 숫자를 모두 한 번씩 사용하여 네 자리의 자연수를 만들 때, 3400보다 큰 자연수의 개수를 구하시오.

**5-3** 5개의 숫자 0, 1, 2, 3, 4를 모두 한 번씩 사용하여 만든 다섯 자리의 자연수를 작은 수부터 차례로 나열할 때, 58번째에 오는 자연수를 구하시오.

📖 NOTE

| 필수 예제 01 |

**01** 부등식 $_nP_2+12\leq 6\times_nP_1$을 만족시키는 자연수 $n$의 최댓값을 구하시오.

| 필수 예제 02 |

**02** 남학생 4명, 여학생 3명을 일렬로 세울 때, 남학생과 여학생을 교대로 세우는 경우의 수는?

① 144      ② 145      ③ 146

④ 147      ⑤ 148

남학생과 여학생이 교대로 설 수 있는 경우를 생각해야 한다.

| 필수 예제 02 |

**03** 남학생 3명, 여학생 2명 중에서 대표 1명, 부대표 1명을 뽑을 때, 대표와 부대표 중 적어도 한 명은 여학생을 뽑는 경우의 수를 구하시오.

적어도 한 명을 뽑는 경우의 수는 전체 경우의 수에서 한 명도 뽑지 않는 경우의 수를 뺀 것과 같다.

| 필수 예제 02 |

**04** megastudy에 있는 9개의 문자를 일렬로 나열할 때, 한쪽 끝에는 자음, 다른 한쪽 끝에는 모음이 오는 경우의 수는?

① $35\times7!$      ② $36\times7!$      ③ $37\times7!$

④ $38\times7!$      ⑤ $39\times7!$

특정한 자리에 대한 조건이 있으면 특정한 자리에 오는 것을 먼저 나열한다.

| 필수 예제 03 |

**05** 7개의 문자 $a, b, c, d, e, f, g$를 일렬로 나열할 때, $a$와 $b$는 이웃하고, $e$와 $f$는 이웃하지 않도록 나열하는 경우의 수를 구하시오.

$e, f$는 $a$와 $b$ 사이에 놓일 수 없음에 주의한다.

NOTE

| 필수 예제 04 |

**06** 6개의 숫자 1, 2, 3, 4, 5, 6에서 서로 다른 3개의 숫자를 택하여 세 자리의 자연수를 만들 때, 백의 자리의 숫자와 일의 자리의 숫자의 곱이 홀수인 자연수의 개수를 구하시오.

| 필수 예제 04 |

**07** 7개의 숫자 0, 1, 2, 3, 4, 5, 6에서 서로 다른 4개의 숫자를 택하여 만들 수 있는 네 자리의 자연수 중 5의 배수의 개수를 구하시오.

| 필수 예제 05 |

**08** 5개의 숫자 1, 2, 3, 4, 5에서 서로 다른 4개의 숫자를 한 번씩 사용하여 네 자리의 자연수를 만들 때, 3000보다 작은 짝수의 개수를 구하시오.

| 필수 예제 03 |

**09** 1학년 학생 2명과 2학년 학생 4명이 있다. 이 6명의 학생이 일렬로 나열된 6개의 의자에 다음 조건을 만족시키도록 모두 앉는 경우의 수는?

**교육청 기출**

> (가) 1학년 학생끼리는 이웃하지 않는다.
> (나) 양 끝에 있는 의자에는 모두 2학년 학생이 앉는다.

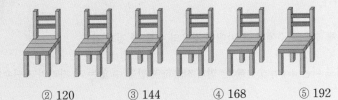

① 96    ② 120    ③ 144    ④ 168    ⑤ 192

| 필수 예제 05 |

**10** 2000보다 크고 7000보다 작은 짝수 중에서 각 자리의 숫자가 모두 다른 수의 개수는?

**교육청 기출**    ① 1230    ② 1232    ③ 1234    ④ 1236    ⑤ 1238

**1** 다음 ☐ 안에 알맞은 것을 쓰시오.

• 정답 및 해설 73쪽

(1) 서로 다른 $n$개에서 $r\ (0<r\leq n)$개를 택하여 일렬로 나열하는 것을 $n$개에서 $r$개를 택하는 ☐ 이라 하고, 이 순열의 수를 기호로 ☐ 와 같이 나타낸다.

(2) 서로 다른 $n$개에서 $r$개를 택하는 순열의 수는

$$_n\mathrm{P}_r=n(n-1)(n-2)\cdots(n-r+\boxed{\phantom{x}})\ (단,\ 0<r\leq n)$$

(3) 1부터 $n$까지 자연수를 차례대로 곱한 것을 $n$의 계승이라 하고, 이것을 기호로 $n!$과 같이 나타낸다. 즉,

$$\boxed{\phantom{xx}}=n(n-1)(n-2)\times\cdots\times3\times2\times1$$

(4) $n!$을 이용한 순열의 수는 다음과 같이 구한다.

① $_n\mathrm{P}_n=\boxed{\phantom{xx}}$, $_n\mathrm{P}_0=\boxed{\phantom{x}}$, $0!=\boxed{\phantom{x}}$

② $_n\mathrm{P}_r=\dfrac{n!}{\boxed{\phantom{xx}}}$ (단, $0\leq r\leq n$)

**2** 다음 문장이 옳으면 ○표, 옳지 않으면 ×표를 (　　) 안에 쓰시오.

(1) 서로 다른 $n$개에서 $r$개를 뽑아 일렬로 나열하는 경우의 수는 $_n\mathrm{P}_r$이다. (　　)

(2) $_9\mathrm{P}_4=\dfrac{9!}{4!}$로 나타낼 수 있다. (　　)

(3) $_8\mathrm{P}_8=8!$로 나타낼 수 있다. (　　)

(4) $_6\mathrm{P}_3=_5\mathrm{P}_3+3\times_5\mathrm{P}_2$가 성립한다. (　　)

(5) '적어도 ~'인 경우의 수는 전체 경우의 수에서 그 반대인 경우의 수를 뺀 것과 같다. (　　)

(6) 4개의 숫자 0, 1, 2, 3에서 서로 다른 3개의 숫자를 한 번씩 사용하여 만들 수 있는 세 자리의 자연수의 개수는 $_4\mathrm{P}_3$이다. (　　)

# 12

# 조합

# 12 조합

## 1 조합

### (1) 조합

서로 다른 $n$개에서 순서를 생각하지 않고 $r\,(0<r\le n)$개를 택하는 것을 $n$개에서 $r$를 택하는 **조합**이라 하고, 이 조합의 수를 기호로 $_n\mathrm{C}_r$❶와 같이 나타낸다.

### (2) 조합의 수

① 서로 다른 $n$개에서 $r$개를 택하는 조합의 수는

$$_n\mathrm{C}_r=\frac{_n\mathrm{P}_r}{r!}=\frac{n!}{r!\,(n-r)!}\ (\text{단},\ 0\le r\le n)❷$$

**예** 서로 다른 4개에서 3개를 택하는 조합의 수는

$$_4\mathrm{C}_3=\frac{_4\mathrm{P}_3}{3!}=\frac{4!}{3!1!}=\frac{4\times3\times2\times1}{3\times2\times1\times1}=4$$

② $_n\mathrm{C}_n=1$, $_n\mathrm{C}_0=1$

## 2 $_n\mathrm{C}_r$의 계산

(1) $_n\mathrm{C}_r=_n\mathrm{C}_{n-r}$ (단, $0\le r\le n$)

**참고** 서로 다른 $n$개에서 $r$개를 택하는 조합의 수는 $n$개에서 $r$개를 제외한 나머지 $(n-r)$개를 택하는 조합의 수와 같다.

**예** $_4\mathrm{C}_3=_4\mathrm{C}_1$

(2) $_n\mathrm{C}_r=_{n-1}\mathrm{C}_r+_{n-1}\mathrm{C}_{r-1}$ (단, $1\le r<n$)

**참고** $_n\mathrm{C}_r=\{$특정한 한 개를 제외하고 나머지 $(n-1)$개 중에서 $r$개를 택하는 조합의 수$\}$
$+\{$특정한 한 개를 택하고 나머지 $(n-1)$개 중에서 $(r-1)$개를 택하는 조합의 수$\}$

**예** $_5\mathrm{C}_3=_4\mathrm{C}_3+_4\mathrm{C}_2$

### 개념 플러스⁺

❶ $_n\mathrm{C}_r$의 C는 조합을 뜻하는 Combination의 첫 글자이다.

❷ 서로 다른 $n$개에서 $r$개를 택하는 경우의 수는 조합의 수이고, 택한 $r$개를 일렬로 나열까지 하는 경우의 수는 순열의 수이다.

---

**교과서 개념 확인하기** ──────────────────────────○ 정답 및 해설 74쪽

**1** 서로 다른 8개에서 4개를 택하는 조합의 수를 기호로 나타내고, 그 값을 구하시오.

**2** 다음 값을 구하시오.

(1) $_7\mathrm{C}_3$ (2) $_5\mathrm{C}_2$ (3) $_9\mathrm{C}_4$

**3** 다음 값을 구하시오.

(1) $_{20}\mathrm{C}_{20}$ (2) $_4\mathrm{C}_0$

**4** 다음 값을 구하시오.

(1) $_{50}\mathrm{C}_{49}$ (2) $_5\mathrm{C}_2+_5\mathrm{C}_3$

## • 교고서 예제로 개념 익히기

### 필수 예제 **1** $_nC_r$의 계산

다음 등식을 만족시키는 $n$ 또는 $r$의 값을 구하시오.

(1) $_nC_3 = 56$

(2) $_{11}C_3 \times r! = _{11}P_3$

**● 다시 정리하는 개념**

① $_nC_r = \dfrac{_nP_r}{r!} = \dfrac{n!}{r!(n-r)!}$

(단, $0 \le r \le n$)

② $_nC_r = _nC_{n-r}$ (단, $0 \le r \le n$)

**숫자 바꿔**

**1-1** 다음 등식을 만족시키는 $n$ 또는 $r$의 값을 구하시오.

(1) $_nC_2 = _nC_5$

(2) $_9C_r = _9C_{r-1}$

(3) $_{n+1}C_2 = 45$

(4) $_{15}C_3 + _{15}C_4 = _nC_{12}$

**1-2** 등식 $_nC_2 = _{n+2}C_2 - _{n-1}C_2$를 만족시키는 자연수 $n$의 값을 구하시오.

**1-3** $1 \le r \le n$일 때, 다음 등식이 성립함을 보이시오.

$r \times _nC_r = n \times _{n-1}C_{r-1}$

**필수 예제 2 조합의 수**

남학생 5명과 여학생 3명이 있을 때, 다음을 구하시오.

(1) 대표 2명을 뽑는 경우의 수

(2) 2명의 대표가 모두 남자이거나 여자인 경우의 수

(3) 남학생 중에서 2명, 여학생 중에서 1명을 뽑는 경우의 수

**▶ 다시 정리하는 개념**

순서를 생각하지 않고 뽑는 경우의 수, 자격이 동등한 대표를 뽑는 경우의 수를 구할 때는 조합의 수 $_nC_r$를 이용한다.

**숫자 바꿈**

**2-1** 흰 공 4개와 검은 공 5개가 들어 있는 주머니가 있을 때, 다음을 구하시오.

(단, 공의 크기는 모두 다르다.)

(1) 공 3개를 꺼내는 경우의 수

(2) 모두 같은 색의 공 3개를 꺼내는 경우의 수

(3) 흰 공 2개, 검은 공 2개를 꺼내는 경우의 수

**2-2** 어떤 모임에서 각 회원이 나머지 모든 회원들과 한 번씩 악수를 하였을 때, 회원들끼리 악수한 총횟수가 55이다. 이 모임에 참가한 회원 수를 구하시오.

검은 공을 적어도 1개 꺼내는 경우의 수는 전체 경우의 수에서 검은 공을 1개도 꺼내지 않는 경우의 수를 뺀 것과 같음을 이용해 보자.

**2-3** 검은 공 5개와 흰 공 6개가 들어 있는 주머니에서 4개의 공을 꺼낼 때, 검은 공을 적어도 1개 꺼내는 경우의 수를 구하시오. (단, 공의 크기는 모두 다르다.)

## 필수 예제 **3** 특정한 것을 포함하거나 포함하지 않는 조합의 수

7명의 학생 중에서 4명의 대표를 뽑을 때, 다음을 구하시오.

(1) 특정한 1명을 포함하여 뽑는 경우의 수

(2) 특정한 2명을 포함하지 않고 뽑는 경우의 수

**○ 문제 해결 tip**

① 서로 다른 $n$개에서 특정한 $k$개를 포함하여 $r$개를 택하는 경우의 수

➡ $_{n-k}C_{r-k}$

② 서로 다른 $n$개에서 특정한 $k$개를 포함하지 않고 $r$개를 택하는 경우의 수

➡ $_{n-k}C_r$

**숫자 바꾼**

**3-1** 1부터 10까지의 자연수가 각각 하나씩 적힌 10개의 공이 들어 있는 주머니에서 5개의 공을 동시에 꺼낼 때, 다음을 구하시오.

(1) 소수가 적힌 공을 모두 꺼내는 경우의 수

(2) 3의 배수가 적힌 공을 포함하지 않고 꺼내는 경우의 수

**3-2** 재원이와 현수를 포함한 9명의 동아리 회원 중에서 4명을 뽑을 때, 재원이는 포함하고 현수는 포함하지 않는 경우의 수를 구하시오.

**3-3** 1부터 8까지의 자연수가 각각 하나씩 적힌 8장의 카드 중에서 4장을 뽑을 때, 2가 적힌 카드와 5가 적힌 카드 중에서 하나만 뽑는 경우의 수를 구하시오.

**필수 예제 4 뽑아서 나열하는 경우의 수**

▶ **문제 해결 tip**

남학생 3명, 여학생 4명 중에서 남학생 1명과 여학생 2명을 뽑아서 일렬로 세우는 경우의 수를 구하시오.

서로 다른 $n$개에서 $r$개를 뽑아 일렬로 나열하는 경우의 수
➡ (뽑는 경우의 수)
　　　×(나열하는 경우의 수)

숫자 바꿔
**4-1** 어른 5명, 어린이 4명 중에서 어른 3명과 어린이 1명을 뽑아서 일렬로 세우는 경우의 수를 구하시오.

**4-2** 6개의 숫자 1, 2, 3, 4, 5, 6에서 서로 다른 홀수 2개, 짝수 1개를 택하여 만들 수 있는 세 자리의 자연수의 개수를 구하시오.

**4-3** 선생님 4명, 학생 3명 중에서 선생님 2명과 학생 2명을 뽑아서 일렬로 세울 때, 선생님 2명을 양 끝에 세우는 경우의 수를 구하시오.

**필수 예제 5 도형의 개수**

● **빠지기 쉬운 함정**

주어진 점으로 만들 수 있는 직선이나 삼각형의 개수를 구할 때는 일직선 위에 있는 점 중에서 뽑는 경우에 주의해야 한다.

오른쪽 그림과 같이 반원 위에 7개의 점이 있을 때, 다음을 구하시오.

(1) 두 점을 이어서 만들 수 있는 서로 다른 직선의 개수

(2) 세 점을 꼭짓점으로 하는 삼각형의 개수

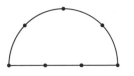

**표현 바꾼**

**5-1** 오른쪽 그림과 같이 평행한 두 직선 $l$, $m$ 위에 9개의 점이 있을 때, 다음을 구하시오.

(1) 두 점을 이어서 만들 수 있는 서로 다른 직선의 개수

(2) 세 점을 꼭짓점으로 하는 삼각형의 개수

**5-2** 오른쪽 그림과 같은 정팔각형의 대각선의 개수를 구하시오.

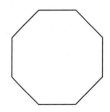

**5-3** 오른쪽 그림과 같이 가로로 나열된 5개의 평행선과 세로로 나열된 3개의 평행선이 서로 만날 때, 이 평행선들로 만들어지는 평행사변형의 개수를 구하시오.

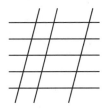

| 필수 예제 01 |

**01** 두 자연수 $n$, $r$에 대하여 $_nP_r=720$, $_nC_r=120$이 성립할 때, $n+r$의 값을 구하시오.

📖 NOTE

| 필수 예제 02 |

**02** 주머니 안에 빨간색 구슬과 파란색 구슬이 각각 $n$개씩 들어 있다. 이 주머니에서 3개의 구슬을 동시에 꺼내는 경우의 수가 56일 때, $n$의 값을 구하시오.

(단, 구슬의 크기는 모두 다르다.)

| 필수 예제 02 |

**03** 6개의 숫자 1, 2, 3, 4, 5, 6을 일렬로 나열한 것을 차례로 $x_1$, $x_2$, $x_3$, $x_4$, $x_5$, $x_6$이라 할 때, $x_1>x_2>x_3$을 만족시키도록 나열하는 경우의 수는?

① 80 　　② 90 　　③ 100 　　④ 110 　　⑤ 120

$x_1$, $x_2$, $x_3$에 나열되는 수들은 조건으로 주어진 '수의 크기'에 의하여 나열하는 순서가 이미 정해져 있음에 주의한다.

| 필수 예제 02 |

**04** 12명의 학생 중에서 3명의 대표를 뽑을 때, 적어도 한 명은 남학생을 뽑는 경우의 수가 185이다. 여학생의 수를 구하시오.

적어도 한 명을 뽑는 것은 전체 경우의 수에서 뽑지 않는 경우의 수를 뺀 것과 같다.

| 필수 예제 03, 04 |

**05** 8개의 숫자 1, 2, 3, 4, 5, 6, 7, 8에서 2, 4는 포함하고, 3, 5는 포함하지 않도록 하여 네 자리인 비밀번호를 만들려고 한다. 이때 2, 4가 서로 이웃하지 않도록 만드는 경우의 수를 구하시오. (단, 비밀번호를 만들 때, 같은 숫자를 사용하지 않는다.)

📖 NOTE

| 필수 예제 04 |

**06** 영표와 상백이를 포함한 $n$명의 학생 중에서 영표와 상백이를 포함한 4명을 뽑아서 일렬로 세울 때, 영표와 상백이가 이웃하도록 세우는 경우의 수가 120이다. $n$의 값을 구하시오.

| 필수 예제 05 |

**07** 오른쪽 그림과 같이 9개의 점이 일정한 간격으로 놓여 있다. 이 9개의 점 중에서 3개의 점을 택하여 만들 수 있는 삼각형의 개수를 구하시오. (단, 가로 방향의 3개의 점과 세로 방향의 3개의 점은 각각 한 직선 위에 있다.)

3개의 점을 택하여 삼각형을 만들기 위해서는 세 점이 일직선 위에 있지 않아야 한다.

| 필수 예제 05 |

**08** 오른쪽 그림과 같이 합동인 정사각형 12개를 붙여 만든 도형이 있다. 이 도형의 선분들로 만들어지는 사각형 중에서 정사각형이 아닌 직사각형의 개수를 구하시오.

| 필수 예제 02 |

**09** **교육청 기출** $c<b<a<10$인 자연수 $a$, $b$, $c$에 대하여 백의 자리의 수, 십의 자리의 수, 일의 자리의 수가 각각 $a$, $b$, $c$인 세 자리의 자연수 중 500보다 크고 700보다 작은 모든 자연수의 개수는?

① 12　　　② 14　　　③ 16　　　④ 18　　　⑤ 20

| 필수 예제 05 |

**10** **교육청 기출** 삼각형 ABC에서, 꼭짓점 A와 선분 BC 위의 네 점을 연결하는 4개의 선분을 그리고, 선분 AB 위의 세 점과 선분 AC 위의 세 점을 연결하는 3개의 선분을 그려 그림과 같은 도형을 만들었다. 이 도형의 선들로 만들 수 있는 삼각형의 개수는?

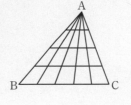

① 30　　　② 40　　　③ 50　　　④ 60　　　⑤ 70

• 정답 및 해설 78쪽

**1** 다음 ☐ 안에 알맞은 것을 쓰시오.

(1) 서로 다른 $n$개에서 순서를 생각하지 않고 $r$ $(0<r\leq n)$개를 택하는 것을 $n$개에서 $r$개를 택하는 조합이라 하고, 이 조합의 수를 기호로 ☐와 같이 나타낸다.

(2) ① 서로 다른 $n$개에서 $r$개를 택하는 조합의 수는

$$_nC_r = \frac{\boxed{\phantom{xx}}}{r!} = \frac{n!}{\boxed{\phantom{xx}}} \ (\text{단}, \ 0\leq r\leq n)$$

② $_nC_n = \boxed{\phantom{x}}$, $_nC_0 = \boxed{\phantom{x}}$

(3) 조합의 수 $_nC_r$에 대하여 다음이 성립한다.

① $_nC_r = {_nC}\boxed{\phantom{x}}$ (단, $0\leq r\leq n$)

② $_nC_r = {_{n-1}C_r} + \boxed{\phantom{xxx}}$ (단, $1\leq r<n$)

**2** 다음 문장이 옳으면 ○표, 옳지 않으면 ×표를 ( ) 안에 쓰시오.

(1) 두 자연수 $n$, $r$에 대하여 $_nC_r$에서 항상 $n\geq r$이다. ( )

(2) 서로 다른 $n$개에서 $r$개를 택하는 경우의 수는 순열의 수이고, 택한 $r$개를 일렬로 나열까지 하는 경우의 수는 조합의 수이다. ( )

(3) 한 동아리에서 회장, 부회장을 뽑는 경우의 수는 한 동아리에서 대표 2명을 뽑는 경우의 수와 같다. ( )

(4) $_5C_2 = {_4C_2} + {_4C_3}$이 성립한다. ( )

(5) 서로 다른 6개에서 4개를 뽑아 일렬로 나열하는 경우의 수는 $_6C_4 \times 4!$이다. ( )

# 13

# 행렬과 그 연산

# 13 행렬과 그 연산

## 1 행렬의 뜻

(1) 여러 개의 수 또는 문자를 직사각형 모양으로 배열하여 괄호로 묶어 나타낸 것을 **행렬**이라 한다. 이때 행렬을 이루고 있는 각각의 수나 문자를 그 행렬의 **성분**이라 한다.

(2) 행렬에서 성분을 가로로 배열한 줄을 **행**이라 하고, 위에서부터 차례로 제1행, 제2행, …이라 하며, 성분을 세로로 배열한 줄을 **열**이라 하고, 왼쪽에서부터 차례로 제1열, 제2열, …이라 한다.

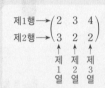

(3) $m$개의 행과 $n$개의 열로 이루어진 행렬을 **$m \times n$ 행렬❶**이라 한다. 특히 행의 개수와 열의 개수가 같은 행렬을 정사각행렬이라 하고, $n \times n$ 행렬을 $n$차정사각행렬이라 한다.

(4) **행렬의 $(i, j)$ 성분**

① 행렬은 보통 $A, B, C, \cdots$와 같이 알파벳 대문자로 나타내고, 그 성분은 $a, b, c, \cdots$와 같이 알파벳 소문자로 나타낸다.

② 행렬 $A$의 제$i$행과 제$j$열이 만나는 위치에 있는 성분을 행렬 $A$의 $(i, j)$ 성분이라 하고, 기호로 $a_{ij}$❷와 같이 나타낸다.

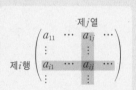

(5) **서로 같은 행렬**

두 행렬 $A, B$가 같은 꼴❸이고 대응하는 성분이 각각 같을 때, 행렬 $A$와 $B$는 서로 같다고 하며 기호로 $A = B$와 같이 나타낸다.

## 2 행렬의 덧셈, 뺄셈과 실수배

(1) **행렬의 덧셈과 뺄셈**

두 행렬 $A = \begin{pmatrix} a_{11} & a_{12} \\ a_{21} & a_{22} \end{pmatrix}$, $B = \begin{pmatrix} b_{11} & b_{12} \\ b_{21} & b_{22} \end{pmatrix}$에 대하여

① $A + B = \begin{pmatrix} a_{11} + b_{11} & a_{12} + b_{12} \\ a_{21} + b_{21} & a_{22} + b_{22} \end{pmatrix}$    ② $A - B = \begin{pmatrix} a_{11} - b_{11} & a_{12} - b_{12} \\ a_{21} - b_{21} & a_{22} - b_{22} \end{pmatrix}$

**참고** 행렬의 덧셈과 뺄셈은 두 행렬이 같은 꼴일 때만 정의된다.

(2) **영행렬❹**

행렬의 모든 성분이 0인 행렬을 영행렬이라 하고, 기호로 $O$와 같이 나타낸다. 즉

$$(0 \ \ 0), \begin{pmatrix} 0 \\ 0 \end{pmatrix}, \begin{pmatrix} 0 & 0 \\ 0 & 0 \end{pmatrix}, \begin{pmatrix} 0 & 0 & 0 \\ 0 & 0 & 0 \end{pmatrix}$$

은 각각 $1 \times 2$, $2 \times 1$, $2 \times 2$, $2 \times 3$ 행렬인 영행렬이다.

(3) **행렬의 실수배❺**

임의의 실수 $k$에 대하여 행렬 $A$의 각 성분에 $k$를 곱한 수를 성분으로 하는 행렬을 행렬 $A$의 $k$배라 하고, 기호로 $kA$와 같이 나타낸다.

$A = \begin{pmatrix} a_{11} & a_{12} \\ a_{21} & a_{22} \end{pmatrix}$일 때, $kA = \begin{pmatrix} ka_{11} & ka_{12} \\ ka_{21} & ka_{22} \end{pmatrix}$

---

### 개념 플러스⁺

❶ $m \times n$ 행렬을 '$m$ by $n$ 행렬'이라 읽는다.

❷ $a_{ij}$를 '$a, i, j$'라 읽는다.

❸ 두 행렬 $A, B$의 행의 개수와 열의 개수가 각각 같을 때, 이 두 행렬을 같은 꼴의 행렬이라 한다.

❹ **영행렬의 성질**
두 행렬 $A, O$가 같은 꼴일 때
① $A + O = O + A = A$
② $A + (-A) = (-A) + A = O$

❺ **행렬의 실수배의 성질**
두 행렬 $A, B$가 같은 꼴이고, $k, l$이 실수일 때
① $1A = A, (-1)A = -A$
② $0A = O, kO = O$
③ $(kl)A = k(lA)$
④ $(k + l)A = kA + lA$
　$k(A + B) = kA + kB$

## ❸ 행렬의 곱셈

### (1) 행렬의 곱셈

두 행렬 $A=\begin{pmatrix} a_{11} & a_{12} \\ a_{21} & a_{22} \end{pmatrix}$, $B=\begin{pmatrix} b_{11} & b_{12} \\ b_{21} & b_{22} \end{pmatrix}$에 대하여

$$AB=\begin{pmatrix} a_{11}b_{11}+a_{12}b_{21} & a_{11}b_{12}+a_{12}b_{22} \\ a_{21}b_{11}+a_{22}b_{21} & a_{21}b_{12}+a_{22}b_{22} \end{pmatrix}$$

### (2) 행렬 $A$가 $m \times n$ 행렬, 행렬 $B$가 $n \times l$ 행렬이면 곱 $AB$❻는 $m \times l$ 행렬이다.

### (3) 행렬의 거듭제곱

정사각행렬 $A$와 두 자연수 $m$, $n$에 대하여

① $A^2=AA$, $A^3=A^2A$, $\cdots$, $A^n=A^{n-1}A$ $(n=2, 3, 4, \cdots)$

② $A^{m+n}=A^mA^n$  　　　　　　　③ $(A^m)^n=A^{mn}$

### (4) 단위행렬: 임의의 $n$차정사각행렬 $A$와 $n$차단위행렬 $E$❼에 대하여

$$AE=EA=A$$

참고 $E^2=E$, $E^3=E$, $\cdots$, $E^n=E$ (단, $n$은 자연수)

**개념 플러스⁺**

❻ 두 행렬 $A$, $B$의 곱 $AB$는 행렬 $A$의 열의 개수와 행렬 $B$의 행의 개수가 같을 때만 정의된다.

❼ 단위행렬 $E$: 왼쪽 위에서 오른쪽 아래로 내려가는 대각선 위의 성분이 모두 1이고 그 외의 성분은 모두 0인 정사각행렬, 즉

$\begin{pmatrix} 1 & 0 \\ 0 & 1 \end{pmatrix}$, $\begin{pmatrix} 1 & 0 & 0 \\ 0 & 1 & 0 \\ 0 & 0 & 1 \end{pmatrix}$, $\cdots$

---

### 교과서 개념 확인하기

정답 및 해설 78쪽

**1** 다음 주어진 행렬의 꼴을 말하고, 정사각행렬인 것은 몇 차 정사각행렬인지 말하시오.

(1) $\begin{pmatrix} 1 & 3 & 4 \end{pmatrix}$　　　　(2) $\begin{pmatrix} -3 \\ 4 \\ 1 \end{pmatrix}$　　　　(3) $\begin{pmatrix} 1 & 0 \\ 3 & -5 \end{pmatrix}$　　　　(4) $\begin{pmatrix} 5 & -1 \\ -3 & 0 \\ 2 & 4 \end{pmatrix}$

**2** 행렬 $A=\begin{pmatrix} 1 & 3 & 5 \\ 2 & -1 & 4 \\ 0 & 1 & 7 \end{pmatrix}$의 $(i, j)$ 성분을 $a_{ij}$라 할 때, 다음 값을 구하시오.

(1) $(1, 3)$ 성분　　　　(2) $a_{32}$　　　　(3) $(2, 3)$ 성분　　　　(4) $a_{21}$

**3** 등식 $\begin{pmatrix} 3 & a+2b \\ -2a & 8 \end{pmatrix}=\begin{pmatrix} 2c+1 & 3 \\ 10 & 4d \end{pmatrix}$가 성립하도록 하는 상수 $a$, $b$, $c$, $d$의 값을 각각 구하시오.

**4** 다음을 계산하시오.

(1) $\begin{pmatrix} 3 & -4 \\ 2 & 1 \end{pmatrix}+\begin{pmatrix} 2 & 5 \\ -1 & 0 \end{pmatrix}$

(2) $\begin{pmatrix} -1 & 4 & 3 \\ 0 & 3 & -5 \end{pmatrix}+\begin{pmatrix} -2 & 6 & -4 \\ 5 & 2 & 1 \end{pmatrix}$

(3) $\begin{pmatrix} 6 & 0 \\ -2 & 3 \end{pmatrix}-\begin{pmatrix} -2 & 3 \\ 1 & -1 \end{pmatrix}$

(4) $\begin{pmatrix} 3 & -1 \\ -2 & 0 \\ 1 & 4 \end{pmatrix}-\begin{pmatrix} -1 & -2 \\ 0 & 3 \\ 2 & 1 \end{pmatrix}$

**5** 다음을 계산하시오.

(1) $\begin{pmatrix} 4 & 2 \end{pmatrix}\begin{pmatrix} 2 \\ -1 \end{pmatrix}$

(2) $\begin{pmatrix} 0 & 1 \\ -2 & 4 \end{pmatrix}\begin{pmatrix} 1 & -1 \\ 1 & 2 \end{pmatrix}$

이차정사각행렬 $A$의 $(i, j)$ 성분 $a_{ij}$를 $a_{ij}=5^i-2^j$이라 할 때, 행렬 $A$의 모든 성분의 합을 구하시오.

> 행렬 $A$의 성분에 대한 식이 주어졌을 때, $(i, j)$ 성분 구하기
> ➡ $i, j$에 각각 1, 2, 3, …을 차례로 대입하여 해당하는 성분을 구한다.

**숫자 바꾼**

**1-1** 행렬 $A$의 $(i, j)$ 성분 $a_{ij}$를 $a_{ij}=i+2j-3$이라 할 때, 행렬 $A$의 모든 성분의 합을 구하시오. (단, $i=1, 2, j=1, 2, 3$)

**1-2** $3\times2$ 행렬 $A$의 $(i, j)$ 성분 $a_{ij}$가 $a_{ij}=i+j-2$이고, $3\times2$ 행렬 $B$의 $(i, j)$ 성분 $b_{ij}=i^2-j$일 때, $a_{ij}=b_{ij}$인 성분의 개수를 구하시오.

**1-3** 오른쪽 그림은 각 지점 사이의 일방통행로를 화살표로 나타낸 것이다. 행렬 $A$의 $(i, j)$ 성분 $a_{ij}$를 $i$ 지점에서 $j$ 지점으로 직접 가는 길의 개수로 정의할 때, 행렬 $A$를 구하시오.

(단, $i=1, 2, 3, j=1, 2, 3$)

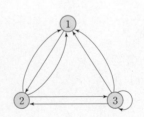

## 필수 예제 **2** 두 행렬이 서로 같을 조건

> **다시 정리하는 개념**
>
> 행의 개수와 열의 개수가 각각 같은 두 행렬 $A$, $B$의 대응하는 성분이 각각 같을 때, 두 행렬 $A$, $B$는 서로 같다고 한다.

등식 $\begin{pmatrix} a & -1 \\ 3 & b+2 \end{pmatrix} = \begin{pmatrix} 2a-3 & -1 \\ 3 & 6-b \end{pmatrix}$가 성립하도록 하는 두 실수 $a$, $b$에 대하여 $a+b$의 값을 구하시오.

**숫자 바꿈**

**2-1** 등식 $\begin{pmatrix} x-1 & -4 \\ 6 & z+w \end{pmatrix} = \begin{pmatrix} -2 & x-y \\ w+2 & 5 \end{pmatrix}$가 성립하도록 하는 실수 $x$, $y$, $z$, $w$에 대하여 $x+y-z+w$의 값을 구하시오.

**2-2** 등식 $\begin{pmatrix} a+b & 1+ab \\ 1+ab & a+b \end{pmatrix} = \begin{pmatrix} 3 & -3 \\ -3 & 3 \end{pmatrix}$이 성립하도록 하는 두 실수 $a$, $b$에 대하여 $a^3+b^3$의 값을 구하시오.

**2-3** 등식 $\begin{pmatrix} a \\ a^3+b^3 \end{pmatrix} = \begin{pmatrix} 3-b \\ a+b+15 \end{pmatrix}$가 성립하도록 하는 두 실수 $a$, $b$에 대하여 $a-b$의 값을 구하시오. (단, $a>b$)

**필수 예제 3** 행렬의 덧셈, 뺄셈, 실수배

두 행렬 $A = \begin{pmatrix} 1 & -2 \\ 3 & -4 \end{pmatrix}$, $B = \begin{pmatrix} 2 & 0 \\ -1 & 4 \end{pmatrix}$에 대하여 행렬 $A + B - 2(A - B)$를 구하시오.

> **⊙ 다시 정리하는 개념**
>
> 행렬의 덧셈, 뺄셈, 실수배
> ➡ 다항식의 연산과 같이 간단히
>   정리한 다음 계산한다.

**숫자 바꿔**

**3-1** 두 행렬 $A = \begin{pmatrix} 3 & 0 \\ 1 & 5 \end{pmatrix}$, $B = \begin{pmatrix} -2 & -1 \\ 4 & 1 \end{pmatrix}$에 대하여 행렬 $4(A + 2B) - 3(A + B)$를 구
하시오.

**3-2** 두 행렬 $A = \begin{pmatrix} 4 & -6 \\ 2 & 4 \end{pmatrix}$, $B = \begin{pmatrix} 1 & 5 \\ -2 & 1 \end{pmatrix}$에 대하여 $3X + A = X + 2B$를 만족시키는 행렬
$X$의 모든 성분의 합을 구하시오.

**3-3** 세 행렬 $A = \begin{pmatrix} 2 & 1 \\ 3 & 4 \end{pmatrix}$, $B = \begin{pmatrix} -1 & 0 \\ 2 & 3 \end{pmatrix}$, $C = \begin{pmatrix} 8 & 3 \\ 5 & 6 \end{pmatrix}$에 대하여 두 실수 $x$, $y$가
$C = xA + yB$를 만족시킬 때, $x + y$의 값을 구하시오.

## 필수 예제 **4** 행렬의 곱셈

두 행렬 $A=\begin{pmatrix} 2 & 1 \\ 3 & 4 \end{pmatrix}$, $B=\begin{pmatrix} 1 & -1 \\ -1 & 2 \end{pmatrix}$에 대하여 행렬 $AB-BA$를 구하시오.

> ● **빠지기 쉬운 함정**
>
> 행렬의 곱셈과 실수의 곱셈은 같지 않으므로 행렬의 곱셈에 실수의 연산법칙을 적용하여 풀지 않도록 한다.

**숫자 바꾼**

**4-1** 두 행렬 $A=\begin{pmatrix} 2 & 1 \\ 1 & 4 \end{pmatrix}$, $B=\begin{pmatrix} -1 & -2 \\ 1 & 3 \end{pmatrix}$에 대하여 행렬 $\dfrac{1}{3}(AB-2B)$의 모든 성분의 합을 구하시오.

**4-2** 두 행렬 $A=\begin{pmatrix} -2 & x \\ 3 & y \end{pmatrix}$, $B=\begin{pmatrix} x & -1 \\ 2 & 1 \end{pmatrix}$에 대하여 $AB=O$가 성립할 때, 두 실수 $x$, $y$에 대하여 $x+y$의 값을 구하시오. (단, $O$는 영행렬이다.)

**4-3** 두 행렬 $A=\begin{pmatrix} 2 & 0 \\ 4 & x \end{pmatrix}$, $B=\begin{pmatrix} 1 & y \\ 3 & 1 \end{pmatrix}$에 대하여 $AB=BA$가 성립할 때, 두 실수 $x$, $y$에 대하여 $x-y$의 값을 구하시오.

**필수 예제 5** 행렬의 거듭제곱

이차방정식 $x^2-5x-1=0$의 두 근을 $\alpha$, $\beta$라 하자. 행렬 $A=\begin{pmatrix} \alpha & 2 \\ 2 & \beta \end{pmatrix}$에 대하여 행렬 $A^2$의

$(1, 1)$ 성분과 $(2, 2)$ 성분의 합을 구하시오.

**▶ 다시 정리하는 개념**

정사각행렬 $A$와 두 자연수 $m$, $n$
에 대하여
① $A^2=AA$, $A^3=A^2A$, $\cdots$,
$\quad A^n=A^{n-1}A\,(n=2,3,4,\cdots)$
② $A^{m+n}=A^mA^n$
③ $(A^m)^n=A^{mn}$

**숫자 바꾼**
**5-1** 이차방정식 $x^2-2x-5=0$의 두 근을 $\alpha$, $\beta$라 하자. 행렬 $A=\begin{pmatrix} \alpha & 1 \\ 1 & \beta \end{pmatrix}$에 대하여 행렬

$A^2-2A$의 모든 성분의 합을 구하시오.

**5-2** 행렬 $A=\begin{pmatrix} 1 & 0 \\ -1 & 1 \end{pmatrix}$에 대하여 $A^n=\begin{pmatrix} 1 & 0 \\ -100 & 1 \end{pmatrix}$을 만족시키는 자연수 $n$의 값을 구하

시오.

**5-3** 행렬 $A=\begin{pmatrix} 1 & 1 \\ -1 & 0 \end{pmatrix}$에 대하여 등식 $A^n=E$를 만족시키는 자연수 $n$의 최솟값을 구하

시오. (단, $E$는 단위행렬이다.)

## 필수 예제 **6** 행렬의 곱셈의 활용

다음 [표 1]은 두 회사 P, Q에서 판매하는 컴퓨터와 프린터의 가격을 나타낸 것이고, [표 2]는 두 학교 A, B에서 구입하려는 컴퓨터와 프린터의 수량을 나타낸 것이다.

(단위: 만 원)

|  | 컴퓨터 | 프린터 |
|---|---|---|
| P | 90 | 20 |
| Q | 100 | 30 |

[표 1]

(단위: 대)

|  | A | B |
|---|---|---|
| 컴퓨터 | 5 | 3 |
| 프린터 | 6 | 2 |

[표 2]

위의 표를 각각 두 행렬 $C=\begin{pmatrix} 90 & 20 \\ 100 & 30 \end{pmatrix}$, $D=\begin{pmatrix} 5 & 3 \\ 6 & 2 \end{pmatrix}$로 나타낼 때, 행렬 $CD$의 $(1, 2)$ 성분은 (가) 학교가 (나) 회사에서 컴퓨터와 프린터를 구입할 때 지불해야 할 금액이다. (가), (나)에 알맞은 것을 각각 구하시오.

**◉ 다시 정리하는 개념**

$$\begin{pmatrix} ❶ \\ ❷ \end{pmatrix}\begin{pmatrix} ① & ② \end{pmatrix} = \begin{pmatrix} ❶\times① & ❶\times② \\ ❷\times① & ❷\times② \end{pmatrix}$$

**숫자 바꾼**

**6-1** 오른쪽 [표 1]은 어느 공장에서 하루 동안 생산되는 백설탕과 흑설탕의 생산량을 나타낸 것이다.

(판매율)$=\dfrac{(판매량)}{(생산량)}$일 때, [표 2]는 P 지역과 Q 지역에서 판매된 백설탕과 흑설탕의 판매율을 소수점 아래 둘째 자리까지 나타낸 것이다. 오른쪽 표를 각각 두 행렬 $A=\begin{pmatrix} 120 & 150 \\ 200 & 130 \end{pmatrix}$, $B=\begin{pmatrix} 0.13 & 0.10 \\ 0.11 & 0.15 \end{pmatrix}$로 나타낼 때, 행렬 $AB$의 $(1, 2)$ 성분이 의미하는 것은? (단, 백설탕, 흑설탕 각각에 대하여 3 kg, 1 kg의 판매율은 같다.)

(단위: 봉지)

|  | 백설탕 | 흑설탕 |
|---|---|---|
| 3 kg | 120 | 150 |
| 1 kg | 200 | 130 |

[표 1]

|  | P | Q |
|---|---|---|
| 백설탕 | 0.13 | 0.10 |
| 흑설탕 | 0.11 | 0.15 |

[표 2]

① P 지역에서 판매된 흑설탕의 총수량　　　② Q 지역에서 판매된 백설탕의 총수량
③ Q 지역에서 판매된 흑설탕의 총수량　　　④ P 지역에서 판매된 1 kg 설탕의 총수량
⑤ Q 지역에서 판매된 3 kg 설탕의 총수량

**6-2** 오른쪽 [표 1]은 두 과수원 A, B에서 재배하는 사과나무와 복숭아나무의 그루 수를 나타낸 것이고, [표 2]는 두 과수원 A, B에서 사과나무와 복숭아나무 한 그루당 맺는 열매의 평균 개수를 나타낸 것이다. 오른쪽 표를 각각 두 행렬 $M=\begin{pmatrix} 20 & 16 \\ 17 & 21 \end{pmatrix}$, $N=\begin{pmatrix} 19 & 15 \\ 22 & 14 \end{pmatrix}$로 나타낼 때, A 과수원에서 사과나무와 복숭아나무에 맺는 열매의 총개수를 나타내는 것은 행렬 (가) 의 (나) 성분이다. (가), (나)에 알맞은 것을 각각 구하시오.

(단위: 그루)

|  | A | B |
|---|---|---|
| 사과 | 20 | 16 |
| 복숭아 | 17 | 21 |

[표 1]

(단위: 개)

|  | 사과 | 복숭아 |
|---|---|---|
| A | 19 | 15 |
| B | 22 | 14 |

[표 2]

| 필수 예제 01 |

**01** 행렬 $A$의 $(i, j)$ 성분 $a_{ij}$가

$$a_{ij} = \begin{cases} i+j & (i>j) \\ ij-1 & (i=j) \\ i-j & (i<j) \end{cases} \quad (i=1, 2, \; j=1, 2, 3)$$

일 때, 행렬 $A$의 제2행의 성분의 합은?

① $-3$ ② $-1$ ③ $1$ ④ $3$ ⑤ $5$

| 필수 예제 02 |

**02** 등식 $\begin{pmatrix} x^2+ax & 6 \\ 3y & 0 \end{pmatrix} = \begin{pmatrix} 10 & 2a \\ y^2+5b & b+2 \end{pmatrix}$ 가 성립하도록 하는 두 양수 $x$, $y$에 대하여 $xy$의 값을 구하시오.

| 필수 예제 03 |

**03** 두 이차정사각행렬 $A$, $B$에 대하여

$$3A+2B = \begin{pmatrix} 3 & 2 \\ -2 & 7 \end{pmatrix}, \quad 2A-B = \begin{pmatrix} 2 & -1 \\ 1 & 7 \end{pmatrix}$$

일 때, 행렬 $A+B$는?

① $\begin{pmatrix} 1 & -1 \\ 1 & -2 \end{pmatrix}$ ② $\begin{pmatrix} 1 & -1 \\ 1 & 2 \end{pmatrix}$ ③ $\begin{pmatrix} 1 & 1 \\ -1 & 2 \end{pmatrix}$

④ $\begin{pmatrix} 1 & 1 \\ -1 & -2 \end{pmatrix}$ ⑤ $\begin{pmatrix} 1 & 1 \\ 1 & 2 \end{pmatrix}$

두 행렬 $A$, $B$에 대한 등식이 주어진 경우 $A$, $B$에 대한 연립방정식으로 생각하여 $A$ 또는 $B$를 소거한다.

| 필수 예제 03 |

**04** 두 행렬 $A = \begin{pmatrix} 1 & -1 \\ 0 & 3 \end{pmatrix}$, $B = \begin{pmatrix} 2 & 5 \\ 2 & a \end{pmatrix}$에 대하여 행렬 $\begin{pmatrix} -4 & -3 \\ -2 & -4 \end{pmatrix}$를 $pA+qB$ 꼴로 나타낼 수 있을 때, 실수 $a$의 값을 구하시오. (단, $p$, $q$는 실수이다.)

| 필수 예제 04 |

**05** 세 행렬 $A = (1 \;\; 2)$, $B = \begin{pmatrix} 1 & 2 \\ 3 & 4 \end{pmatrix}$, $C = \begin{pmatrix} 1 \\ 2 \end{pmatrix}$에 대하여 다음 중 그 곱을 정의할 수 <u>없는</u> 것은?

① $AB$ ② $BA$ ③ $AC$ ④ $CA$ ⑤ $BC$

두 행렬의 곱셈에서 앞 행렬의 열의 개수, 뒤 행렬의 행의 개수를 확인한다.

📖 NOTE

| 필수 예제 04 |

**06** 두 이차정사각행렬 $A$, $B$에 대하여

$$A+B=\begin{pmatrix} -2 & 2 \\ 4 & 2 \end{pmatrix}, A-B=\begin{pmatrix} 2 & 2 \\ 2 & -4 \end{pmatrix}$$

가 성립할 때, 행렬 $A^2-B^2$은?

① $\begin{pmatrix} 0 & -12 \\ 12 & 0 \end{pmatrix}$  ② $\begin{pmatrix} 0 & 4 \\ 12 & 0 \end{pmatrix}$  ③ $\begin{pmatrix} 2 & -2 \\ -4 & -2 \end{pmatrix}$

④ $\begin{pmatrix} 4 & 0 \\ 1 & 9 \end{pmatrix}$  ⑤ $\begin{pmatrix} 6 & -2 \\ -3 & 7 \end{pmatrix}$

두 행렬 $A$, $B$에 대하여
$AB \neq BA$인 경우가 존재한다.

| 필수 예제 05 |

**07** 행렬 $A=\begin{pmatrix} 1 & 2 \\ 0 & 1 \end{pmatrix}$에 대하여 $A-A^2+A^3-A^4+\cdots+A^{999}-A^{1000}=\begin{pmatrix} a & b \\ c & d \end{pmatrix}$일 때, $a-b+c-d$의 값을 구하시오. (단, $a$, $b$, $c$, $d$는 실수이다.)

| 필수 예제 05 |

**08** 행렬 $A=\begin{pmatrix} a & 0 \\ 0 & 1 \end{pmatrix}$에 대하여 $A^7=\begin{pmatrix} 128 & b \\ c & d \end{pmatrix}$일 때, $a+b+c+d$의 값을 구하시오.

(단, $a$, $b$, $c$, $d$는 실수이다.)

| 필수 예제 01, 04 |

**09** 이차정사각행렬 $A$의 $(i, j)$ 성분 $a_{ij}$와 이차정사각행렬 $B$의 $(i, j)$ 성분 $b_{ij}$를 각각 **평가원 기출** $a_{ij}=i-j+1$, $b_{ij}=i+j+1$ ($i=1, 2, j=1, 2$)라 할 때, 행렬 $AB$의 $(2, 2)$ 성분을 구하시오.

| 필수 예제 02, 04 |

**10** 행렬 $A=\begin{pmatrix} 1 & 1 \\ a & a \end{pmatrix}$와 이차정사각행렬 $B$가 다음 조건을 만족시킬 때, 행렬 $A+B$의 **평가원 기출** $(1, 2)$ 성분과 $(2, 1)$ 성분의 합은?

$B=\begin{pmatrix} p & q \\ r & s \end{pmatrix}$라 하고, 두 조건
(가), (나)를 이용하여 식을 세워 본다.

> (가) $B\begin{pmatrix} 1 \\ -1 \end{pmatrix}=\begin{pmatrix} 0 \\ 0 \end{pmatrix}$이다.  (나) $AB=2A$이고, $BA=4B$이다.

① 2  ② 4  ③ 6  ④ 8  ⑤ 10

• 정답 및 해설 83쪽

**1** 다음 ▢ 안에 알맞은 것을 쓰시오.

(1) 여러 개의 수 또는 문자를 직사각형 모양으로 배열하여 괄호로 묶어 나타낸 것을 ▢ 이라 한다.

이때 행렬을 이루고 있는 각각의 수나 문자를 그 행렬의 ▢ 이라 한다.

(2) 행렬에서 성분을 가로로 배열한 줄을 ▢ 이라 하고, 위에서부터 차례로 제1행, 제2행, …이라 한다.

또한, 성분을 세로로 배열한 줄을 ▢ 이라 하고, 왼쪽에서부터 차례로 제1열, 제2열, …이라 한다.

(3) $m$개의 행과 $n$개의 열로 이루어진 행렬을 ▢ 행렬이라 한다.

특히 행의 개수와 열의 개수가 같은 행렬을 정사각행렬이라 하고, $n \times n$ 행렬을 $n$차정사각행렬이라 한다.

(4) 두 행렬 $A$, $B$가 서로 같은 꼴이고 대응하는 성분이 각각 같을 때, 행렬 $A$와 $B$는 서로 같다고 하며

기호로 $A \ ▢ \ B$와 같이 나타낸다.

(5) 행렬의 거듭제곱은 정사각행렬 $A$와 두 자연수 $m$, $n$에 대하여 다음이 성립한다.

① $A^2 = AA$, $A^3 = A^2A$, …, $A^n = A^{▢}A$ $(n = 2, 3, 4, \cdots)$

② $A^{▢} = A^m A^n$

③ $(A^m)^n = A^{▢}$

(6) 왼쪽 위에서 오른쪽 아래로 내려가는 대각선 위의 성분은 모두 ▢ 이고, 그 외의 성분은 모두 ▢ 인 정사각행렬을

단위행렬이라 하고, 보통 기호로 ▢ 와 같이 나타낸다.

**2** 다음 문장이 옳으면 ○표, 옳지 않으면 ×표를 ( ) 안에 쓰시오.

(1) 두 행렬 $A = \begin{pmatrix} 0 & -2 \\ 1 & 6 \end{pmatrix}$, $B = \begin{pmatrix} a & -2 \\ 1 & 6 \end{pmatrix}$ ($a$는 실수)에 대하여 $A = B$이면 $a = 0$이다. ( )

(2) 두 행렬 $A = \begin{pmatrix} 5 & 3 \\ 6 & -1 \end{pmatrix}$, $B = \begin{pmatrix} 1 & 3 & 1 \\ 2 & -2 & 0 \end{pmatrix}$에 대하여 $A + B = \begin{pmatrix} 6 & 6 & 1 \\ 8 & -3 & 0 \end{pmatrix}$이다. ( )

(3) 두 행렬 $A = \begin{pmatrix} 3 & 1 \\ -2 & 5 \end{pmatrix}$, $B = \begin{pmatrix} 1 & 4 \\ 0 & -1 \end{pmatrix}$에 대하여 $A - B = \begin{pmatrix} 2 & -3 \\ -2 & 6 \end{pmatrix}$이다. ( )

(4) 행렬 $A$가 $n \times m$ 행렬, 행렬 $B$가 $l \times n$ 행렬이면 곱 $AB$는 $m \times n$ 행렬이 된다. ( )

(5) 임의의 $n$차정사각행렬 $A$와 $n$차단위행렬 $E$에 대하여 항상 $AE = EA = A$이다. ( )

MEMO

MEMO

2022
개정 교육과정
2025년
고1부터 적용

수학이 쉬워지는
완벽한 솔루션

# 완쏠

## 개념 라이트

공통수학1

정답 및 해설

메가스터디BOOKS

# 완쏠

## 개념 라이트

공통수학 1

정답 및 해설

# SPEED CHECK

## 01 다항식의 연산

### 교과서 개념 확인하기
본문 007쪽

**1** (1) $4x^3+y^2x^2-3y^2x+2y-3$

(2) $(x^2-3x)y^2+2y+4x^3-3$

**2** (1) $4x^2+3xy-3y^2$ (2) $3x^2+3xy-4y^2$

**3** (1) $2x^3+x^2-3x$ (2) $a^3+2a^2-5a+2$

**4** (1) $x^2+8x+16$ (2) $a^2-9b^2$ (3) $x^3+9x^2+27x+27$

(4) $x^3+8$

**5** (1) 13 (2) 45

**6** (위에서부터) 1, 3, 2, 4, 몫: $4x^2+2x+5$, 나머지: 4

### 교과서 예제로 개념 익히기
본문 008~013쪽

**필수 예제 1** (1) $2x^3+3x^2-2x-4$ (2) $4x^3-3x^2+6x-4$

(3) $9x^2-10x-4$ (4) $-x^3-6x^2+6x+4$

**1-1** (1) $5x^2+3xy+y^2$ (2) $-7x^2+5xy-7y^2$

(3) $28x^2+3xy+14y^2$ (4) $-17x^2-xy-9y^2$

**1-2** (1) $x^2+8y^2$ (2) $4x^2-12xy+5y^2$

**1-3** $-5x^2+7xy$

**필수 예제 2** (1) 19 (2) 14

**2-1** (1) $-16$ (2) $-1$ **2-2** $-6$

**2-3** 2

**필수 예제 3** (1) $-8x^3+60x^2-150x+125$

(2) $8x^3-1$ (3) $a^2+9b^2+c^2+6ab-6bc-2ca$

(4) $x^3+6x^2+11x+6$ (5) $x^3+y^3-3xy+1$

(6) $x^4+x^2+1$

**3-1** (1) $x^3+6x^2y+12xy^2+8y^3$ (2) $x^3+27y^3$

(3) $x^2+y^2+4z^2-2xy-4yz+4zx$

(4) $x^3-2x^2-5x+6$ (5) $a^3+b^3-c^3+3abc$

(6) $a^4+9a^2+81$

**3-2** (1) $a^8-b^8$ (2) $x^6-3x^4y^2+3x^2y^4-y^6$

(3) $a^9-3a^6+3a^3-1$ (4) $x^6-64$

**3-3** (1) $x^4+2x^3+3x^2+2x-8$

(2) $x^4+4x^3-34x^2-76x+105$

**필수 예제 4** (1) 36 (2) $-6$

**4-1** (1) 14 (2) 214 **4-2** (1) 10 (2) 5

**4-3** (1) 34 (2) 198 (3) $4\sqrt{2}$

**필수 예제 5** (1) 몫: $x+4$, 나머지: 8

(2) 몫: $x^2+x-4$, 나머지: 9

**5-1** (1) 몫: $3x^2+4x+13$, 나머지: 27

(2) 몫: $x^2+2x-1$, 나머지: $-6x-2$

**5-2** 7 **5-3** $x-1$

**필수 예제 6** $-12$

**6-1** 45

**6-2** (1) 몫: $x^2-x+2$, 나머지: 7

(2) 몫: $x^2-5x+2$, 나머지: $-4$

**6-3** (1) $a=\dfrac{1}{2}$, $b=1$, $c=1$, $d=2$

(2) 몫: $x^2+x+2$, 나머지: $-2$

### 실전 문제로 단원 마무리
본문 014~015쪽

**01** $-3x^2-6x+5$ **02** $5x^3+5x^2-4x+9$

**03** 12 **04** ㄴ, ㄹ **05** ② **06** 9

**07** ① **08** 14 **09** ⑤ **10** ①

### 개념으로 단원 마무리
본문 016쪽

**1** (1) 내림차순, 오름차순 (2) 동류항

(3) $BA$, $A$, 분배법칙

(4) $a^2-b^2$, $3abc$, $a^4+a^2b^2+b^4$

(5) $BQ$, 0

**2** (1) ○ (2) × (3) ○ (4) × (5) ○

## 02 항등식과 나머지정리

### 교과서 개념 확인하기
본문 019쪽

**1** ㄷ, ㄹ

**2** (1) $a=3$, $b=0$ (2) $a=4$, $b=6$ (3) $a=-2$, $b=4$

(4) $a=2$, $b=-3$

**3** (1) $a=0$, $b=0$, $c=2$

(2) $a=-1$, $b=4$, $c=0$

(3) $a=-5$, $b=5$, $c=-2$

(4) $a=-2$, $b=6$, $c=2$

**4** (1) 6 (2) 12 (3) $\dfrac{3}{4}$ (4) $-\dfrac{4}{9}$

**5** ㄴ, ㄷ

## 교과서 예제로 개념 익히기
본문 020~023쪽

**필수 예제 1** (1) $a=3$, $b=5$, $c=2$  (2) $a=1$, $b=-1$, $c=2$

**1-1** (1) $a=5$, $b=5$, $c=-1$  (2) $a=4$, $b=-4$, $c=-6$

**1-2** 2

**필수 예제 2** (1) $a=5$, $b=4$, $c=-3$  (2) $a=3$, $b=1$, $c=6$

**2-1** (1) $a=1$, $b=1$, $c=5$  (2) $a=-2$, $b=2$, $c=-4$

**2-2** 1

**필수 예제 3** $a=-2$, $b=-3$

**3-1** 4          **3-2** 2

**3-3** 6

**필수 예제 4** (1) $-8$  (2) $-2$

**4-1** 13          **4-2** 40

**4-3** $3x-5$

**필수 예제 5** 1

**5-1** 11          **5-2** 14

**5-3** $-15$

## 실전 문제로 단원 마무리
본문 024~025쪽

**01** 3     **02** 42     **03** 8     **04** 7

**05** $-13$     **06** 16     **07** ④     **08** 29

**09** 46     **10** ①

## 개념으로 단원 마무리
본문 026쪽

**1** (1) 항등식  (2) 0, 0, $a'$, $b'$, $c'$, $a'$, $b'$, $c'$, 0, 0
(3) 미정계수법, 계수, 수치대입법  (4) $a$, 나머지정리
(5) $x-a$, $f(a)$

**2** (1) ○  (2) ×  (3) ○  (4) ○

## 03 인수분해

### 교과서 개념 확인하기
본문 029쪽

**1** (1) $ab(a+2b+3)$  (2) $(a+b)(x-y)$

**2** (1) $(x+5)^2$  (2) $(5a+6b)(5a-6b)$  (3) $(x-1)^3$
(4) $(a-2)(a^2+2a+4)$
(5) $(a-b+c)(a^2+b^2+c^2+ab+bc-ca)$
(6) $(x^2+3x+9)(x^2-3x+9)$

**3** (1) $(a+b+6)(a+b-1)$  (2) $(x^2+2)(x^2-3)$

**4** (가) 0  (나) $x-1$  (다) $x^2+2x-4$

## 교과서 예제로 개념 익히기
본문 030~035쪽

**필수 예제 1** (1) $(x-3)^3$  (2) $(2a+b)^3$
(3) $(3a+2b)(9a^2-6ab+4b^2)$
(4) $(4x^2+2xy+y^2)(4x^2-2xy+y^2)$

**1-1** (1) $(2x+3y)^3$  (2) $(x-3y+2z)^2$
(3) $(4x-3y)(16x^2+12xy+9y^2)$
(4) $(a+3b-c)(a^2+9b^2+c^2-3ab+3bc+ca)$

**1-2** ④          **1-3** ⑤

**필수 예제 2** (1) $(x+3y+z)(x+3y-z)$
(2) $(x^2+5x+2)(x^2+3x+6)$
(3) $(a-1)(a^2+a+1)(a^6+a^3+1)$
(4) $(a+1)(a^2+3a+1)$

**2-1** (1) $(4x+y+z)(4x-y-z)$
(2) $(a^2-7a+17)(a^2-9a+15)$
(3) $(a^4+b^4)(a^2+b^2)(a+b)(a-b)$
(4) $(x-y-1)(x^2+xy+y^2)$

**2-2** ③          **2-3** 8

**필수 예제 3** (1) $(x^2-x+4)(x^2-x-1)$
(2) $(x^2+3x+4)(x^2+3x-2)$

**3-1** (1) $(x+1)(x+3)(x^2+4x-4)$
(2) $(x^2+5x+5)^2$  (3) $(x+2)(x-1)(x^2+x+4)$
(4) $(x^2-x+2)(x^2-x-16)$

**3-2** 1

**3-3** (1) $(x+1)(x-1)(x+3)(x-3)$
(2) $(x^2+3x+3)(x^2-3x+3)$

**필수 예제 4** (1) $(x+y)(x-y)(y-z)$
(2) $(x+2y+1)(x+y-2)$
(3) $-(x-y)(y-z)(z-x)$

**4-1** (1) $(x+3y+2)(x-y+2)$
(2) $(a+3b+2)(2a-b-1)$
(3) $(x+y)(y-z)(z+x)$

**4-2** 2          **4-3** 7

**필수 예제 5** (1) $(x+1)(x^2-x-3)$
(2) $(x+1)(x+2)(x+3)$
(3) $(x-1)(2x^2-2x+1)$
(4) $(x+1)(x-1)(x^2-x+3)$

**5-1** (1) $(x-1)(x^2-5x-2)$
(2) $(x+2)(x^2-2x+5)$
(3) $(x+1)(2x^2+x+3)$
(4) $(x+1)(x-2)(x^2-2x+2)$

**5-2** (1) 2  (2) $(x-2)(x+1)(x+3)$

**5-3** 21

# SPEED CHECK

**필수 예제 6** 180

**6-1** 10200      **6-2** 3

**필수 예제 7** 1007

**7-1** $\dfrac{111}{10}$      **7-2** 209

## 실전 문제로 단원 마무리
본문 036~037쪽

**01** ㄴ, ㄷ    **02** ②    **03** 13    **04** ③

**05** ④    **06** ③    **07** 48    **08** 9450

**09** ⑤    **10** ①

## 개념으로 단원 마무리
본문 038쪽

**1** (1) 인수분해 (2) $a+b+c$, $a^2+b^2+c^2-ab-bc-ca$
(3) 인수정리, $Q(x)$, $Q(x)$

**2** (1) × (2) ○ (3) × (4) ○ (5) ○

Ⅱ. 방정식과 부등식

## 04 복소수

### 교과서 개념 확인하기
본문 041쪽

**1** (1) 실수부분: 1, 허수부분: 2
(2) 실수부분: 0, 허수부분: $-2$
(3) 실수부분: $2+\sqrt{3}$, 허수부분: 0
(4) 실수부분: $\dfrac{2}{3}$, 허수부분: $\dfrac{1}{3}$

**2** 허수: ㄱ, ㄴ, ㄹ, 순허수: ㄱ, ㄴ

**3** (1) $a=-1$, $b=-5$ (2) $a=2$, $b=-1$

**4** (1) $-4-2i$ (2) $1+5i$ (3) 2 (4) $-\sqrt{3}i$

**5** (1) $4\sqrt{2}i$ (2) $\sqrt{3}i$ (3) $-2\sqrt{6}$ (4) $-2i$

**6** (1) $\pm\sqrt{7}i$ (2) $\pm\dfrac{1}{3}i$ (3) $\pm2\sqrt{2}i$ (4) $\pm\dfrac{3}{4}i$

### 교과서 예제로 개념 익히기
본문 042~047쪽

**필수 예제 1** ④

**1-1** ②, ④

**1-2** 실수: 4, $\pi$, 허수: $2-3i$, $\sqrt{3}-3i$, $\dfrac{1-i}{4}$

**1-3** ④

**필수 예제 2** (1) $3+i$ (2) $1-i$ (3) $7+4i$ (4) $i$

**2-1** (1) $5+i$ (2) $1+7i$ (3) $-2i$ (4) $\dfrac{-4-7i}{13}$

**2-2** $19+17i$      **2-3** 25

**필수 예제 3** (1) $-5$ (2) $-3$

**3-1** (1) $\dfrac{1}{2}$ (2) 2      **3-2** 5

**필수 예제 4** (1) $x=3$, $y=2$ (2) $x=1$, $y=1$

**4-1** (1) $x=3$, $y=4$ (2) $x=7$, $y=-5$

**4-2** 15

**필수 예제 5** ③

**5-1** 4      **5-2** 1

**5-3** 10

**필수 예제 6** (1) $-1+i$ (2) 1 (3) $i$ (4) 1

**6-1** (1) $1-i$ (2) 0 (3) $-i$ (4) $-1$

**6-2** 0      **6-3** 20

**필수 예제 7** ④

**7-1** ②      **7-2** ③

**7-3** $2\sqrt{3}$

## 실전 문제로 단원 마무리
본문 048~049쪽

**01** 2    **02** 3    **03** 17    **04** 5

**05** ③    **06** ③    **07** ①    **08** ㄴ, ㄹ

**09** ⑤    **10** ⑤

## 개념으로 단원 마무리
본문 050쪽

**1** (1) 허수단위, $-1$, $-1$ (2) 복소수, 허수부분 (3) 허수
(4) $c$, $d$, 0 (5) $\overline{a+bi}$ (6) $b+d$, $ac-bd$ (7) $-\sqrt{a}i$

**2** (1) × (2) ○ (3) ○ (4) × (5) ×

## 05 이차방정식

### 교과서 개념 확인하기
본문 053쪽

**1** (1) $x=-3$ 또는 $x=3$ (2) $x=2$ 또는 $x=5$

**2** (1) $x=\dfrac{3\pm\sqrt{5}}{2}$, 실근 (2) $x=1\pm\sqrt{2}i$, 허근

**3** (1) 서로 다른 두 실근 (2) 서로 다른 두 허근

**4** (1) $x^2-10x+21=0$ (2) $x^2+\sqrt{3}x-6=0$ (3) $x^2+4=0$

**5** $\left(x-\dfrac{3-\sqrt{7}i}{2}\right)\left(x-\dfrac{3+\sqrt{7}i}{2}\right)$

## 교과서 예제로 개념 익히기
본문 054~059쪽

**필수 예제 1** (1) $x=-4$ 또는 $x=\dfrac{1}{2}$    (2) $x=\dfrac{5\pm\sqrt{41}}{2}$

         (3) $x=\dfrac{7\pm\sqrt{11}i}{2}$

**1-1** (1) $x=1$ 또는 $x=7$    (2) $x=\dfrac{-2\pm3\sqrt{2}}{2}$

      (3) $x=2\pm\sqrt{6}i$

**1-2** 2                **1-3** $a=3$, 다른 한 근: $-4$

**필수 예제 2** (1) $x=-9$ 또는 $x=9$    (2) $x=-7$ 또는 $x=5$

**2-1** (1) $x=-\dfrac{5}{2}$ 또는 $x=\dfrac{5}{2}$

      (2) $x=-3-\sqrt{5}$ 또는 $x=3+\sqrt{17}$

**2-2** $x=-5$ 또는 $x=3$      **2-3** $-1$

**필수 예제 3** (1) $k<4$    (2) $k=4$    (3) $k>4$

**3-1** (1) $k>-\dfrac{3}{4}$    (2) $k=-\dfrac{3}{4}$    (3) $k<-\dfrac{3}{4}$

**3-2** 10              **3-3** 서로 다른 두 허근

**필수 예제 4** (1) 6    (2) 7    (3) 22    (4) $\dfrac{6}{7}$

**4-1** (1) $-4$    (2) $-\dfrac{8}{3}$    (3) $\dfrac{80}{3}$    (4) $-8$

**4-2** 168           **4-3** 29

**필수 예제 5** (1) $x^2-\dfrac{5}{2}x+1=0$    (2) $x^2-2x-2=0$

         (3) $x^2-4x+5=0$

**5-1** (1) $x^2-x+\dfrac{3}{16}=0$    (2) $x^2+4x-14=0$

      (3) $x^2-2x+6=0$

**5-2** $2x^2-4x+1=0$      **5-3** $-6$

**필수 예제 6** (1) $-2$    (2) 4

**6-1** (1) $-2$    (2) 19       **6-2** 80

**6-3** $x=-2$ 또는 $x=9$

## 실전 문제로 단원 마무리
본문 060~061쪽

**01** ④     **02** 8     **03** ②     **04** 3

**05** 2     **06** 8     **07** 20     **08** 31

**09** ④     **10** ③

## 개념으로 단원 마무리
본문 062쪽

**1** (1) 실근, 허근    (2) $b^2-4ac$    (3) $D>0$, 중근

   (4) $-\dfrac{b}{a}$, $\dfrac{c}{a}$    (5) $\alpha+\beta$, $\alpha\beta$    (6) $a$, $\beta$

**2** (1) ✕    (2) ◯    (3) ◯    (4) ✕    (5) ◯    (6) ✕

---

## 06 이차방정식과 이차함수

### 교과서 개념 확인하기
본문 065쪽

**1** (1) $-1$, 3    (2) 1

**2** (1) 서로 다른 두 점에서 만난다.

   (2) 한 점에서 만난다. (접한다.)

**3** (1) 한 점에서 만난다. (접한다.)    (2) 만나지 않는다.

**4** (1) 최댓값: 7, 최솟값: $-2$    (2) 최댓값: 2, 최솟값: $-1$

### 교과서 예제로 개념 익히기
본문 066~069쪽

**필수 예제 1** (1) $k<9$    (2) $k=9$    (3) $k>9$

**1-1** (1) $k>-\dfrac{9}{4}$    (2) $k=-\dfrac{9}{4}$    (3) $k<-\dfrac{9}{4}$

**1-2** 6              **1-3** 3

**필수 예제 2** (1) $k<6$    (2) $k=6$    (3) $k>6$

**2-1** (1) $k>2$    (2) $k=2$    (3) $k<2$

**2-2** 5              **2-3** 2

**필수 예제 3** (1) 최댓값: 8, 최솟값: $-1$

         (2) 최댓값: 4, 최솟값: $-4$

         (3) 최댓값: 5, 최솟값: $-3$

         (4) 최댓값: 6, 최솟값: $-2$

**3-1** (1) 최댓값: $\dfrac{1}{4}$, 최솟값: $-6$

      (2) 최댓값: 3, 최솟값: $-1$

      (3) 최댓값: 7, 최솟값: 1

      (4) 최댓값: 0, 최솟값: $-6$

**3-2** $k=-2$, 최솟값: $-8$

**3-3** 17

**필수 예제 4** 최대 높이: 80 m, 최소 높이: 60 m

**4-1** 6              **4-2** 14

**4-3** 32 cm²

### 실전 문제로 단원 마무리
본문 070~071쪽

**01** 4     **02** 7     **03** $-14$     **04** ②

**05** 5     **06** 11     **07** ⑤     **08** 480

**09** ②     **10** ①

### 개념으로 단원 마무리
본문 072쪽

**1** (1) 실근    (2) 서로 다른 두 점, $D=0$

   (3) $D>0$, 한 점, $D<0$    (4) $f(p)$, $f(\beta)$

**2** (1) ◯    (2) ✕    (3) ✕    (4) ◯    (5) ✕

# SPEED CHECK

## 07 여러 가지 방정식

**교과서 개념 확인하기** 본문 075쪽

**1** (1) $x=-2$ 또는 $x=-1$ 또는 $x=1$

(2) $x=-3$ 또는 $x=\dfrac{3\pm3\sqrt{3}i}{2}$

(3) $x=-5$ 또는 $x=\pm\sqrt{2}$

(4) $x=0$ 또는 $x=2$ 또는 $x=-1\pm\sqrt{3}i$

**2** $x^3-x^2-4x+4=0$  **3** (1) $-1$  (2) $-1$

**4** $\begin{cases} x=-2 \\ y=-3 \end{cases}$ 또는 $\begin{cases} x=3 \\ y=2 \end{cases}$

**교과서 예제로 개념 익히기** 본문 076~081쪽

**필수 예제 1** (1) $x=1$ 또는 $x=2$ 또는 $x=4$

(2) $x=-2$ 또는 $x=1$ 또는 $x=1\pm\sqrt{2}$

**1-1** (1) $x=1$ 또는 $x=\dfrac{-5\pm\sqrt{37}}{6}$

(2) $x=-1$ 또는 $x=2$ 또는 $x=1\pm i$

**1-2** 3

**필수 예제 2** (1) $x=1\pm i$ 또는 $x=1$ (중근)

(2) $x=\dfrac{-5\pm\sqrt{3}i}{2}$ 또는 $x=\dfrac{-5\pm\sqrt{13}}{2}$

**2-1** (1) $x=\dfrac{-3\pm\sqrt{5}}{2}$ 또는 $x=-4$ 또는 $x=1$

(2) $x=-2$ 또는 $x=3$ 또는 $x=\dfrac{1\pm\sqrt{33}}{2}$

**2-2** (1) $x=\pm\sqrt{6}i$ 또는 $x=\pm1$

(2) $x=-2\pm\sqrt{6}$ 또는 $x=2\pm\sqrt{6}$

**필수 예제 3** (1) 4  (2) $-1, 1$

**3-1** (1) 2  (2) $-1, 2$  **3-2** $-5$

**3-3** 0

**필수 예제 4** (1) $-3$  (2) $-3$

**4-1** (1) $-8$  (2) $-\dfrac{1}{3}$  **4-2** 2

**4-3** 6

**필수 예제 5** 3

**5-1** 9

**5-2** (1) $3, 1+\sqrt{3}$  (2) $a=-5, b=4$

**5-3** $-4$

**필수 예제 6** 1

**6-1** 0  **6-2** (1) 0  (2) 0  (3) $-1$

**6-3** 2

**필수 예제 7** (1) $\begin{cases} x=1 \\ y=3 \end{cases}$ 또는 $\begin{cases} x=3 \\ y=1 \end{cases}$

(2) $\begin{cases} x=2 \\ y=-1 \end{cases}$ 또는 $\begin{cases} x=-2 \\ y=1 \end{cases}$

또는 $\begin{cases} x=\dfrac{2\sqrt{6}}{3} \\ y=\dfrac{\sqrt{6}}{3} \end{cases}$ 또는 $\begin{cases} x=-\dfrac{2\sqrt{6}}{3} \\ y=-\dfrac{\sqrt{6}}{3} \end{cases}$

**7-1** (1) $\begin{cases} x=-1 \\ y=-3 \end{cases}$ 또는 $\begin{cases} x=3 \\ y=5 \end{cases}$

(2) $\begin{cases} x=\sqrt{3} \\ y=-\sqrt{3} \end{cases}$ 또는 $\begin{cases} x=-\sqrt{3} \\ y=\sqrt{3} \end{cases}$

또는 $\begin{cases} x=2 \\ y=1 \end{cases}$ 또는 $\begin{cases} x=-2 \\ y=-1 \end{cases}$

(3) $\begin{cases} x=-3 \\ y=1 \end{cases}$ 또는 $\begin{cases} x=2 \\ y=-4 \end{cases}$

(4) $\begin{cases} x=2 \\ y=4 \end{cases}$ 또는 $\begin{cases} x=-2 \\ y=-4 \end{cases}$

또는 $\begin{cases} x=\sqrt{2} \\ y=\sqrt{2} \end{cases}$ 또는 $\begin{cases} x=-\sqrt{2} \\ y=-\sqrt{2} \end{cases}$

**7-2** $2\sqrt{2}$

**7-3** $\begin{cases} x=2 \\ y=3 \end{cases}$ 또는 $\begin{cases} x=3 \\ y=2 \end{cases}$ 또는 $\begin{cases} x=-3 \\ y=-2 \end{cases}$ 또는 $\begin{cases} x=-2 \\ y=-3 \end{cases}$

**실전 문제로 단원 마무리** 본문 082~083쪽

| | | | |
|---|---|---|---|
| **01** 4 | **02** 8 | **03** ① | **04** ④ |
| **05** 2 | **06** 3 | **07** 8 | **08** 2 |
| **09** ④ | **10** ⑤ | | |

**개념으로 단원 마무리** 본문 084쪽

**1** (1) 삼차방정식  (2) 인수분해, $\alpha$

(3) $-\dfrac{b}{a}, \dfrac{c}{a}, -\dfrac{d}{a}$  (4) 1, 0, 1

**2** (1) ○  (2) ×  (3) ○  (4) ○  (5) ×

## 08 연립일차부등식

**교과서 개념 확인하기** 본문 087쪽

**1** (1) $-1<x\leq1$  (2) $x>1$  (3) $x=1$  (4) 해는 없다.

**2** (1) $-6<x\leq3$  (2) $-2\leq x<3$

**3** (1) $-3<x<3$  (2) $x\leq-10$ 또는 $x\geq2$

**4** $-\dfrac{1}{2}, 0, 0, 2, 2, \dfrac{5}{2}, -\dfrac{1}{2}, \dfrac{5}{2}$

## 교과서 예제로 개념 익히기
본문 088~091쪽

**필수 예제 1** (1) $-2<x<1$   (2) $x>4$   (3) $-2<x<3$
   (4) $-6\le x<4$

**1-1** (1) $x\ge6$   (2) $1\le x\le2$   (3) $4\le x<5$   (4) $x\le-9$

**1-2** 12   **1-3** (1) 해는 없다.   (2) $x=4$

**필수 예제 2** 5

**2-1** $-18$   **2-2** $a\le-2$

**필수 예제 3** (1) $3\le x<10$   (2) $-7<x\le13$

**3-1** (1) $5\le x\le6$   (2) $-9<x\le3$

**3-2** 2

**필수 예제 4** 27

**4-1** 20   **4-2** 5개

**4-3** $200\,\mathrm{g}$

**필수 예제 5** (1) $-1<x<5$   (2) $x\le-1$ 또는 $x\ge8$

**5-1** (1) $1\le x\le2$   (2) $x<-1$ 또는 $x>6$

**5-2** 5

**필수 예제 6** 5

**6-1** 1   **6-2** 30

## 실전 문제로 단원 마무리
본문 092~093쪽

**01** ⑤   **02** ⑤   **03** ③   **04** 3

**05** 7   **06** ①   **07** $a\le-2$   **08** ②

**09** ②   **10** ⑤

## 개념으로 단원 마무리
본문 094쪽

**1** (1) 연립부등식, 공통   (2) 공통부분   (3) $b$, $a$
   (4) 없다, 하나   (5) $-a$, $a$

**2** (1) ✕   (2) ◯   (3) ◯   (4) ✕

## 09 이차부등식

### 교과서 개념 확인하기
본문 097쪽

**1** (1) $x<-1$ 또는 $x>4$   (2) $x\le-1$ 또는 $x\ge4$
   (3) $-1<x<4$   (4) $-1\le x\le4$

**2** (1) $1\le x\le5$   (2) $x<-4$ 또는 $x>3$   (3) 모든 실수
   (4) 해는 없다.

**3** (1) $x^2+3x-4<0$   (2) $x^2-10x+9>0$
   (3) $x^2-13x+40\le0$   (4) $x^2-4x-21\ge0$

**4** (위에서부터) 2, 3, 2, 3

## 교과서 예제로 개념 익히기
본문 098~101쪽

**필수 예제 1** (1) $x<-1$ 또는 $x>4$   (2) $2\le x\le3$
   (3) 해는 없다.   (4) $x\ne2$인 모든 실수

**1-1** (1) $-3<x<5$   (2) $x<-3$ 또는 $x>\dfrac{1}{2}$
   (3) 모든 실수   (4) $x=-\dfrac{1}{5}$

**1-2** ㄴ, ㄷ   **1-3** $-5<x<5$

**필수 예제 2** $-15$

**2-1** $-13$   **2-2** $x<-\dfrac{1}{3}$ 또는 $x>1$

**2-3** $x<-5$ 또는 $x>-1$

**필수 예제 3** $-3<k<0$

**3-1** $0<m<4$   **3-2** 2

**3-3** 4

**필수 예제 4** (1) $-6<x<-3$
   (2) $-3\le x\le-2$ 또는 $2\le x\le4$

**4-1** (1) $1<x<3$   (2) $-1\le x<1$

**4-2** 7

**필수 예제 5** 4

**5-1** 1   **5-2** $7<a\le8$

## 실전 문제로 단원 마무리
본문 102~103쪽

**01** ④   **02** ③   **03** 3   **04** 12

**05** $-1$   **06** ③   **07** 1   **08** ①

**09** ⑤   **10** ④

## 개념으로 단원 마무리
본문 104쪽

**1** (1) 이차부등식   (2) >, 위, <, 아래
   (3) (위에서부터) 모든 실수, $a<x<\beta$, $x=\alpha$
   (4) >, $\le$

**2** (1) ✕   (2) ◯   (3) ✕   (4) ◯

# SPEED CHECK

## 10 경우의 수

### 교과서 개념 확인하기
본문 106쪽

**1** 4      **2** 9

**3** 12

### 교과서 예제로 개념 익히기
본문 107~111쪽

**필수 예제 1** 8

**1-1** 11      **1-2** 10

**1-3** 12

**필수 예제 2** 20

**2-1** 9      **2-2** 24

**2-3** (1) 9 (2) 12

**필수 예제 3** (1) 8 (2) 12

**3-1** (1) 15 (2) 12      **3-2** 5

**3-3** 6

**필수 예제 4** 7

**4-1** 8      **4-2** 10

**4-3** 45

**필수 예제 5** 48

**5-1** 540      **5-2** 180

**5-3** 540

### 실전 문제로 단원 마무리
본문 112~113쪽

**01** 17    **02** 60    **03** 41    **04** 16

**05** 27    **06** 12    **07** 48    **08** 420

**09** 6    **10** ②

### 개념으로 단원 마무리
본문 114쪽

**1** (1) 사건, 경우의 수 (2) $m+n$ (3) 곱의 법칙
(4) 합의 법칙

**2** (1) ○ (2) × (3) ○ (4) × (5) ×

## 11 순열

### 교과서 개념 확인하기
본문 116쪽

**1** $_7\mathrm{P}_2=42$      **2** (1) 60 (2) 30 (3) 720

**3** (1) 120 (2) 1 (3) 12      **4** (1) 3 (2) 1 (3) 12

### 교과서 예제로 개념 익히기
본문 117~121쪽

**필수 예제 1** (1) $n=5$ (2) $r=3$

**1-1** (1) $n=7$ (2) $r=4$ (3) $n=8$ (4) $n=6$

**1-2** 4      **1-3** 해설 참조

**필수 예제 2** (1) 120 (2) 20 (3) 60

**2-1** (1) 720 (2) 120 (3) 30

**2-2** 8      **2-3** 3

**필수 예제 3** (1) 48 (2) 72

**3-1** (1) 144 (2) 144      **3-2** 480

**3-3** 5

**필수 예제 4** (1) 48 (2) 18

**4-1** (1) 300 (2) 156      **4-2** 32

**4-3** 24

**필수 예제 5** (1) 9번째 (2) $cbad$

**5-1** (1) 80번째 (2) $cdbae$

**5-2** 60      **5-3** 31240

### 실전 문제로 단원 마무리
본문 122~123쪽

**01** 4    **02** ①    **03** 14    **04** ②

**05** 960    **06** 24    **07** 220    **08** 18

**09** ③    **10** ②

### 개념으로 단원 마무리
본문 124쪽

**1** (1) 순열, $_n\mathrm{P}_r$ (2) 1 (3) $n!$ (4) $n!$, 1, 1, $(n-r)!$

**2** (1) ○ (2) × (3) ○ (4) ○ (5) ○ (5) ×

## 12 조합

### 교과서 개념 확인하기
본문 126쪽

**1** $_8\mathrm{C}_4=70$      **2** (1) 35 (2) 10 (3) 126

**3** (1) 1 (2) 1      **4** (1) 50 (2) 20

## 교과서 예제로 개념 익히기
본문 127~131쪽

**필수 예제 1** (1) $n=8$ (2) $r=3$

**1-1** (1) $n=7$ (2) $r=5$ (3) $n=9$ (4) $n=16$

**1-2** 7 　　　　　　　　　**1-3** 해설 참조

**필수 예제 2** (1) 28 (2) 13 (3) 30

**2-1** (1) 84 (2) 14 (3) 60

**2-2** 11 　　　　　　　　　**2-3** 315

**필수 예제 3** (1) 20 (2) 5

**3-1** (1) 6 (2) 21 　　　　　**3-2** 35

**3-3** 40

**필수 예제 4** 108

**4-1** 960 　　　　　　　　　**4-2** 54

**4-3** 72

**필수 예제 5** (1) 16 (2) 31

**5-1** (1) 22 (2) 70 　　　　　**5-2** 20

**5-3** 30

## 실전 문제로 단원 마무리
본문 132~133쪽

**01** 13 　　**02** 4 　　**03** ⑤ 　　**04** 7

**05** 72 　　**06** 7 　　**07** 76 　　**08** 40

**09** ③ 　　**10** ④

## 개념으로 단원 마무리
본문 134쪽

**1** (1) $_nC_r$ (2) $_nP_r$, $r!(n-r)!$, 1, 1
　　(3) $n-r$, $_{n-1}C_{r-1}$

**2** (1) ○ (2) × (3) × (4) ○ (5) ○

Ⅳ. 행렬

## 13 행렬과 그 연산

### 교과서 개념 확인하기
본문 137쪽

**1** (1) $1\times3$ 행렬 (2) $3\times1$ 행렬
　　(3) $2\times2$ 행렬, 이차정사각행렬 (4) $3\times2$ 행렬

**2** (1) 5 (2) 1 (3) 4 (4) 2

**3** $a=-5$, $b=4$, $c=1$, $d=2$

**4** (1) $\begin{pmatrix} 5 & 1 \\ 1 & 1 \end{pmatrix}$ (2) $\begin{pmatrix} -3 & 10 & -1 \\ 5 & 5 & -4 \end{pmatrix}$ (3) $\begin{pmatrix} 8 & -3 \\ -3 & 4 \end{pmatrix}$

(4) $\begin{pmatrix} 4 & 1 \\ -2 & -3 \\ -1 & 3 \end{pmatrix}$

**5** (1) (6) (2) $\begin{pmatrix} 1 & 2 \\ 2 & 10 \end{pmatrix}$

## 교과서 예제로 개념 익히기
본문 138~143쪽

**필수 예제 1** 48

**1-1** 15 　　　　　　　　　**1-2** 2

**1-3** $\begin{pmatrix} 0 & 1 & 0 \\ 2 & 0 & 1 \\ 2 & 1 & 1 \end{pmatrix}$

**필수 예제 2** 5

**2-1** 5 　　　　　　　　　**2-2** 63

**2-3** $\sqrt{5}$

**필수 예제 3** $\begin{pmatrix} 5 & 2 \\ -6 & 16 \end{pmatrix}$

**3-1** $\begin{pmatrix} -7 & -5 \\ 21 & 10 \end{pmatrix}$ 　　　**3-2** 3

**3-3** 1

**필수 예제 4** $\begin{pmatrix} 2 & 3 \\ -5 & -2 \end{pmatrix}$

**4-1** 3 　　　　　　　　　**4-2** 1

**4-3** 2

**필수 예제 5** 35

**5-1** 12 　　　　　　　　　**5-2** 100

**5-3** 6

**필수 예제 6** (가) $B$ (나) $P$

**6-1** ⑤ 　　　　　　　　　**6-2** (가) $NM$ (나) $(1, 1)$

## 실전 문제로 단원 마무리
본문 144~145쪽

**01** ⑤ 　　**02** 10 　　**03** ③ 　　**04** $-2$

**05** ② 　　**06** ③ 　　**07** 1000 　　**08** 3

**09** 13 　　**10** ③

## 개념으로 단원 마무리
본문 146쪽

**1** (1) 행렬, 성분 (2) 행, 열 (3) $m\times n$ (4) =
　　(5) $n-1$, $m+n$, $mn$ (6) 1, 0, $E$

**2** (1) ○ (2) × (3) ○ (4) × (5) ○

# 01 다항식의 연산

• 본문 008~013쪽

### 교과서 개념 확인하기

본문 007쪽

**1** 답 (1) $4x^3+y^2x^2-3y^2x+2y-3$

(2) $(x^2-3x)y^2+2y+4x^3-3$

(1) $4x^3-3xy^2+x^2y^2+2y-3$을 $x$에 대하여 내림차순으로 정리하면

$4x^3+y^2x^2-3y^2x+2y-3$

(2) $4x^3-3xy^2+x^2y^2+2y-3$을 $y$에 대하여 내림차순으로 정리하면

$x^2y^2-3xy^2+2y+4x^3-3$

$\therefore (x^2-3x)y^2+2y+4x^3-3$

**2** 답 (1) $4x^2+3xy-3y^2$　(2) $3x^2+3xy-4y^2$

(1) $(x^2-xy+2y^2)+(3x^2+4xy-5y^2)$

$=x^2-xy+2y^2+3x^2+4xy-5y^2$

$=(1+3)x^2+(-1+4)xy+(2-5)y^2$

$=4x^2+3xy-3y^2$

(2) $(4x^2+xy-y^2)-(x^2-2xy+3y^2)$

$=4x^2+xy-y^2-x^2+2xy-3y^2$

$=(4-1)x^2+(1+2)xy+(-1-3)y^2$

$=3x^2+3xy-4y^2$

**3** 답 (1) $2x^3+x^2-3x$　(2) $a^3+2a^2-5a+2$

(1) $x(2x^2+x-3)=2x^3+x^2-3x$

(2) $(a^2+3a-2)(a-1)=a^3-a^2+3a^2-3a-2a+2$

$=a^3+(-1+3)a^2+(-3-2)a+2$

$=a^3+2a^2-5a+2$

**4** 답 (1) $x^2+8x+16$　(2) $a^2-9b^2$　(3) $x^3+9x^2+27x+27$

(4) $x^3+8$

(1) $(x+4)^2=x^2+2\times x\times 4+4^2$

$=x^2+8x+16$

(2) $(a+3b)(a-3b)=a^2-(3b)^2$

$=a^2-9b^2$

(3) $(x+3)^3=x^3+3\times x^2\times 3+3\times x\times 3^2+3^3$

$=x^3+9x^2+27x+27$

(4) $(x+2)(x^2-2x+4)=(x+2)(x^2-x\times 2+2^2)$

$=x^3+2^3$

$=x^3+8$

**5** 답 (1) 13　(2) 45

(1) $x^2+y^2=(x+y)^2-2xy$

$=3^2-2\times(-2)=13$

(2) $x^3+y^3=(x+y)^3-3xy(x+y)$

$=3^3-3\times(-2)\times 3=45$

**6** 답 (위에서부터) 1, 3, 2, 4, 몫: $4x^2+2x+5$, 나머지: 4

### 교과서 예제로 개념 익히기

• 본문 008~013쪽

**필수 예제 1** 답 (1) $2x^3+3x^2-2x-4$　(2) $4x^3-3x^2+6x-4$

(3) $9x^2-10x-4$　(4) $-x^3-6x^2+6x+4$

(1) $A+B=(3x^3+2x-4)+(-x^3+3x^2-4x)$

$=3x^3+2x-4-x^3+3x^2-4x$

$=(3-1)x^3+3x^2+(2-4)x-4$

$=2x^3+3x^2-2x-4$

(2) $A-B=(3x^3+2x-4)-(-x^3+3x^2-4x)$

$=3x^3+2x-4+x^3-3x^2+4x$

$=(3+1)x^3-3x^2+(2+4)x-4$

$=4x^3-3x^2+6x-4$

(3) $A+3B$

$=(3x^3+2x-4)+3(-x^3+3x^2-4x)$

$=3x^3+2x-4-3x^3+9x^2-12x$

$=(3-3)x^3+9x^2+(2-12)x-4$

$=9x^2-10x-4$

(4) $-A-2B$

$=-(3x^3+2x-4)-2(-x^3+3x^2-4x)$

$=-3x^3-2x+4+2x^3-6x^2+8x$

$=(-3+2)x^3-6x^2+(-2+8)x+4$

$=-x^3-6x^2+6x+4$

**1-1** 답 (1) $5x^2+3xy+y^2$　(2) $-7x^2+5xy-7y^2$

(3) $28x^2+3xy+14y^2$　(4) $-17x^2-xy-9y^2$

(1) $A+B=(-x^2+4xy-3y^2)+(6x^2-xy+4y^2)$

$=-x^2+4xy-3y^2+6x^2-xy+4y^2$

$=(-1+6)x^2+(4-1)xy+(-3+4)y^2$

$=5x^2+3xy+y^2$

(2) $A-B=(-x^2+4xy-3y^2)-(6x^2-xy+4y^2)$

$=-x^2+4xy-3y^2-6x^2+xy-4y^2$

$=(-1-6)x^2+(4+1)xy+(-3-4)y^2$

$=-7x^2+5xy-7y^2$

(3) $2A+5B$

$=2(-x^2+4xy-3y^2)+5(6x^2-xy+4y^2)$

$=-2x^2+8xy-6y^2+30x^2-5xy+20y^2$

$=(-2+30)x^2+(8-5)xy+(-6+20)y^2$

$=28x^2+3xy+14y^2$

(4) $-A-3B$

$=-(-x^2+4xy-3y^2)-3(6x^2-xy+4y^2)$

$=x^2-4xy+3y^2-18x^2+3xy-12y^2$

$=(1-18)x^2+(-4+3)xy+(3-12)y^2$

$=-17x^2-xy-9y^2$

**1-2** 답 (1) $x^2+8y^2$　(2) $4x^2-12xy+5y^2$

(1) $2(A-B)+A=2A-2B+A$

$=3A-2B$

$=3(x^2-2xy+2y^2)-2(x^2-3xy-y^2)$

$=3x^2-6xy+6y^2-2x^2+6xy+2y^2$

$=(3-2)x^2+(-6+6)xy+(6+2)y^2$

$=x^2+8y^2$

(2) $(3A+B)-(C-B)$
$=3A+B-C+B$
$=3A+2B-C$
$=3(x^2-2xy+2y^2)+2(x^2-3xy-y^2)-(x^2-y^2)$
$=3x^2-6xy+6y^2+2x^2-6xy-2y^2-x^2+y^2$
$=(3+2-1)x^2+(-6-6)xy+(6-2+1)y^2$
$=4x^2-12xy+5y^2$

**1-3** 답 $-5x^2+7xy$
$A-3(X-B)=7A$에서 $A-3X+3B=7A$
$3X=-6A+3B$
$\therefore X=-2A+B$
$\quad =-2(3x^2-2xy-y^2)+(x^2+3xy-2y^2)$
$\quad =-6x^2+4xy+2y^2+x^2+3xy-2y^2$
$\quad =(-6+1)x^2+(4+3)xy+(2-2)y^2$
$\quad =-5x^2+7xy$

✏️ **플러스 강의**

**조건을 만족시키는 다항식**

세 다항식 $A$, $B$, $X$를 포함한 등식에서 $X$를 구할 때 $A$, $B$는 상수로, $X$는 미지수로 생각하고 주어진 등식을 $X$에 대하여 풀면 된다.
$A+X=B$이면 $X=B-A$
$A-X=B$이면 $X=A-B$

**필수 예제 2** 답 (1) 19  (2) 14
$A=4x^2+2x+3$, $B=x^2+3x+5$라 하면 주어진 다항식의 전개식에서
(1) $x$항이 나오는 경우는
$(A$의 $x$항$)\times(B$의 상수항$)$, $(A$의 상수항$)\times(B$의 $x$항$)$
이므로
$2x\times5+3\times3x=10x+9x$
$\quad\quad\quad\quad\quad\quad =19x$
따라서 $x$의 계수는 19이다.
(2) $x^3$항이 나오는 경우는
$(A$의 $x^2$항$)\times(B$의 $x$항$)$, $(A$의 $x$항$)\times(B$의 $x^2$항$)$
이므로
$4x^2\times3x+2x\times x^2=12x^3+2x^3$
$\quad\quad\quad\quad\quad\quad\quad =14x^3$
따라서 $x^3$의 계수는 14이다.

**2-1** 답 (1) $-16$  (2) $-1$
$A=7x^3-4x^2+x+3$, $B=2x^2+x-2$라 하면 주어진 다항식의 전개식에서
(1) $x^3$항이 나오는 경우는
$(A$의 $x^3$항$)\times(B$의 상수항$)$, $(A$의 $x^2$항$)\times(B$의 $x$항$)$,
$(A$의 $x$항$)\times(B$의 $x^2$항$)$
이므로
$7x^3\times(-2)+(-4x^2)\times x+x\times2x^2$
$=-14x^3-4x^3+2x^3$
$=-16x^3$
따라서 $x^3$의 계수는 $-16$이다.

(2) $x^4$항이 나오는 경우는
$(A$의 $x^3$항$)\times(B$의 $x$항$)$, $(A$의 $x^2$항$)\times(B$의 $x^2$항$)$
이므로
$7x^3\times x+(-4x^2)\times2x^2=7x^4-8x^4=-x^4$
따라서 $x^4$의 계수는 $-1$이다.

**2-2** 답 $-6$
$(5x^4-2x^3+4x^2+x)^2$
$=(5x^4-2x^3+4x^2+x)(5x^4-2x^3+4x^2+x)$
이고, $A=5x^4-2x^3+4x^2+x$라 하면 $x^5$항이 나오는 경우는
$(A$의 $x^4$항$)\times(A$의 $x$항$)$, $(A$의 $x^3$항$)\times(A$의 $x^2$항$)$,
$(A$의 $x^2$항$)\times(A$의 $x^3$항$)$, $(A$의 $x$항$)\times(A$의 $x^4$항$)$
이므로
$5x^4\times x+(-2x^3)\times4x^2+4x^2\times(-2x^3)+x\times5x^4$
$=5x^5-8x^5-8x^5+5x^5=-6x^5$
따라서 $x^5$의 계수는 $-6$이다.

**2-3** 답 2
$A=3x^2-5x+2$, $B=x^2+ax+1$이라 하면
$x^2$항이 나오는 경우는
$(A$의 $x^2$항$)\times(B$의 상수항$)$, $(A$의 $x$항$)\times(B$의 $x$항$)$,
$(A$의 상수항$)\times(B$의 $x^2$항$)$이므로
$3x^2\times1+(-5x)\times ax+2\times x^2=3x^2-5ax^2+2x^2$
$\quad\quad\quad\quad\quad\quad\quad\quad\quad\quad =(5-5a)x^2$
이때 $x^2$의 계수가 $-5$이므로
$5-5a=-5$, $-5a=-10$
$\therefore a=2$

**필수 예제 3** 답 (1) $-8x^3+60x^2-150x+125$
$\quad\quad\quad\quad\quad$ (2) $8x^3-1$  (3) $a^2+9b^2+c^2+6ab-6bc-2ca$
$\quad\quad\quad\quad\quad$ (4) $x^3+6x^2+11x+6$  (5) $x^3+y^3-3xy+1$
$\quad\quad\quad\quad\quad$ (6) $x^4+x^2+1$
(1) $(-2x+5)^3$
$\quad =(-2x)^3+3\times(-2x)^2\times5+3\times(-2x)\times5^2+5^3$
$\quad =-8x^3+60x^2-150x+125$
(2) $(2x-1)(4x^2+2x+1)=(2x-1)\{(2x)^2+2x\times1+1^2\}$
$\quad\quad\quad\quad\quad\quad\quad\quad\quad\quad\quad =(2x)^3-1^3$
$\quad\quad\quad\quad\quad\quad\quad\quad\quad\quad\quad =8x^3-1$
(3) $(a+3b-c)^2$
$\quad =a^2+(3b)^2+(-c)^2+2\times a\times3b+2\times3b\times(-c)$
$\quad\quad\quad\quad\quad\quad\quad\quad\quad\quad\quad\quad\quad +2\times(-c)\times a$
$\quad =a^2+9b^2+c^2+6ab-6bc-2ca$
(4) $(x+1)(x+2)(x+3)$
$\quad =x^3+(1+2+3)x^2+(1\times2+2\times3+3\times1)x+1\times2\times3$
$\quad =x^3+6x^2+11x+6$
(5) $(x+y+1)(x^2+y^2-xy-x-y+1)$
$\quad =(x+y+1)(x^2+y^2+1^2-x\times y-y\times1-1\times x)$
$\quad =x^3+y^3+1^3-3\times x\times y\times1$
$\quad =x^3+y^3-3xy+1$
(6) $(x^2+x+1)(x^2-x+1)=x^4+x^2\times1^2+1^4$
$\quad\quad\quad\quad\quad\quad\quad\quad\quad\quad\quad =x^4+x^2+1$

**3-1** 답 (1) $x^3+6x^2y+12xy^2+8y^3$ (2) $x^3+27y^3$
(3) $x^2+y^2+4z^2-2xy-4yz+4zx$ (4) $x^3-2x^2-5x+6$
(5) $a^3+b^3-c^3+3abc$ (6) $a^4+9a^2+81$

(1) $(x+2y)^3=x^3+3\times x^2\times2y+3\times x\times(2y)^2+(2y)^3$
$\qquad=x^3+6x^2y+12xy^2+8y^3$

(2) $(x+3y)(x^2-3xy+9y^2)$
$\quad=(x+3y)\{x^2-x\times3y+(3y)^2\}$
$\quad=x^3+(3y)^3=x^3+27y^3$

(3) $(x-y+2z)^2$
$\quad=x^2+(-y)^2+(2z)^2+2\times x\times(-y)+2\times(-y)\times2z$
$\qquad\qquad\qquad\qquad\qquad\qquad\quad+2\times2z\times x$
$\quad=x^2+y^2+4z^2-2xy-4yz+4zx$

(4) $(x-1)(x+2)(x-3)$
$\quad=x^3+\{-1+2+(-3)\}x^2$
$\qquad\quad+\{-1\times2+2\times(-3)+(-3)\times(-1)\}x$
$\qquad\qquad\qquad\qquad\qquad\quad+(-1)\times2\times(-3)$
$\quad=x^3-2x^2-5x+6$

(5) $(a+b-c)(a^2+b^2+c^2-ab+bc+ca)$
$\quad=\{a+b+(-c)\}$
$\qquad\times\{a^2+b^2+(-c)^2-a\times b-b\times(-c)-(-c)\times a\}$
$\quad=a^3+b^3+(-c)^3-3\times a\times b\times(-c)$
$\quad=a^3+b^3-c^3+3abc$

(6) $(a^2+3a+9)(a^2-3a+9)=a^4+a^2\times3^2+3^4=a^4+9a^2+81$

**3-2** 답 (1) $a^8-b^8$ (2) $x^6-3x^4y^2+3x^2y^4-y^6$
(3) $a^9-3a^6+3a^3-1$ (4) $x^6-64$

(1) $(a-b)(a+b)(a^2+b^2)(a^4+b^4)$
$\quad=(a^2-b^2)(a^2+b^2)(a^4+b^4)$
$\quad=(a^4-b^4)(a^4+b^4)=a^8-b^8$

(2) $(x-y)^3(x+y)^3$
$\quad=\{(x-y)(x+y)\}^3=(x^2-y^2)^3$
$\quad=(x^2)^3+3\times(x^2)^2\times(-y^2)+3\times x^2\times(-y^2)^2+(-y^2)^3$
$\quad=x^6-3x^4y^2+3x^2y^4-y^6$

(3) $(a-1)^3(a^2+a+1)^3$
$\quad=\{(a-1)(a^2+a+1)\}^3=(a^3-1)^3$
$\quad=(a^3)^3-3\times(a^3)^2\times1+3\times a^3\times1^2-1^3$
$\quad=a^9-3a^6+3a^3-1$

(4) $(x-2)(x+2)(x^2+2x+4)(x^2-2x+4)$
$\quad=(x-2)(x^2+2x+4)(x+2)(x^2-2x+4)$
$\quad=(x-2)(x^2+x\times2+2^2)(x+2)(x^2-x\times2+2^2)$
$\quad=(x^3-2^3)(x^3+2^3)$
$\quad=(x^3)^2-(2^3)^2=x^6-64$

**3-3** 답 (1) $x^4+2x^3+3x^2+2x-8$
(2) $x^4+4x^3-34x^2-76x+105$

(1) $x^2+x=X$라 하면
$(x^2+x-2)(x^2+x+4)$
$=(X-2)(X+4)$
$=X^2+2X-8$
$=(x^2+x)^2+2(x^2+x)-8$
$=(x^4+2x^3+x^2)+(2x^2+2x)-8$
$=x^4+2x^3+3x^2+2x-8$

(2) 두 일차식의 상수항의 합이 같도록 두 개씩 짝을 지어 전개하면
$(x-1)(x-5)(x+3)(x+7)$
$=\{(x-1)(x+3)\}\{(x-5)(x+7)\}$
$=(x^2+2x-3)(x^2+2x-35)$
이때 $x^2+2x=X$라 하면
$(x-1)(x-5)(x+3)(x+7)$
$=(X-3)(X-35)$
$=X^2-38X+105$
$=(x^2+2x)^2-38(x^2+2x)+105$
$=(x^4+4x^3+4x^2)+(-38x^2-76x)+105$
$=x^4+4x^3-34x^2-76x+105$

**필수 예제 4** 답 (1) 36 (2) $-6$

(1) $(x+y)^2=x^2+y^2+2xy$에서
$3^2=11+2xy,\ 2xy=-2$
$\therefore\ xy=-1$
$\therefore\ x^3+y^3=(x+y)^3-3xy(x+y)$
$\qquad\qquad=3^3-3\times(-1)\times3$
$\qquad\qquad=36$

(2) $(a+b+c)^2=a^2+b^2+c^2+2(ab+bc+ca)$에서
$1^2=13+2(ab+bc+ca)$
$2(ab+bc+ca)=-12$
$\therefore\ ab+bc+ca=-6$

**4-1** 답 (1) 14 (2) 214

(1) $(x-y)^2=x^2+y^2-2xy$에서
$2^2=6-2xy,\ 2xy=2$
$\therefore\ xy=1$
$\therefore\ x^3-y^3=(x-y)^3+3xy(x-y)$
$\qquad\qquad=2^3+3\times1\times2=14$

(2) $(a+b+c)^2=a^2+b^2+c^2+2(ab+bc+ca)$에서
$4^2=38+2(ab+bc+ca)$
$2(ab+bc+ca)=-22$
$\therefore\ ab+bc+ca=-11$
$\therefore\ a^3+b^3+c^3$
$\quad=(a+b+c)(a^2+b^2+c^2-ab-bc-ca)+3abc$
$\quad=4\times\{38-(-11)\}+3\times6$
$\quad=214$

**4-2** 답 (1) 10 (2) 5

(1) $x^2+y^2=(x+y)^2-2xy$에서
$x^2+y^2=6^2-2\times3=30$
$\therefore\ \dfrac{y}{x}+\dfrac{x}{y}=\dfrac{x^2+y^2}{xy}=\dfrac{30}{3}=10$

(2) $(a+b+c)^2=a^2+b^2+c^2+2(ab+bc+ca)$에서
$5^2=35+2(ab+bc+ca)$
$2(ab+bc+ca)=-10$
$\therefore\ ab+bc+ca=-5$
$\therefore\ \dfrac{1}{a}+\dfrac{1}{b}+\dfrac{1}{c}=\dfrac{ab+bc+ca}{abc}=\dfrac{-5}{-1}=5$

**4-3 답** (1) 34  (2) 198  (3) $4\sqrt{2}$

(1) $x^2+\dfrac{1}{x^2}=\left(x+\dfrac{1}{x}\right)^2-2=6^2-2=34$

(2) $x^3+\dfrac{1}{x^3}=\left(x+\dfrac{1}{x}\right)^3-3\left(x+\dfrac{1}{x}\right)=6^3-3\times6=198$

(3) $\left(x-\dfrac{1}{x}\right)^2=\left(x+\dfrac{1}{x}\right)^2-4=6^2-4=32$

$\therefore x-\dfrac{1}{x}=\sqrt{32}=4\sqrt{2}\ (\because x>1)$

---

**✏️ 플러스 강의**

곱셈 공식의 변형에 $a$ 대신 $x$, $b$ 대신 $\dfrac{1}{x}$ 을 대입하면 다음과 같다.

① $x^2+\dfrac{1}{x^2}=\left(x+\dfrac{1}{x}\right)^2-2=\left(x-\dfrac{1}{x}\right)^2+2$

② $\left(x+\dfrac{1}{x}\right)^2=\left(x-\dfrac{1}{x}\right)^2+4$

$\left(x-\dfrac{1}{x}\right)^2=\left(x+\dfrac{1}{x}\right)^2-4$

③ $x^3+\dfrac{1}{x^3}=\left(x+\dfrac{1}{x}\right)^3-3\left(x+\dfrac{1}{x}\right)$

$x^3-\dfrac{1}{x^3}=\left(x-\dfrac{1}{x}\right)^3+3\left(x-\dfrac{1}{x}\right)$

---

**필수 예제 5 답** (1) 몫: $x+4$, 나머지: 8

(2) 몫: $x^2+x-4$, 나머지: 9

(1)
$$\begin{array}{r}x+4 \\ x-1\overline{)\smash{\big)}\,x^2+3x+4} \\ \underline{x^2-\ x\phantom{+4}} \\ 4x+4 \\ \underline{4x-4} \\ 8\end{array}$$

∴ 몫: $x+4$, 나머지: 8

(2)
$$\begin{array}{r}x^2+\ x-4 \\ x+1\overline{)\smash{\big)}\,x^3+2x^2-3x+5} \\ \underline{x^3+\ x^2\phantom{-3x+5}} \\ x^2-3x\phantom{+5} \\ \underline{x^2+\ x\phantom{+5}} \\ -4x+5 \\ \underline{-4x-4} \\ 9\end{array}$$

∴ 몫: $x^2+x-4$, 나머지: 9

**5-1 답** (1) 몫: $3x^2+4x+13$, 나머지: 27

(2) 몫: $x^2+2x-1$, 나머지: $-6x-2$

(1)
$$\begin{array}{r}3x^2+4x+13 \\ x-2\overline{)\smash{\big)}\,3x^3-2x^2+\ 5x+\ 1} \\ \underline{3x^3-6x^2\phantom{+5x+1}} \\ 4x^2+\ 5x\phantom{+1} \\ \underline{4x^2-\ 8x\phantom{+1}} \\ 13x+\ 1 \\ \underline{13x-26} \\ 27\end{array}$$

∴ 몫: $3x^2+4x+13$, 나머지: 27

(2)
$$\begin{array}{r}x^2+2x\ -1 \\ x^2+1\overline{)\smash{\big)}\,x^4+2x^3\phantom{+2x}-4x-3} \\ \underline{x^4\phantom{+2x^3}+x^2\phantom{-4x-3}} \\ 2x^3-x^2-4x\phantom{-3} \\ \underline{2x^3\phantom{-x^2}+2x\phantom{-3}} \\ -x^2-6x-3 \\ \underline{-x^2\phantom{-6x}-1} \\ -6x-2\end{array}$$

∴ 몫: $x^2+2x-1$, 나머지: $-6x-2$

**5-2 답** 7
$$\begin{array}{r}x+5 \\ x^2-x+1\overline{)\smash{\big)}\,x^3+4x^2-5x+6} \\ \underline{x^3-\ x^2+\ x\phantom{+6}} \\ 5x^2-6x+6 \\ \underline{5x^2-5x+5} \\ -\ x+1\end{array}$$

따라서 $Q(x)=x+5$, $R(x)=-x+1$이므로
$Q(3)=3+5=8$, $R(2)=-2+1=-1$
$\therefore Q(3)+R(2)=8+(-1)=7$

**5-3 답** $x-1$

다항식 $x^3-7x^2+5$를 다항식 $X$로 나누었을 때의 몫이 $x^2-6x-6$이고 나머지가 $-1$이므로
$x^3-7x^2+5=X(x^2-6x-6)-1$
$\therefore x^3-7x^2+6=X(x^2-6x-6)$
즉, 다항식 $X$는 $x^3-7x^2+6$을 $x^2-6x-6$으로 나누었을 때의 몫과 같다.
$$\begin{array}{r}x-1 \\ x^2-6x-6\overline{)\smash{\big)}\,x^3-7x^2\phantom{+6x}+6} \\ \underline{x^3-6x^2-6x\phantom{+6}} \\ -\ x^2+6x+6 \\ \underline{-\ x^2+6x+6} \\ 0\end{array}$$

$\therefore X=x-1$

**필수 예제 6 답** $-12$

$x-2=0$에서 $x=2$이므로 다항식 $x^3-5x^2+4$를 $x-2$로 나누었을 때의 몫과 나머지를 조립제법을 이용하여 구하면 다음과 같다.

$$\begin{array}{r|rrrr}2 & 1 & -5 & 0 & 4 \\ & & 2 & -6 & -12 \\ \hline & 1 & -3 & -6 & -8\end{array}$$

따라서 $a=2$, $b=0$, $c=-6$, $d=-8$이므로
$a+b+c+d=2+0+(-6)+(-8)=-12$

**6-1 답** 45

$x-3=0$에서 $x=3$이므로 다항식 $x^3+2x-9$를 $x-3$으로 나누었을 때의 몫과 나머지를 조립제법을 이용하여 구하면 다음과 같다.

$$\begin{array}{c|cccc}
3 & 1 & 0 & 2 & -9 \\
 & & 3 & 9 & 33 \\
\hline
 & 1 & 3 & 11 & \boxed{24}
\end{array}$$

따라서 $a=0$, $b=3$, $c=9$, $d=33$이므로
$a+b+c+d=0+3+9+33=45$

**6-2** 답 (1) 몫: $x^2-x+2$, 나머지: $7$
　　　 (2) 몫: $x^2-5x+2$, 나머지: $-4$

(1) $x-1=0$에서 $x=1$이므로 다항식 $x^3-2x^2+3x+5$를
$x-1$로 나누었을 때의 몫과 나머지를 조립제법을 이용하여
구하면 다음과 같다.

$$\begin{array}{c|cccc}
1 & 1 & -2 & 3 & 5 \\
 & & 1 & -1 & 2 \\
\hline
 & 1 & -1 & 2 & \boxed{7}
\end{array}$$

∴ 몫: $x^2-x+2$, 나머지: $7$

(2) $x+2=0$에서 $x=-2$이므로 다항식 $x^3-3x^2-8x$를 $x+2$
로 나누었을 때의 몫과 나머지를 조립제법을 이용하여 구하면
다음과 같다.

$$\begin{array}{c|cccc}
-2 & 1 & -3 & -8 & 0 \\
 & & -2 & 10 & -4 \\
\hline
 & 1 & -5 & 2 & \boxed{-4}
\end{array}$$

∴ 몫: $x^2-5x+2$, 나머지: $-4$

**6-3** 답 (1) $a=\dfrac{1}{2}$, $b=1$, $c=1$, $d=2$
　　　 (2) 몫: $x^2+x+2$, 나머지: $-2$

(1) $x-\dfrac{1}{2}=0$에서 $x=\dfrac{1}{2}$이므로 다항식 $2x^3+x^2+3x-4$를

$x-\dfrac{1}{2}$로 나누었을 때의 몫과 나머지를 조립제법을 이용하여

구하면 다음과 같다.

$$\begin{array}{c|cccc}
\frac{1}{2} & 2 & 1 & 3 & -4 \\
 & & 1 & 1 & 2 \\
\hline
 & 2 & 2 & 4 & \boxed{-2}
\end{array}$$

∴ $a=\dfrac{1}{2}$, $b=1$, $c=1$, $d=2$

(2) (1)에서 다항식 $2x^3+x^2+3x-4$를 $x-\dfrac{1}{2}$로 나누었을 때의

몫은 $2x^2+2x+4$, 나머지는 $-2$이므로

$2x^3+x^2+3x-4=\left(x-\dfrac{1}{2}\right)(2x^2+2x+4)-2$

$\qquad\qquad\qquad =(2x-1)(x^2+x+2)-2$

따라서 다항식 $2x^3+x^2+3x-4$를 $2x-1$로 나누었을 때의
몫은 $x^2+x+2$, 나머지는 $-2$이다.

**✎ 플러스 강의**

다항식 $f(x)$를 $x+\dfrac{b}{a}$로 나누었을 때의 몫을 $Q(x)$, 나머지를 $R$라

하면 $f(x)=\left(x+\dfrac{b}{a}\right)Q(x)+R=(ax+b)\times\underset{\text{몫}}{\underline{\dfrac{1}{a}Q(x)}}+\underset{\text{나머지}}{\underline{R}}$이다.

따라서 조립제법을 이용하여 $f(x)$를 $x+\dfrac{b}{a}$로 나누었을 때의 몫과 나
머지를 구하면 이를 이용하여 $f(x)$를 $ax+b$로 나누었을 때의 몫과
나머지를 구할 수 있다.

---

| **01** $-3x^2-6x+5$ | **02** $5x^3+5x^2-4x+9$ | | |
|---|---|---|---|
| **03** 12 | **04** ㄴ, ㄹ | **05** ② | **06** 9 |
| **07** ① | **08** 14 | **09** ⑤ | **10** ① |

**01**

$-4(X-A)-5B=-6A+X$에서
$-4X+4A-5B=-6A+X$
$5X=10A-5B$
∴ $X=2A-B$
$\quad =2(x^2-4x+3)-(5x^2-2x+1)$
$\quad =2x^2-8x+6-5x^2+2x-1$
$\quad =(2-5)x^2+(-8+2)x+(6-1)$
$\quad =-3x^2-6x+5$

**02**

$A+B=3x^3+x^2+2x+1$ ……㉠
$A-B=x^3-3x^2+8x-7$ ……㉡
㉠+㉡에서 $2A=4x^3-2x^2+10x-6$
∴ $A=2x^3-x^2+5x-3$
㉠-㉡에서 $2B=2x^3+4x^2-6x+8$
∴ $B=x^3+2x^2-3x+4$
∴ $A+3B=(2x^3-x^2+5x-3)+3(x^3+2x^2-3x+4)$
$\qquad\qquad =2x^3-x^2+5x-3+3x^3+6x^2-9x+12$
$\qquad\qquad =(2+3)x^3+(-1+6)x^2+(5-9)x+(-3+12)$
$\qquad\qquad =5x^3+5x^2-4x+9$

**03**

$A=3x^2+ax-1$, $B=2x^3-x^2+4x+b$라 하면 주어진 다항
식의 전개식에서 $x^3$항이 나오는 경우는
($A$의 $x^2$항)$\times$($B$의 $x$항), ($A$의 $x$항)$\times$($B$의 $x^2$항),
($A$의 상수항)$\times$($B$의 $x^3$항)
이므로
$3x^2\times4x+ax\times(-x^2)+(-1)\times2x^3=12x^3-ax^3-2x^3$
$\qquad\qquad\qquad\qquad\qquad\qquad =(10-a)x^3$
이때 $x^3$의 계수가 8이므로
$10-a=8$ ∴ $a=2$
∴ $A=3x^2+2x-1$
$x$항이 나오는 경우는
($A$의 $x$항)$\times$($B$의 상수항), ($A$의 상수항)$\times$($B$의 $x$항)
이므로
$2x\times b+(-1)\times4x=2bx-4x=(2b-4)x$
이때 $x$의 계수가 16이므로
$2b-4=16$, $2b=20$ ∴ $b=10$
∴ $a+b=2+10=12$

**04**

ㄱ. $(x-2y)^3$
$\quad =x^3-3\times x^2\times2y+3\times x\times(2y)^2-(2y)^3$
$\quad =x^3-6x^2y+12xy^2-8y^3$

ㄴ. $(x-3y-z)^2$
$=x^2+(-3y)^2+(-z)^2+2\times x\times(-3y)$
$\qquad\qquad\qquad+2\times(-3y)\times(-z)+2\times(-z)\times x$
$=x^2+9y^2+z^2-6xy+6yz-2zx$

ㄷ. $(9x^2+6xy+4y^2)(9x^2-6xy+4y^2)$
$=\{(3x)^2+3x\times 2y+(2y)^2\}\{(3x)^2-3x\times 2y+(2y)^2\}$
$=(3x)^4+(3x)^2\times(2y)^2+(2y)^4$
$=81x^4+36x^2y^2+16y^4$

ㄹ. $(x-y+2z)(x^2+y^2+4z^2+xy+2yz-2zx)$
$=\{x+(-y)+2z\}$
$\quad\times\{x^2+(-y)^2+(2z)^2-x\times(-y)-(-y)\times 2z-2z\times x\}$
$=x^3+(-y)^3+(2z)^3-3\times x\times(-y)\times 2z$
$=x^3-y^3+8z^3+6xyz$

따라서 옳은 것은 ㄴ, ㄹ이다.

## 05

$99^2+101^2$
$=(100-1)^2+(100+1)^2$
$=(100^2-2\times 100\times 1+1^2)+(100^2+2\times 100\times 1+1^2)$
$=2\times 100^2+2=20002$

## 06

직육면체의 밑면의 가로의 길이, 세로의 길이, 높이를 각각 $x$, $y$, $z$라 하면 모든 모서리의 길이의 합이 60이므로
$4(x+y+z)=60$에서 $x+y+z=15$
또한, 겉넓이가 144이므로
$2(xy+yz+zx)=144$에서 $xy+yz+zx=72$
직육면체의 대각선의 길이는 피타고라스 정리에 의하여
$\sqrt{x^2+y^2+z^2}$이므로
$x^2+y^2+z^2=(x+y+z)^2-2(xy+yz+zx)$
$\qquad\qquad\quad=15^2-2\times 72=81$
$\therefore \sqrt{x^2+y^2+z^2}=\sqrt{81}=9$
따라서 구하는 직육면체의 대각선의 길이는 9이다.

## 07

$x-y=(1+\sqrt{5})-(1-\sqrt{5})=2\sqrt{5}$,
$xy=(1+\sqrt{5})(1-\sqrt{5})=1-5=-4$
이므로
$x^3-y^3=(x-y)^3+3xy(x-y)$
$\qquad\quad=(2\sqrt{5})^3+3\times(-4)\times 2\sqrt{5}=16\sqrt{5}$
$\therefore \dfrac{x^2}{y}-\dfrac{y^2}{x}=\dfrac{x^3-y^3}{xy}=\dfrac{16\sqrt{5}}{-4}=-4\sqrt{5}$

## 08

주어진 조립제법을 완성하면 다음과 같으므로

$$
\begin{array}{r|rrrr}
2 & a & b & c & d \\
  &   & 2 & -4 & 10 \\
\hline
  & 1 & -2 & 5 & \boxed{7}
\end{array}
$$

$a=1$, $b+2=-2$, $c+(-4)=5$, $d+10=7$
$\therefore a=1$, $b=-4$, $c=9$, $d=-3$

즉, 다항식 $x^3-4x^2+9x-3$을 $x^2+2$로 나누면 다음과 같다.

$$
\begin{array}{r}
x-4 \\
x^2+2\overline{)\,x^3-4x^2+9x-3} \\
\underline{x^3\qquad\ +2x} \\
-4x^2+7x-3 \\
\underline{-4x^2\qquad -8} \\
7x+5
\end{array}
$$

따라서 $Q(x)=x-4$, $R(x)=7x+5$이므로
$Q(-1)=-1-4=-5$, $R(2)=14+5=19$
$\therefore Q(-1)+R(2)=-5+19=14$

## 09

$a+b=X$라 하면
$(a+b-1)\{(a+b)^2+a+b+1\}=(X-1)(X^2+X+1)$
$\qquad\qquad\qquad\qquad\qquad\qquad\quad=X^3-1$
이때 $X^3-1=8$이므로
$X^3=9$
$\therefore (a+b)^3=9$

## 10

다항식 $f(x)$를 $x^2+1$로 나누었을 때의 몫을 $Q(x)$라 하면 나머지가 $x+1$이므로
$f(x)=(x^2+1)Q(x)+(x+1)$
$\therefore \{f(x)\}^2$
$=\{(x^2+1)Q(x)+(x+1)\}^2$
$=(x^2+1)^2\{Q(x)\}^2+2(x^2+1)(x+1)Q(x)+(x+1)^2$
$=(x^2+1)^2\{Q(x)\}^2+2(x^2+1)(x+1)Q(x)$
$\qquad\qquad\qquad\qquad\qquad\qquad+(x^2+2x+1)$
$=(x^2+1)[(x^2+1)\{Q(x)\}^2+2(x+1)Q(x)+1]+2x$
따라서 $R(x)=2x$이므로
$R(3)=2\times 3=6$

---

개념으로 **단원 마무리** ·본문 016쪽

**1** 탑 (1) 내림차순, 오름차순 (2) 동류항
　　 (3) $BA$, $A$, 분배법칙
　　 (4) $a^2-b^2$, $3abc$, $a^4+a^2b^2+b^4$
　　 (5) $BQ$, 0

**2** 탑 (1) ○ (2) × (3) ○ (4) × (5) ○
(2) 다항식의 덧셈에 대한 결합법칙, 교환법칙이 모두 성립한다.
(4) 다항식을 이차식으로 나누었을 때, 나머지는 일차식 또는 상수이다.

## 02 항등식과 나머지정리

본문 019쪽

**교과서 개념 확인하기**

**1** 답 ㄷ, ㄹ

ㄱ. 주어진 등식에서 좌변을 전개하여 정리하면
$2x+1=3x-2$
즉, 위의 등식은 특정한 $x$의 값에 대해서만 등식이 성립하는 방정식이다.

ㄴ. 특정한 $x$의 값에 대해서만 등식이 성립하는 방정식이다.

ㄷ. 주어진 등식에서 좌변을 전개하여 정리하면
$x^3+1=x^3+1$
즉, 위의 등식은 $x$에 어떤 값을 대입해도 항상 등식이 성립하는 항등식이다.

ㄹ. 주어진 등식에서 좌변과 우변을 각각 전개하여 정리하면
$x^2+4x+4=x^2+4x+4$
즉, 위의 등식은 $x$에 어떤 값을 대입해도 항상 등식이 성립하는 항등식이다.

따라서 $x$에 대한 항등식인 것은 ㄷ, ㄹ이다.

**2** 답 (1) $a=3$, $b=0$　(2) $a=4$, $b=6$　(3) $a=-2$, $b=4$
　　　(4) $a=2$, $b=-3$

(1) 주어진 등식이 $x$에 대한 항등식이므로
$a-3=0$, $b=0$　∴ $a=3$, $b=0$

(2) 주어진 등식이 $x$에 대한 항등식이므로
$a=4$, $b-1=5$　∴ $a=4$, $b=6$

(3) 주어진 등식에서 좌변을 전개하여 정리하면
$x^2-ax-2a=x^2+2x+b$
위의 등식이 $x$에 대한 항등식이므로
$-a=2$, $-2a=b$　∴ $a=-2$, $b=4$

(4) 주어진 등식에서 좌변을 전개하여 정리하면
$2x^2+x-3=ax^2+x+b$
위의 등식이 $x$에 대한 항등식이므로
$a=2$, $b=-3$

**3** 답 (1) $a=0$, $b=0$, $c=2$　(2) $a=-1$, $b=4$, $c=0$
　　　(3) $a=-5$, $b=5$, $c=-2$　(4) $a=-2$, $b=6$, $c=2$

주어진 등식이 $x$, $y$에 대한 항등식이므로

(1) $a=0$, $b=0$, $c-2=0$　∴ $a=0$, $b=0$, $c=2$

(2) $a+1=0$, $b-4=0$, $c=0$　∴ $a=-1$, $b=4$, $c=0$

(3) $a+1=-4$, $5=b$, $c=-2$　∴ $a=-5$, $b=5$, $c=-2$

(4) $a+3=1$, $b-5=1$, $2=c$　∴ $a=-2$, $b=6$, $c=2$

**4** 답 (1) 6　(2) 12　(3) $\dfrac{3}{4}$　(4) $-\dfrac{4}{9}$

(1) $f(1)=5+3-2=6$

(2) $f(-2)=20-6-2=12$

(3) $f\left(\dfrac{1}{2}\right)=\dfrac{5}{4}+\dfrac{3}{2}-2=\dfrac{3}{4}$

(4) $f\left(\dfrac{1}{3}\right)=\dfrac{5}{9}+1-2=-\dfrac{4}{9}$

**5** 답 ㄴ, ㄷ

다항식 $f(x)$에 대하여 $f(\alpha)=0$이면 인수정리에 의하여 $f(x)$는 일차식 $x-\alpha$로 나누어떨어지므로 $f(x)$는 $x-\alpha$를 인수로 갖는다.

ㄱ. $f(-3)=-27+18+3-2=-8$이므로 $x+3$은 인수가 아니다.

ㄴ. $f(-1)=-1+2+1-2=0$이므로 $x+1$은 인수이다.

ㄷ. $f(1)=1+2-1-2=0$이므로 $x-1$은 인수이다.

ㄹ. $f(2)=8+8-2-2=12$이므로 $x-2$는 인수가 아니다.

따라서 인수인 것은 ㄴ, ㄷ이다.

**교과서 예제로 개념 익히기**

• 본문 020~023쪽

**필수 예제 1** 답 (1) $a=3$, $b=5$, $c=2$　(2) $a=1$, $b=-1$, $c=2$

(1) 주어진 등식에서 좌변을 전개하여 정리하면
$ax^2+(a+2)x+2=3x^2+bx+c$
위의 등식이 $x$에 대한 항등식이므로 양변의 동류항의 계수를 비교하면
$a=3$, $a+2=b$, $2=c$
∴ $a=3$, $b=5$, $c=2$

(2) 주어진 등식에서 우변을 전개하여 정리하면
$x^3+ax-2=x^3+(-b-1)x^2+(b+c)x-c$
위의 등식이 $x$에 대한 항등식이므로 양변의 동류항의 계수를 비교하면
$0=-b-1$, $a=b+c$, $-2=-c$
∴ $a=1$, $b=-1$, $c=2$

**1-1** 답 (1) $a=5$, $b=5$, $c=-1$　(2) $a=4$, $b=-4$, $c=-6$

(1) 주어진 등식에서 좌변을 전개하여 정리하면
$x^3+ax^2-x-a=x^3+bx^2+cx-5$
위의 등식이 $x$에 대한 항등식이므로 양변의 동류항의 계수를 비교하면
$a=b$, $-1=c$, $-a=-5$
∴ $a=5$, $b=5$, $c=-1$

(2) 주어진 등식에서 좌변을 전개하여 정리하면
$(a+b)x^2+(a-b+c)x-c=2x+6$
위의 등식이 $x$에 대한 항등식이므로 양변의 동류항의 계수를 비교하면
$a+b=0$, $a-b+c=2$, $-c=6$
∴ $a=4$, $b=-4$, $c=-6$

**1-2** 답 2

주어진 등식의 좌변을 전개하여 $x$, $y$에 대하여 정리하면
$(a+5b)x+(3a-b)y+c=7x+5y-1$
위의 등식이 $x$, $y$에 대한 항등식이므로 양변의 동류항의 계수를 비교하면
$a+5b=7$, $3a-b=5$, $c=-1$
∴ $a=2$, $b=1$, $c=-1$
∴ $a+b+c=2+1+(-1)=2$

**필수 예제 2** 답 (1) $a=5$, $b=4$, $c=-3$  (2) $a=3$, $b=1$, $c=6$

주어진 등식이 $x$에 대한 항등식이므로 $x$에 어떤 값을 대입하여도 항상 성립한다.

(1) 주어진 등식의 양변에 $x=0$을 대입하면

$-6=2c$  ∴ $c=-3$

주어진 등식의 양변에 $x=1$을 대입하면

$1+a-6=0$  ∴ $a=5$

주어진 등식의 양변에 $x=2$를 대입하면

$4+2a-6=2b$  ∴ $b=4$ (∵ $a=5$)

(2) 주어진 등식의 양변에 $x=1$을 대입하면 $c=6$

주어진 등식의 양변에 $x=0$을 대입하면

$a-b+c=8$  ∴ $a-b=2$ (∵ $c=6$)  ……㉠

주어진 등식의 양변에 $x=2$를 대입하면

$a+b+c=10$  ∴ $a+b=4$ (∵ $c=6$)  ……㉡

㉠, ㉡을 연립하여 풀면

$a=3$, $b=1$

**2-1** 답 (1) $a=1$, $b=1$, $c=5$  (2) $a=-2$, $b=2$, $c=-4$

(1) 주어진 등식의 양변에 $x=3$을 대입하면

$c=5$

주어진 등식의 양변에 $x=1$을 대입하면

$-2b+c=3$  ∴ $b=1$ (∵ $c=5$)

주어진 등식의 양변에 $x=0$을 대입하면

$3a-3b+c=5$  ∴ $a=1$ (∵ $b=1$, $c=5$)

(2) 주어진 등식의 양변에 $x=-1$을 대입하면

$-4=c$  ∴ $c=-4$

주어진 등식의 양변에 $x=0$을 대입하면

$-3=1+a+b+c$  ∴ $a+b=0$ (∵ $c=-4$)  ……㉠

주어진 등식의 양변에 $x=-2$를 대입하면

$-9=-1+a-b+c$

∴ $a-b=-4$ (∵ $c=-4$)  ……㉡

㉠, ㉡을 연립하여 풀면

$a=-2$, $b=2$

**2-2** 답 1

주어진 등식의 양변에 $x=1$을 대입하면

$1^5=a_{10}+a_9+a_8+\cdots+a_1+a_0$

∴ $a_0+a_1+a_2+\cdots+a_9+a_{10}=1$

**플러스 강의**

다항식 $f(x)=a_nx^n+a_{n-1}x^{n-1}+\cdots+a_1x+a_0$ ($a_0$, $a_1$, $\cdots$ $a_n$은 상수)에 대하여

① 상수항은 양변에 $x=0$을 대입하여 구한다.

➡ $f(0)=a_0$

② 계수의 총합은 양변에 $x=1$을 대입하여 구한다.

➡ $f(1)=a_n+a_{n-1}+\cdots+a_1+a_0$

③ 짝수차항의 계수와 상수항의 합 또는 홀수차항의 계수의 합은 양변에 $x=1$, $x=-1$을 대입하여 구한다.

• 짝수차항의 계수와 상수항의 합 ➡ $\dfrac{1}{2}\{f(1)+f(-1)\}$

• 홀수차항의 계수의 합 ➡ $\dfrac{1}{2}\{f(1)-f(-1)\}$

**필수 예제 3** 답 $a=-2$, $b=-3$

다항식 $x^4+ax^2+b$를 $(x+1)(x-2)$로 나누었을 때의 몫을 $Q(x)$라 하면 나머지가 $3x-1$이므로

$x^4+ax^2+b=(x+1)(x-2)Q(x)+3x-1$

위의 등식이 $x$에 대한 항등식이므로

양변에 $x=-1$을 대입하면

$1+a+b=-4$  ∴ $a+b=-5$  ……㉠

양변에 $x=2$를 대입하면

$16+4a+b=5$  ∴ $4a+b=-11$  ……㉡

㉠, ㉡을 연립하여 풀면 $a=-2$, $b=-3$

**3-1** 답 4

다항식 $x^4+ax+b$를 $x^2-1$로 나누었을 때의 몫을 $Q(x)$라 하면 나머지가 $2x+3$이므로

$x^4+ax+b=(x^2-1)Q(x)+2x+3$

$\qquad\qquad\quad =(x+1)(x-1)Q(x)+2x+3$

위의 등식이 $x$에 대한 항등식이므로

양변에 $x=-1$을 대입하면

$1-a+b=1$  ∴ $a-b=0$  ……㉠

양변에 $x=1$을 대입하면

$1+a+b=5$  ∴ $a+b=4$  ……㉡

㉠, ㉡을 연립하여 풀면 $a=2$, $b=2$

∴ $ab=2\times2=4$

**3-2** 답 2

다항식 $x^3+ax^2-5x+b$를 $x^2+2x-3$으로 나누었을 때의 몫을 $Q(x)$라 하면 나누어떨어지므로  *나머지가 0이다.*

$x^3+ax^2-5x+b=(x^2+2x-3)Q(x)$

$\qquad\qquad\qquad\quad =(x+3)(x-1)Q(x)$

위의 등식이 $x$에 대한 항등식이므로

양변에 $x=-3$을 대입하면

$-27+9a+15+b=0$  ∴ $9a+b=12$  ……㉠

양변에 $x=1$을 대입하면

$1+a-5+b=0$  ∴ $a+b=4$  ……㉡

㉠, ㉡을 연립하여 풀면 $a=1$, $b=3$

∴ $b-a=3-1=2$

**3-3** 답 6

다항식 $x^3+4x^2+ax+b$를 $x^2+x+1$로 나누었을 때의 몫을 $x+c$ ($c$는 상수)라 하면

$x^3+4x^2+ax+b=(x^2+x+1)(x+c)+x-2$

$\qquad\qquad\qquad\quad =x^3+(c+1)x^2+(c+2)x+c-2$

위의 등식이 $x$에 대한 항등식이므로 양변의 동류항의 계수를 비교하면

$4=c+1$, $a=c+2$, $b=c-2$

∴ $a=5$, $b=1$, $c=3$

∴ $a+b=5+1=6$

**다른 풀이**

다항식 $x^3+4x^2+ax+b$를 $x^2+x+1$로 직접 나누면 다음과 같다.

$$\begin{array}{r}
x+3 \\
x^2+x+1{\overline{\smash{\big)}\,x^3+4x^2+\phantom{a}ax+\phantom{b}b}} \\
\underline{x^3+\phantom{4}x^2+\phantom{aa}x\phantom{+b}} \\
3x^2+(a-1)x+\phantom{b}b \\
\underline{3x^2+\phantom{(a-}3x+\phantom{b}3} \\
(a-4)x+b-3
\end{array}$$

$\therefore x^3+4x^2+ax+b$

$\quad=(x^2+x+1)(x+3)+(a-4)x+b-3$

이때 나머지가 $x-2$이므로 $(a-4)x+(b-3)=x-2$

위의 등식이 $x$에 대한 항등식이므로 양변의 동류항의 계수를 비교하면

$a-4=1$, $b-3=-2$ $\quad\therefore a=5$, $b=1$

$\therefore a+b=5+1=6$

**필수 예제 4** 🔲 (1) $-8$ (2) $-2$

(1) $f(x)=x^3+3x^2+ax+2$라 하자.

다항식 $f(x)$를 $x-2$로 나누었을 때의 나머지가 6이므로

$f(2)=6$에서

$8+12+2a+2=6$, $2a=-16$ $\quad\therefore a=-8$

(2) (1)에서 $f(x)=x^3+3x^2-8x+2$이므로

다항식 $f(x)$를 $x-1$로 나누었을 때의 나머지는

$f(1)=1+3-8+2=-2$

**4-1** 🔲 13

$f(x)=2x^3+ax^2-5x-3$이라 하자.

다항식 $f(x)$를 $2x-1$로 나누었을 때의 나머지가 $-2$이므로

$f\left(\dfrac{1}{2}\right)=-2$에서

$\dfrac{1}{4}+\dfrac{a}{4}-\dfrac{5}{2}-3=-2$, $\dfrac{a}{4}=\dfrac{13}{4}$ $\quad\therefore a=13$

$\therefore f(x)=2x^3+13x^2-5x-3$

따라서 다항식 $f(x)$를 $x+1$로 나누었을 때의 나머지는

$f(-1)=-2+13+5-3=13$

**4-2** 🔲 40

$f(x)=3x^3+ax^2+bx-6$이라 하자.

다항식 $f(x)$를 $x-1$로 나누었을 때의 나머지가 5이므로

$f(1)=5$에서

$3+a+b-6=5$ $\quad\therefore a+b=8$ $\quad\cdots\cdots$ ㉠

다항식 $f(x)$를 $x-2$로 나누었을 때의 나머지가 2이므로

$f(2)=2$에서

$24+4a+2b-6=2$ $\quad\therefore 2a+b=-8$ $\quad\cdots\cdots$ ㉡

㉠, ㉡을 연립하여 풀면 $a=-16$, $b=24$

$\therefore b-a=24-(-16)=40$

**4-3** 🔲 $3x-5$

다항식 $f(x)$를 $(x-1)(x-3)$으로 나누었을 때의 몫을 $Q(x)$, 나머지를 $ax+b$ ($a$, $b$는 상수)라 하면

$f(x)=(x-1)(x-3)Q(x)+ax+b$

다항식 $f(x)$를 $x-1$로 나누었을 때의 나머지가 $-2$이므로

$f(1)=-2$에서 $a+b=-2$ $\quad\cdots\cdots$ ㉠

다항식 $f(x)$를 $x-3$으로 나누었을 때의 나머지가 4이므로

$f(3)=4$에서 $3a+b=4$ $\quad\cdots\cdots$ ㉡

㉠, ㉡을 연립하여 풀면 $a=3$, $b=-5$

따라서 구하는 나머지는 $3x-5$이다.

**필수 예제 5** 🔲 1

$f(x)=2x^3+x^2+4ax+a+1$이라 하자.

다항식 $f(x)$가 $2x+1$로 나누어떨어지므로 $f\left(-\dfrac{1}{2}\right)=0$에서

$-\dfrac{1}{4}+\dfrac{1}{4}-2a+a+1=0$, $-a+1=0$

$\therefore a=1$

**5-1** 🔲 11

$f(x)=3x^3-4x^2-ax+18$이라 하자.

다항식 $f(x)$가 $x+2$를 인수로 가지므로 $f(-2)=0$에서

$-24-16+2a+18=0$, $2a=22$

$\therefore a=11$

**5-2** 🔲 14

$f(x)=x^3+ax^2-7x+b$라 하자.

다항식 $f(x)$가 $x+1$로 나누어떨어지므로 $f(-1)=0$에서

$-1+a+7+b=0$ $\quad\therefore a+b=-6$ $\quad\cdots\cdots$ ㉠

다항식 $f(x)$가 $x-2$로 나누어떨어지므로 $f(2)=0$에서

$8+4a-14+b=0$ $\quad\therefore 4a+b=6$ $\quad\cdots\cdots$ ㉡

㉠, ㉡을 연립하여 풀면 $a=4$, $b=-10$

$\therefore a-b=4-(-10)=14$

**5-3** 🔲 $-15$

$f(x)=x^3+ax^2+bx+15$라 하자.

다항식 $f(x)$가 $(x+3)(x-1)$을 인수로 가지므로 $f(x)$는 $x+3$, $x-1$을 각각 인수로 갖는다.

$\therefore f(-3)=0$, $f(1)=0$

$f(-3)=0$에서

$-27+9a-3b+15=0$ $\quad\therefore 3a-b=4$ $\quad\cdots\cdots$ ㉠

$f(1)=0$에서

$1+a+b+15=0$ $\quad\therefore a+b=-16$ $\quad\cdots\cdots$ ㉡

㉠, ㉡을 연립하여 풀면 $a=-3$, $b=-13$

$\therefore f(x)=x^3-3x^2-13x+15$

따라서 구하는 나머지는

$f(2)=8-12-26+15=-15$

---

**실전 문제로 단원 마무리** ・ 본문 024~025쪽

| 01 3 | 02 42 | 03 8 | 04 7 |
|------|-------|------|------|
| 05 $-13$ | 06 16 | 07 ④ | 08 29 |
| 09 46 | 10 ① | | |

**01**

주어진 등식에서 좌변을 전개하여 $k$에 대하여 정리하면

$(x+y-1)k-2x+y+5=0$

앞의 등식이 $k$에 대한 항등식이므로
$x+y-1=0$, $-2x+y+5=0$
위의 두 식을 연립하여 풀면 $x=2$, $y=-1$
$\therefore x-y=2-(-1)=3$

## 02

주어진 등식에서 우변을 전개하여 정리하면
$x^3+ax^2-2x+5=x^3+(b+1)x^2+(b+5)x+5$
위의 등식이 $x$에 대한 항등식이므로 양변의 동류항의 계수를 비교하면
$a=b+1$, $-2=b+5$
$\therefore a=-6$, $b=-7$
$\therefore ab=-6\times(-7)=42$

## 03

주어진 등식의 양변에 $x=-1$을 대입하면
$2^3=a_0-a_1+a_2-a_3+a_4-a_5+a_6$
$\therefore a_0-a_1+a_2-a_3+a_4-a_5+a_6=8$

## 04

주어진 등식의 양변에 $x=-1$을 대입하면
$0=1+a+b$  $\therefore a+b=-1$  ……㉠
주어진 등식의 양변에 $x^2=3$을 대입하면
$0=9+3a+b$  $\therefore 3a+b=-9$  ……㉡
㉠, ㉡을 연립하여 풀면
$a=-4$, $b=3$
$\therefore b-a=3-(-4)=7$

## 05

다항식 $x^3+ax+5$를 $x^2+3x+b$로 나누었을 때의 몫을
$x+c$ ($c$는 상수)라 하면
$x^3+ax+5=(x^2+3x+b)(x+c)+2x-4$
$\qquad\qquad =x^3+(c+3)x^2+(b+3c+2)x+bc-4$
위의 등식이 $x$에 대한 항등식이므로 양변의 동류항의 계수를 비교하면
$0=c+3$, $a=b+3c+2$, $5=bc-4$
$\therefore a=-10$, $b=-3$, $c=-3$
$\therefore a+b=-10+(-3)=-13$

## 06

두 다항식 $f(x)$, $g(x)$를 $x-2$로 나누었을 때의 나머지가 각각
5, $-2$이므로 나머지정리에 의하여
$f(2)=5$, $g(2)=-2$
따라서 구하는 나머지는
$4f(2)+2g(2)=4\times5+2\times(-2)=16$

## 07

다항식 $f(x)$를 $x^2-x-2$로 나누었을 때의 몫을 $Q_1(x)$라 하면
$f(x)=(x^2-x-2)Q_1(x)+5x-1$
$\qquad =(x+1)(x-2)Q_1(x)+5x-1$  ……㉠

다항식 $f(x)$를 $x^2+4x+3$으로 나누었을 때의 몫을 $Q_2(x)$라 하면
$f(x)=(x^2+4x+3)Q_2(x)-x+1$
$\qquad =(x+1)(x+3)Q_2(x)-x+1$  ……㉡
다항식 $f(x)$를 $x^2+x-6$으로 나누었을 때의 몫을 $Q_3(x)$, 나머지를 $ax+b$ ($a$, $b$는 상수)라 하면
$f(x)=(x^2+x-6)Q_3(x)+ax+b$
$\qquad =(x+3)(x-2)Q_3(x)+ax+b$  ……㉢
㉠의 양변에 $x=2$를 대입하면 $f(2)=9$
㉡의 양변에 $x=-3$을 대입하면 $f(-3)=4$
㉢의 양변에 $x=2$, $x=-3$을 각각 대입하면
$f(2)=2a+b$, $f(-3)=-3a+b$
$\therefore 2a+b=9$, $-3a+b=4$
위의 두 식을 연립하여 풀면
$a=1$, $b=7$
따라서 구하는 나머지는 $x+7$이다.

## 08

$f(x)=x^3-3x^2+ax+b$라 하자.
$f(x)$가 $x^2-6x+5$, 즉 $(x-1)(x-5)$로 나누어떨어지므로
$f(1)=0$, $f(5)=0$
$f(1)=0$에서
$1-3+a+b=0$  $\therefore a+b=2$  ……㉠
$f(5)=0$에서
$125-75+5a+b=0$  $\therefore 5a+b=-50$  ……㉡
㉠, ㉡을 연립하면 풀면
$a=-13$, $b=15$
따라서 $g(x)=x^2-13x+15$라 하면 구하는 나머지는
$g(-1)=1+13+15=29$

## 09

다항식 $P(x+1)$을 $x^2-4$로 나누었을 때의 몫을 $Q(x)$라 하면 나머지가 $-3$이므로
$P(x+1)=(x^2-4)Q(x)-3$
$\qquad\qquad =(x+2)(x-2)Q(x)-3$
양변에 $x=-2$를 대입하면
$P(-1)=-3$
양변에 $x=2$를 대입하면
$P(3)=-3$
이때 $P(x)=(x^2-x-1)(ax+b)+2$의 양변에 $x=-1$,
$x=3$을 각각 대입하면
$P(-1)=(-a+b)+2=-a+b+2$
$P(3)=5(3a+b)+2=15a+5b+2$
$P(-1)=-3$에서
$-a+b+2=-3$  $\therefore -a+b=-5$  ……㉠
$P(3)=-3$에서
$15a+5b+2=-3$  $\therefore 3a+b=-1$  ……㉡
㉠, ㉡을 연립하여 풀면
$a=1$, $b=-4$
$\therefore 50a+b=50+(-4)=46$

**10**

조건 ㈎에서 다항식 $f(x+3)-f(x)$가 $(x-1)(x+2)$로 나누어떨어지므로 $x-1$, $x+2$를 각각 인수로 갖는다.

즉, 인수정리에 의하여

$f(4)-f(1)=0$에서 $f(4)=f(1)$ ...... ㉠

$f(1)-f(-2)=0$에서 $f(-2)=f(1)$ ...... ㉡

㉠, ㉡에서 $f(-2)=f(1)=f(4)$

다항식을 일차식으로 나누었을 때의 나머지는 상수이므로

$f(-2)=f(1)=f(4)=k$ ($k$는 상수)라 하면 최고차항의 계수가 1인 삼차다항식 $f(x)$는

$f(x)=(x+2)(x-1)(x-4)+k$ ...... ㉢

조건 ㈏에서 $f(2)=-3$이므로

㉢의 양변에 $x=2$를 대입하면

$f(2)=4×1×(-2)+k=-3$

$k-8=-3$ ∴ $k=5$

따라서 $f(x)=(x+2)(x-1)(x-4)+5$이므로

$f(0)=2×(-1)×(-4)+5=13$

---

개념으로 **단원 마무리** • 본문 026쪽

**1** 답 (1) 항등식 (2) 0, 0, $a'$, $b'$, $c'$, $a'$, $b'$, $c'$, 0, 0

　　　　(3) 미정계수법, 계수, 수치대입법 (4) $a$, 나머지정리

　　　　(5) $x-\alpha$, $f(\alpha)$

**2** 답 (1) ○ (2) × (3) ○ (4) ○

(2) 다항식 $f(x)$를 일차식 $ax+b$ ($a$, $b$는 상수)로 나누었을 때의 나머지는 $f\left(-\dfrac{b}{a}\right)$이다.

(3) 다항식 $f(x)$를 일차식 $2x-1$로 나누었을 때와 $x-\dfrac{1}{2}$로 나누었을 때의 나머지는 나머지정리에 의하여 둘 다 $f\left(\dfrac{1}{2}\right)$이므로 서로 같다.

---

**03 인수분해**

교과서 개념 **확인하기** ──────────○ 본문 029쪽

**1** 답 (1) $ab(a+2b+3)$ (2) $(a+b)(x-y)$

(1) $a^2b$, $2ab^2$, $3ab$의 공통인수는 $ab$이므로

$a^2b+2ab^2+3ab=ab(a+2b+3)$

(2) $x(a+b)$, $y(a+b)$의 공통인수는 $a+b$이므로

$x(a+b)-y(a+b)=(a+b)(x-y)$

**2** 답 (1) $(x+5)^2$ (2) $(5a+6b)(5a-6b)$ (3) $(x-1)^3$

　　　　(4) $(a-2)(a^2+2a+4)$

　　　　(5) $(a-b+c)(a^2+b^2+c^2+ab+bc-ca)$

　　　　(6) $(x^2+3x+9)(x^2-3x+9)$

(1) $x^2+10x+25=x^2+2×x×5+5^2=(x+5)^2$

(2) $25a^2-36b^2=(5a)^2-(6b)^2=(5a+6b)(5a-6b)$

(3) $x^3-3x^2+3x-1$

$=x^3-3×x^2×1+3×x×1^2-1^3$

$=(x-1)^3$

(4) $a^3-8=a^3-2^3$

$=(a-2)(a^2+a×2+2^2)$

$=(a-2)(a^2+2a+4)$

(5) $a^3-b^3+c^3+3abc$

$=a^3+(-b)^3+c^3-3×a×(-b)×c$

$=\{a+(-b)+c\}$

$×\{a^2+(-b)^2+c^2-a×(-b)-(-b)×c-c×a\}$

$=(a-b+c)(a^2+b^2+c^2+ab+bc-ca)$

(6) $x^4+9x^2+81=x^4+x^2×3^2+3^4$

$=(x^2+x×3+3^2)(x^2-x×3+3^2)$

$=(x^2+3x+9)(x^2-3x+9)$

**3** 답 (1) $(a+b+6)(a+b-1)$ (2) $(x^2+2)(x^2-3)$

(1) $a+b=X$라 하면

$(a+b)^2+5(a+b)-6=X^2+5X-6$

$=(X+6)(X-1)$

$=(a+b+6)(a+b-1)$

(2) $x^2=X$라 하면

$x^4-x^2-6=X^2-X-6=(X+2)(X-3)$

$=(x^2+2)(x^2-3)$

**4** 답 ㈎ 0 ㈏ $x-1$ ㈐ $x^2+2x-4$

---

교과서 예제로 **개념 익히기** • 본문 030~035쪽

**필수 예제 1** 답 (1) $(x-3)^3$ (2) $(2a+b)^3$

　　　　　　(3) $(3a+2b)(9a^2-6ab+4b^2)$

　　　　　　(4) $(4x^2+2xy+y^2)(4x^2-2xy+y^2)$

(1) $x^3-9x^2+27x-27$

$=x^3-3×x^2×3+3×x×3^2-3^3$

$=(x-3)^3$

(2) $8a^3+12a^2b+6ab^2+b^3$
$$=(2a)^3+3\times(2a)^2\times b+3\times 2a\times b^2+b^3$$
$$=(2a+b)^3$$
(3) $27a^3+8b^3=(3a)^3+(2b)^3$
$$=(3a+2b)\{(3a)^2-3a\times 2b+(2b)^2\}$$
$$=(3a+2b)(9a^2-6ab+4b^2)$$
(4) $16x^4+4x^2y^2+y^4=(2x)^4+(2x)^2\times y^2+y^4$
$$=(4x^2+2x\times y+y^2)(4x^2-2x\times y+y^2)$$
$$=(4x^2+2xy+y^2)(4x^2-2xy+y^2)$$

**1-1** 답 (1) $(2x+3y)^3$  (2) $(x-3y+2z)^2$
(3) $(4x-3y)(16x^2+12xy+9y^2)$
(4) $(a+3b-c)(a^2+9b^2+c^2-3ab+3bc+ca)$

(1) $8x^3+36x^2y+54xy^2+27y^3$
$$=(2x)^3+3\times(2x)^2\times 3y+3\times 2x\times(3y)^2+(3y)^3$$
$$=(2x+3y)^3$$
(2) $x^2+9y^2+4z^2-6xy-12yz+4zx$
$$=x^2+(-3y)^2+(2z)^2+2\times x\times(-3y)$$
$$\qquad\qquad +2\times(-3y)\times 2z+2\times 2z\times x$$
$$=(x-3y+2z)^2$$
(3) $64x^3-27y^3=(4x)^3-(3y)^3$
$$=(4x-3y)\{(4x)^2+4x\times 3y+(3y)^2\}$$
$$=(4x-3y)(16x^2+12xy+9y^2)$$
(4) $a^3+27b^3-c^3+9abc$
$$=a^3+(3b)^3+(-c)^3-3\times a\times 3b\times(-c)$$
$$=\{a+3b+(-c)\}\{a^2+(3b)^2+(-c)^2$$
$$\qquad\qquad -a\times 3b-3b\times(-c)-(-c)\times a\}$$
$$=(a+3b-c)(a^2+9b^2+c^2-3ab+3bc+ca)$$

**1-2** 답 ④
$27a^3-b^3+8+18ab$
$$=(3a)^3+(-b)^3+2^3-3\times(3a)\times(-b)\times 2$$
$$=\{(3a)+(-b)+2\}\{(3a)^2+(-b)^2+2^2-3a\times(-b)$$
$$\qquad\qquad -(-b)\times 2-2\times 3a\}$$
$$=(3a-b+2)(9a^2+b^2+4+3ab+2b-6a)$$
따라서 주어진 다항식의 인수인 것은 ④이다.

**1-3** 답 ⑤
① $4x^2-12xy+9y^2=(2x)^2-2\times 2x\times 3y+(3y)^2$
$$=(2x-3y)^2$$
② $125x^3+27y^3=(5x)^3+(3y)^3$
$$=(5x+3y)\{(5x)^2-5x\times 3y+(3y)^2\}$$
$$=(5x+3y)(25x^2-15xy+9y^2)$$
③ $64x^3-48x^2y+12xy^2-y^3$
$$=(4x)^3-3\times(4x)^2\times y+3\times 4x\times y^2-y^3$$
$$=(4x-y)^3$$
④ $8a^3-b^3-c^3-6abc$
$$=(2a)^3+(-b)^3+(-c)^3-3\times 2a\times(-b)\times(-c)$$
$$=\{2a+(-b)+(-c)\}\{(2a)^2+(-b)^2+(-c)^2$$
$$\qquad\qquad -2a\times(-b)-(-b)\times(-c)-(-c)\times 2a\}$$
$$=(2a-b-c)(4a^2+b^2+c^2+2ab-bc+2ca)$$

⑤ $4x^2+y^2+25z^2+4xy-10yz-20zx$
$$=(2x)^2+y^2+(-5z)^2+2\times 2x\times y+2\times y\times(-5z)$$
$$\qquad\qquad +2\times(-5z)\times 2x$$
$$=(2x+y-5z)^2$$
따라서 옳지 않은 것은 ⑤이다.

**필수 예제 2** 답 (1) $(x+3y+z)(x+3y-z)$
(2) $(x^2+5x+2)(x^2+3x+6)$
(3) $(a-1)(a^2+a+1)(a^6+a^3+1)$
(4) $(a+1)(a^2+3a+1)$

(1) $x^2+9y^2-z^2+6xy$
$$=(x^2+6xy+9y^2)-z^2$$
$$=(x+3y)^2-z^2$$
$$=(x+3y+z)(x+3y-z)$$
(2) $(x+2)^4-(x-2)^2$
$$=\{(x+2)^2\}^2-(x-2)^2$$
$$=\{(x+2)^2+(x-2)\}\{(x+2)^2-(x-2)\}$$
$$=(x^2+4x+4+x-2)(x^2+4x+4-x+2)$$
$$=(x^2+5x+2)(x^2+3x+6)$$
(3) $a^9-1=(a^3)^3-1^3$
$$=(a^3-1)(a^6+a^3+1)$$
$$=(a-1)(a^2+a+1)(a^6+a^3+1)$$
(4) $a^3+1+4a^2+4a$
$$=a^3+1+4a(a+1)$$
$$=(a+1)(a^2-a+1)+4a(a+1)$$
$$=(a+1)(a^2-a+1+4a)$$
$$=(a+1)(a^2+3a+1)$$

**2-1** 답 (1) $(4x+y+z)(4x-y-z)$
(2) $(a^2-7a+17)(a^2-9a+15)$
(3) $(a^4+b^4)(a^2+b^2)(a+b)(a-b)$
(4) $(x-y-1)(x^2+xy+y^2)$

(1) $16x^2-y^2-z^2-2yz$
$$=16x^2-(y^2+2yz+z^2)$$
$$=(4x)^2-(y+z)^2$$
$$=\{4x+(y+z)\}\{4x-(y+z)\}$$
$$=(4x+y+z)(4x-y-z)$$
(2) $(a-4)^4-(a+1)^2$
$$=\{(a-4)^2\}^2-(a+1)^2$$
$$=\{(a-4)^2+(a+1)\}\{(a-4)^2-(a+1)\}$$
$$=(a^2-8a+16+a+1)(a^2-8a+16-a-1)$$
$$=(a^2-7a+17)(a^2-9a+15)$$
(3) $a^8-b^8=(a^4)^2-(b^4)^2$
$$=(a^4+b^4)(a^4-b^4)$$
$$=(a^4+b^4)\{(a^2)^2-(b^2)^2\}$$
$$=(a^4+b^4)(a^2+b^2)(a^2-b^2)$$
$$=(a^4+b^4)(a^2+b^2)(a+b)(a-b)$$
(4) $x^3-y^3-x^2-xy-y^2$
$$=(x^3-y^3)-(x^2+xy+y^2)$$
$$=(x-y)(x^2+xy+y^2)-(x^2+xy+y^2)$$
$$=(x-y-1)(x^2+xy+y^2)$$

**2-2 답** ③

$$x^6-y^6=(x^3)^2-(y^3)^2=(x^3+y^3)(x^3-y^3)$$
$$=(x+y)(x^2-xy+y^2)(x-y)(x^2+xy+y^2)$$
$$=(x+y)(x-y)(x^2+xy+y^2)(x^2-xy+y^2)$$

따라서 주어진 다항식의 인수가 아닌 것은 ③이다.

**다른 풀이**

$$x^6-y^6=(x^2)^3-(y^2)^3$$
$$=(x^2-y^2)(x^4+x^2y^2+y^4)$$
$$=(x+y)(x-y)(x^2+xy+y^2)(x^2-xy+y^2)$$

**2-3 답** 8

$$2x^3+6x^2y+12xy^2+8y^3$$
$$=(x^3+6x^2y+12xy^2+8y^3)+x^3$$
$$=\{x^3+3\times x^2\times 2y+3\times x\times (2y)^2+(2y)^3\}+x^3$$
$$=(x+2y)^3+x^3$$
$$=(x+2y+x)\{(x+2y)^2-(x+2y)\times x+x^2\}$$
$$=(2x+2y)(x^2+4xy+4y^2-x^2-2xy+x^2)$$
$$=2(x+y)(x^2+2xy+4y^2)$$

따라서 $a=2$, $b=4$이므로 $ab=2\times 4=8$

**필수 예제 3 답** (1) $(x^2-x+4)(x^2-x-1)$
　　　　　　　　(2) $(x^2+3x+4)(x^2+3x-2)$

(1) $x^2-x=X$라 하면
$$(x^2-x+5)(x^2-x-2)+6=(X+5)(X-2)+6$$
$$=X^2+3X-4$$
$$=(X+4)(X-1)$$
$$=(x^2-x+4)(x^2-x-1)$$

(2) $x(x+1)(x+2)(x+3)-8$의 두 일차식의 상수항의 합이 같도록 두 개씩 짝을 지어 전개하면
$$x(x+1)(x+2)(x+3)-8$$
$$=\{x(x+3)\}\{(x+1)(x+2)\}-8$$
$$=(x^2+3x)(x^2+3x+2)-8$$

이때 $x^2+3x=X$라 하면
$$x(x+1)(x+2)(x+3)-8=X(X+2)-8$$
$$=X^2+2X-8$$
$$=(X+4)(X-2)$$
$$=(x^2+3x+4)(x^2+3x-2)$$

**3-1 답** (1) $(x+1)(x+3)(x^2+4x-4)$
　　　　(2) $(x^2+5x+5)^2$　(3) $(x+2)(x-1)(x^2+x+4)$
　　　　(4) $(x^2-x+2)(x^2-x-16)$

(1) $x^2+4x=X$라 하면
$$(x^2+4x)^2-(x^2+4x)-12=X^2-X-12$$
$$=(X+3)(X-4)$$
$$=(x^2+4x+3)(x^2+4x-4)$$
$$=(x+1)(x+3)(x^2+4x-4)$$

(2) $(x+1)(x+2)(x+3)(x+4)+1$의 두 일차식의 상수항의 합이 같도록 두 개씩 짝을 지어 전개하면
$$(x+1)(x+2)(x+3)(x+4)+1$$
$$=\{(x+1)(x+4)\}\{(x+2)(x+3)\}+1$$
$$=(x^2+5x+4)(x^2+5x+6)+1$$

이때 $x^2+5x=X$라 하면
$$(x+1)(x+2)(x+3)(x+4)+1=(X+4)(X+6)+1$$
$$=X^2+10X+25$$
$$=(X+5)^2$$
$$=(x^2+5x+5)^2$$

(3) $x^2+x=X$라 하면
$$(x^2+x)(x^2+x+2)-8=X(X+2)-8$$
$$=X^2+2X-8$$
$$=(X+4)(X-2)$$
$$=(x^2+x+4)(x^2+x-2)$$
$$=(x+2)(x-1)(x^2+x+4)$$

(4) $(x+3)(x+1)(x-2)(x-4)-56$의 두 일차식의 상수항의 합이 같도록 두 개씩 짝을 지어 전개하면
$$(x+3)(x+1)(x-2)(x-4)-56$$
$$=\{(x+3)(x-4)\}\{(x+1)(x-2)\}-56$$
$$=(x^2-x-12)(x^2-x-2)-56$$

이때 $x^2-x=X$라 하면
$$(x+3)(x+1)(x-2)(x-4)-56$$
$$=(X-12)(X-2)-56$$
$$=X^2-14X-32$$
$$=(X+2)(X-16)$$
$$=(x^2-x+2)(x^2-x-16)$$

**3-2 답** 1

$x(x+1)(x-1)(x-2)+a$의 두 일차식의 상수항의 합이 같도록 두 개씩 짝을 지어 전개하면
$$x(x+1)(x-1)(x-2)+a$$
$$=\{x(x-1)\}\{(x+1)(x-2)\}+a$$
$$=(x^2-x)(x^2-x-2)+a$$

이때 $x^2-x=X$라 하면
$$x(x+1)(x-1)(x-2)+a=X(X-2)+a$$
$$=X^2-2X+a$$

주어진 식이 $x$에 대한 이차식의 완전제곱식으로 인수분해되려면 위의 식이 $X$에 대한 완전제곱식으로 인수분해되어야 하므로
$$a=\left(\frac{-2}{2}\right)^2=1$$

**참고** $x^2+ax+b\,(a, b$는 상수$)$는
$$b=\left(\frac{a}{2}\right)^2,\ a=\pm 2\sqrt{b}\,(b>0)$$
일 때 완전제곱식이다.

**3-3 답** (1) $(x+1)(x-1)(x+3)(x-3)$
　　　　(2) $(x^2+3x+3)(x^2-3x+3)$

(1) $x^2=X$라 하면
$$x^4-10x^2+9=X^2-10X+9$$
$$=(X-1)(X-9)$$
$$=(x^2-1)(x^2-9)$$
$$=(x+1)(x-1)(x+3)(x-3)$$

(2) $x^4-3x^2+9=(x^4+6x^2+9)-9x^2$
$$=(x^2+3)^2-(3x)^2$$
$$=(x^2+3x+3)(x^2-3x+3)$$

**필수 예제 4** 답 (1) $(x+y)(x-y)(y-z)$
　　　　　　　(2) $(x+2y+1)(x+y-2)$
　　　　　　　(3) $-(x-y)(y-z)(z-x)$

(1) 가장 낮은 차수의 문자인 $z$에 대하여 내림차순으로 정리하면
$$x^2y+y^2z-x^2z-y^3=(y^2-x^2)z+x^2y-y^3$$
$$=(y^2-x^2)z-y(y^2-x^2)$$
$$=(y^2-x^2)(z-y)$$
$$=(y+x)(y-x)(z-y)$$
$$=(x+y)(x-y)(y-z)$$

(2) $x$에 대하여 내림차순으로 정리하면
$$x^2+2y^2+3xy-x-3y-2$$
$$=x^2+(3y-1)x+2y^2-3y-2$$
$$=x^2+(3y-1)x+(2y+1)(y-2)$$
$$=(x+2y+1)(x+y-2)$$

(3) $x$에 대하여 내림차순으로 정리하면
$$x^2y-xy^2+y^2z-yz^2+z^2x-zx^2$$
$$=(y-z)x^2+(-y^2+z^2)x+y^2z-yz^2$$
$$=(y-z)x^2-(y+z)(y-z)x+yz(y-z)$$
$$=(y-z)\{x^2-(y+z)x+yz\}$$
$$=(y-z)(x-y)(x-z)$$
$$=-(x-y)(y-z)(z-x)$$ ← 인수분해한 결과를 적을 때는 보통 보기 좋게 순환하는 꼴로 나타낸다.

**4-1** 답 (1) $(x+3y+2)(x-y+2)$
　　　　(2) $(a+3b+2)(2a-b-1)$
　　　　(3) $(x+y)(y-z)(z+x)$

(1) $x$에 대하여 내림차순으로 정리하면
$$x^2+2xy-3y^2+4x+4y+4$$
$$=x^2+(2y+4)x-(3y^2-4y-4)$$
$$=x^2+(2y+4)x-(3y+2)(y-2)$$
$$=\{x+(3y+2)\}\{x-(y-2)\}$$
$$=(x+3y+2)(x-y+2)$$

(2) $a$에 대하여 내림차순으로 정리하면
$$2a^2+5ab-3b^2+3a-5b-2$$
$$=2a^2+(5b+3)a-(3b^2+5b+2)$$
$$=2a^2+(5b+3)a-(3b+2)(b+1)$$
$$=\{a+(3b+2)\}\{2a-(b+1)\}$$
$$=(a+3b+2)(2a-b-1)$$

(3) $xy(x+y)+yz(y-z)-zx(z+x)$
$$=x^2y+xy^2+y^2z-yz^2-z^2x-zx^2$$
$x$에 대하여 내림차순으로 정리하면
$$x^2y+xy^2+y^2z-yz^2-z^2x-zx^2$$
$$=(y-z)x^2+(y^2-z^2)x+y^2z-yz^2$$
$$=(y-z)x^2+(y+z)(y-z)x+yz(y-z)$$
$$=(y-z)\{x^2+(y+z)x+yz\}$$
$$=(y-z)(x+y)(x+z)$$
$$=(x+y)(y-z)(z+x)$$

**4-2** 답 2

$x$에 대하여 내림차순으로 정리하면

$$x^2-3xy+2y^2+4x-5y+3$$
$$=x^2+(-3y+4)x+(2y^2-5y+3)$$
$$=x^2-(3y-4)x+(2y-3)(y-1)$$
$$=\{x-(2y-3)\}\{x-(y-1)\}$$
$$=(x-2y+3)(x-y+1)$$
따라서 $a=-2$, $b=3$, $c=-1$이므로
$$a+b-c=-2+3-(-1)=2$$

**4-3** 답 7

$x$에 대하여 내림차순으로 정리하면
$$x^2+4xy+3y^2+kx+13y+12$$
$$=x^2+(4y+k)x+3y^2+13y+12$$
$$=x^2+(4y+k)x+(3y+4)(y+3)$$
따라서 위의 식이 $x$, $y$에 대한 두 일차식의 곱으로 인수분해되려면
$$4y+k=(3y+4)+(y+3)$$
이어야 하므로
$$4y+k=4y+7$$
$$\therefore k=7$$

**필수 예제 5** 답 (1) $(x+1)(x^2-x-3)$
　　　　　　　(2) $(x+1)(x+2)(x+3)$
　　　　　　　(3) $(x-1)(2x^2-2x+1)$
　　　　　　　(4) $(x+1)(x-1)(x^2-x+3)$

(1) $f(x)=x^3-4x-3$이라 하면
$$f(-1)=-1+4-3=0$$
이므로 인수정리에 의하여 $x+1$은 $f(x)$의 인수이다.
조립제법을 이용하여 다항식 $f(x)$를 인수분해하면

| $-1$ | 1 | 0 | $-4$ | $-3$ |
|---|---|---|---|---|
| | | $-1$ | 1 | 3 |
| | 1 | $-1$ | $-3$ | 0 |

$$\therefore f(x)=x^3-4x-3$$
$$=(x+1)(x^2-x-3)$$

(2) $f(x)=x^3+6x^2+11x+6$이라 하면
$$f(-1)=-1+6-11+6=0$$
이므로 인수정리에 의하여 $x+1$은 $f(x)$의 인수이다.
조립제법을 이용하여 다항식 $f(x)$를 인수분해하면

| $-1$ | 1 | 6 | 11 | 6 |
|---|---|---|---|---|
| | | $-1$ | $-5$ | $-6$ |
| | 1 | 5 | 6 | 0 |

$$\therefore f(x)=x^3+6x^2+11x+6$$
$$=(x+1)(x^2+5x+6)$$
$$=(x+1)(x+2)(x+3)$$

(3) $f(x)=2x^3-4x^2+3x-1$이라 하면
$$f(1)=2-4+3-1=0$$
이므로 인수정리에 의하여 $x-1$은 $f(x)$의 인수이다.
조립제법을 이용하여 다항식 $f(x)$를 인수분해하면

| 1 | 2 | $-4$ | 3 | $-1$ |
|---|---|---|---|---|
| | | 2 | $-2$ | 1 |
| | 2 | $-2$ | 1 | 0 |

∴ $f(x)=2x^3-4x^2+3x-1$
$=(x-1)(2x^2-2x+1)$

(4) $f(x)=x^4-x^3+2x^2+x-3$이라 하면
$f(-1)=1+1+2-1-3=0,$
$f(1)=1-1+2+1-3=0$
이므로 인수정리에 의하여 $x+1$과 $x-1$은 $f(x)$의 인수이다.
조립제법을 이용하여 다항식 $f(x)$를 인수분해하면

| $-1$ | 1 | $-1$ | 2 | $-3$ | |
|---|---|---|---|---|---|
| | | $-1$ | 2 | $-4$ | 3 |
| 1 | 1 | $-2$ | 4 | $-3$ | 0 |
| | | 1 | $-1$ | 3 | |
| | 1 | $-1$ | 3 | 0 | |

∴ $f(x)=x^4-x^3+2x^2+x-3$
$=(x+1)(x-1)(x^2-x+3)$

**5-1** 답 (1) $(x-1)(x^2-5x-2)$
(2) $(x+2)(x^2-2x+5)$
(3) $(x+1)(2x^2+x+3)$
(4) $(x+1)(x-2)(x^2-2x+2)$

(1) $f(x)=x^3-6x^2+3x+2$라 하면
$f(1)=1-6+3+2=0$
이므로 인수정리에 의하여 $x-1$은 $f(x)$의 인수이다.
조립제법을 이용하여 다항식 $f(x)$를 인수분해하면

| 1 | 1 | $-6$ | 3 | 2 |
|---|---|---|---|---|
| | | 1 | $-5$ | $-2$ |
| | 1 | $-5$ | $-2$ | 0 |

∴ $f(x)=x^3-6x^2+3x+2$
$=(x-1)(x^2-5x-2)$

(2) $f(x)=x^3+x+10$이라 하면
$f(-2)=-8-2+10=0$
이므로 인수정리에 의하여 $x+2$는 $f(x)$의 인수이다.
조립제법을 이용하여 다항식 $f(x)$를 인수분해하면

| $-2$ | 1 | 0 | 1 | 10 |
|---|---|---|---|---|
| | | $-2$ | 4 | $-10$ |
| | 1 | $-2$ | 5 | 0 |

∴ $f(x)=x^3+x+10$
$=(x+2)(x^2-2x+5)$

(3) $f(x)=2x^3+3x^2+4x+3$이라 하면
$f(-1)=-2+3-4+3=0$
이므로 인수정리에 의하여 $x+1$은 $f(x)$의 인수이다.
조립제법을 이용하여 다항식 $f(x)$를 인수분해하면

| $-1$ | 2 | 3 | 4 | 3 |
|---|---|---|---|---|
| | | $-2$ | $-1$ | $-3$ |
| | 2 | 1 | 3 | 0 |

∴ $f(x)=2x^3+3x^2+4x+3$
$=(x+1)(2x^2+x+3)$

(4) $f(x)=x^4-3x^3+2x^2+2x-4$라 하면
$f(-1)=1+3+2-2-4=0,$
$f(2)=16-24+8+4-4=0$
이므로 인수정리에 의하여 $x+1$과 $x-2$는 $f(x)$의 인수이다.

조립제법을 이용하여 다항식 $f(x)$를 인수분해하면

| $-1$ | 1 | $-3$ | 2 | 2 | $-4$ |
|---|---|---|---|---|---|
| | | $-1$ | 4 | $-6$ | 4 |
| 2 | 1 | $-4$ | 6 | $-4$ | 0 |
| | | 2 | $-4$ | 4 | |
| | 1 | $-2$ | 2 | 0 | |

∴ $f(x)=x^4-3x^3+2x^2+2x-4$
$=(x+1)(x-2)(x^2-2x+2)$

**5-2** 답 (1) 2 (2) $(x-2)(x+1)(x+3)$

(1) 다항식 $f(x)$가 $x-2$로 나누어떨어지므로 $f(2)=0$이어야 한다.
$f(2)=0$에서 $8+4a-10-6=0$
$4a=8$ ∴ $a=2$

(2) (1)에서 $f(x)=x^3+2x^2-5x-6$이고 인수정리에 의하여 $x-2$는 $f(x)$의 인수이다.
조립제법을 이용하여 다항식 $f(x)$를 인수분해하면

| 2 | 1 | 2 | $-5$ | $-6$ |
|---|---|---|---|---|
| | | 2 | 8 | 6 |
| | 1 | 4 | 3 | 0 |

∴ $f(x)=x^3+2x^2-5x-6$
$=(x-2)(x^2+4x+3)$
$=(x-2)(x+1)(x+3)$

**5-3** 답 21
$(x+1)^2$이 $f(x)=x^3+5x^2+ax+b$의 인수이므로
조립제법을 이용하여 다항식 $f(x)$를 인수분해하면

| $-1$ | 1 | 5 | $a$ | $b$ |
|---|---|---|---|---|
| | | $-1$ | $-4$ | $4-a$ |
| $-1$ | 1 | 4 | $a-4$ | $4-a+b$ |
| | | $-1$ | $-3$ | |
| | 1 | 3 | $a-7$ | |

이때 다항식 $f(x)$는 $(x+1)^2$으로 나누어떨어지므로
$a-7=0,\ 4-a+b=0$
∴ $a=7,\ b=3$
∴ $ab=7\times3=21$

**필수 예제 6** 답 180
$x$에 대하여 내림차순으로 정리하면
$x^4+y^4-x^3y-xy^3=x^4-x^3y-xy^3+y^4$
$=x^3(x-y)-y^3(x-y)$
$=(x-y)(x^3-y^3)$
$=(x-y)(x-y)(x^2+xy+y^2)$
$=(x-y)^2(x^2+xy+y^2)$
$=(x-y)^2\{(x-y)^2+3xy\}$
이때 $x-y=(2+\sqrt{3})-(2-\sqrt{3})=2\sqrt{3},$
$xy=(2+\sqrt{3})(2-\sqrt{3})=1$이므로
$x^4+y^4-x^3y-xy^3=(2\sqrt{3})^2\{(2\sqrt{3})^2+3\times1\}=180$

**6-1** 답 10200
$x$에 대하여 내림차순으로 정리하면

$$x^2+y^2+2xy+4x+4y+3=x^2+(2y+4)x+y^2+4y+3$$
$$=x^2+(2y+4)x+(y+1)(y+3)$$
$$=(x+y+1)(x+y+3)$$
$$=(99+1)\times(99+3)$$
$$=100\times102=10200$$

**6-2** 답 3

$$x^3+y^3+z^3-3xyz$$
$$=(x+y+z)(x^2+y^2+z^2-xy-yz-zx)$$
에서
$$x^3+y^3+z^3=(x+y+z)(x^2+y^2+z^2-xy-yz-zx)+3xyz$$
$$\therefore \frac{x^3+y^3+z^3}{xyz}$$
$$=\frac{(x+y+z)(x^2+y^2+z^2-xy-yz-zx)+3xyz}{xyz}$$
$$=\frac{0\times(x^2+y^2+z^2-xy-yz-zx)}{xyz}+\frac{3xyz}{xyz}$$
$$=0+3=3$$

**필수 예제 7** 답 1007

$1005=x$라 하면 $1003=x-2$이므로
$$\frac{1005^3+8}{1005\times1003+4}=\frac{x^3+8}{x(x-2)+4}$$
$$=\frac{(x+2)(x^2-2x+4)}{x^2-2x+4}$$
$$=x+2 \ (\because x^2-2x+4\neq0)$$
$$=1005+2=1007$$

**7-1** 답 $\dfrac{111}{10}$

$11=x$라 하면
$$\frac{11^4+11^2+1}{11^3-1}=\frac{x^4+x^2+1}{x^3-1}$$
$$=\frac{(x^2+x+1)(x^2-x+1)}{(x-1)(x^2+x+1)}$$
$$=\frac{x^2-x+1}{x-1} \ (\because x^2+x+1\neq0)$$
$$=\frac{11^2-11+1}{11-1}=\frac{111}{10}$$

**7-2** 답 209

$13=x$라 하면
$$13\times14\times15\times16+1=x(x+1)(x+2)(x+3)+1$$
$$=\{x(x+3)\}\{(x+1)(x+2)\}+1$$
$$=(x^2+3x)(x^2+3x+2)+1$$
$x^2+3x=X$라 하면
$$X(X+2)+1=X^2+2X+1=(X+1)^2$$
$$=(x^2+3x+1)^2$$
$$=(13^2+3\times13+1)^2$$
$$=209^2$$
$$\therefore \sqrt{13\times14\times15\times16+1}=\sqrt{209^2}=209$$

| **01** ㄴ, ㄷ | **02** ② | **03** 13 | **04** ③ |
|---|---|---|---|
| **05** ④ | **06** ③ | **07** 48 | **08** 9450 |
| **09** ⑤ | **10** ① | | |

**01**

ㄱ. $a(x-y)+b(y-x)=a(x-y)-b(x-y)$
$$=(a-b)(x-y)$$

ㄴ. $8x^3-12x^2y+6xy^2-y^3$
$$=(2x)^3-3\times(2x)^2\times y+3\times2x\times y^2-y^3$$
$$=(2x-y)^3$$

ㄷ. $27x^3+64=(3x)^3+4^3$
$$=(3x+4)\{(3x)^2-3x\times4+4^2\}$$
$$=(3x+4)(9x^2-12x+16)$$

ㄹ. $16x^4+36x^2y^2+81y^4$
$$=(2x)^4+(2x)^2\times(3y)^2+(3y)^4$$
$$=(4x^2+2x\times3y+9y^2)(4x^2-2x\times3y+9y^2)$$
$$=(4x^2+6xy+9y^2)(4x^2-6xy+9y^2)$$
따라서 옳은 것은 ㄴ, ㄷ이다.

**02**

$$a^2-25c^2-ab+5bc=(a^2-25c^2)-b(a-5c)$$
$$=(a+5c)(a-5c)-b(a-5c)$$
$$=(a-b+5c)(a-5c)$$
따라서 주어진 다항식의 인수인 것은 ②이다.

**03**

$$x^4-19x^2+25=(x^4-10x^2+25)-9x^2$$
$$=\{(x^2)^2-10x^2+25\}-(3x)^2$$
$$=(x^2-5)^2-(3x)^2$$
$$=(x^2+3x-5)(x^2-3x-5)$$
따라서 $a=3$, $b=-5$, $c=-5$이므로
$$a-b-c=3-(-5)-(-5)=13$$

**04**

$$a^2(b+c)+b^2(c+a)+c^2(a+b)+2abc$$
$$=a^2b+a^2c+b^2c+b^2a+c^2a+c^2b+2abc$$
$a$에 대하여 내림차순으로 정리하면
$$a^2(b+c)+b^2(c+a)+c^2(a+b)+2abc$$
$$=(b+c)a^2+(b^2+2bc+c^2)a+b^2c+c^2b$$
$$=(b+c)a^2+(b+c)^2a+bc(b+c)$$
$$=(b+c)\{a^2+(b+c)a+bc\}$$
$$=(b+c)(a+b)(a+c)$$
$$=(a+b)(b+c)(c+a)$$

**05**

좌변을 가장 낮은 차수의 문자인 $c$에 대하여 내림차순으로 정리하면
$$(a+b)c^2+a^3+a^2b-ab^2-b^3=0$$
$$(a+b)c^2+(a+b)a^2-(a+b)b^2=0$$

좌변을 인수분해하면

$(a+b)(c^2+a^2-b^2)=0$

이때 $a>0$, $b>0$에서 $a+b>0$이므로

$c^2+a^2-b^2=0$  ∴ $a^2+c^2=b^2$

따라서 이 삼각형은 빗변의 길이가 $b$인 직각삼각형이다.

## 06

다항식 $f(x)=x^4+2x^3-9x^2-2x+k$가 $x-1$을 인수로 가지므로 $f(1)=0$이다.

$f(1)=0$에서 $1+2-9-2+k=0$

$k-8=0$  ∴ $k=8$

∴ $f(x)=x^4+2x^3-9x^2-2x+8$

이때 $f(-1)=1-2-9+2+8=0$이므로 인수정리에 의하여 $x+1$은 $f(x)$의 인수이다.

조립제법을 이용하여 다항식 $f(x)$를 인수분해하면

```
-1 | 1    2   -9   -2    8
   |     -1   -1   10   -8
   | 1    1  -10    8  | 0
   |      1    2   -8
   | 1    2   -8  | 0
```

∴ $f(x)=x^4+2x^3-9x^2-2x+8$

$\quad =(x+1)(x-1)(x^2+2x-8)$

$\quad =(x+1)(x-1)(x+4)(x-2)$

따라서 $f(x)$의 인수가 아닌 것은 ③이다.

## 07

$a$에 대하여 내림차순으로 정리하면

$ab^2-a^2b+bc^2-b^2c+ca^2-c^2a$

$=(-b+c)a^2+(b^2-c^2)a+bc^2-b^2c$

$=-(b-c)a^2+(b+c)(b-c)a-(b-c)bc$

$=-(b-c)\{a^2-(b+c)a+bc\}$

$=-(b-c)(a-b)(a-c)$

$=(a-b)(b-c)(c-a)$

이때 $a-b=6$, $b-c=-2$이므로 두 식을 변끼리 더하면

$a-c=4$

∴ $ab^2-a^2b+bc^2-b^2c+ca^2-c^2a=6\times(-2)\times(-4)=48$

## 08

$11=x$라 하면

$11^4-3\times11^3-14\times11^2+48\times11-32$

$=x^4-3x^3-14x^2+48x-32$

$f(x)=x^4-3x^3-14x^2+48x-32$라 하면

$f(1)=1-3-14+48-32=0$,

$f(2)=16-24-56+96-32=0$

이므로 인수정리에 의하여 $x-1$과 $x-2$는 $f(x)$의 인수이다.

조립제법을 이용하여 다항식 $f(x)$를 인수분해하면

```
1 | 1   -3   -14    48   -32
  |      1    -2   -16    32
2 | 1   -2   -16    32  |  0
  |      2     0   -32
  | 1    0   -16  |  0
```

∴ $f(x)=x^4-3x^3-14x^2+48x-32$

$\quad =(x-1)(x-2)(x^2-16)$

$\quad =(x-1)(x-2)(x+4)(x-4)$

따라서 $11^4-3\times11^3-14\times11^2+48\times11-32=f(11)$이므로

$f(11)=10\times9\times15\times7=9450$

## 09

$(x-1)(x-4)(x-5)(x-8)+a$의 두 일차식의 상수항의 합이 같도록 두 개씩 짝을 지어 전개하면

$(x-1)(x-4)(x-5)(x-8)+a$

$=\{(x-1)(x-8)\}\{(x-4)(x-5)\}+a$

$=(x^2-9x+8)(x^2-9x+20)+a$

이때 $x^2-9x=X$라 하면

$(x-1)(x-4)(x-5)(x-8)+a$

$=(X+8)(X+20)+a$

$=X^2+28X+160+a$

주어진 식이 $x$에 대한 완전제곱식으로 인수분해되려면 위의 식이 $X$에 대한 완전제곱식으로 인수분해되어야 하므로

$160+a=\left(\dfrac{28}{2}\right)^2$, $160+a=196$

∴ $a=36$

∴ $X^2+28X+196=(X+14)^2$

$\quad =(x^2-9x+14)^2$

$\quad =\{(x-2)(x-7)\}^2$

$\quad =(x-2)^2(x-7)^2$

따라서

$a=36$, $b=-2$, $c=-7$ 또는 $a=36$, $b=-7$, $c=-2$

이므로

$a+b+c=27$

## 10

$42=x$라 하면

$42\times(42-1)\times(42+6)+5\times42-5$

$=x(x-1)(x+6)+5x-5$

$=x(x-1)(x+6)+5(x-1)$

$=(x-1)\{x(x+6)+5\}$

$=(x-1)(x^2+6x+5)$

$=(x-1)(x+1)(x+5)$

$=41\times43\times47$

∴ $p+q+r=41+43+47=131$

참고  41, 43, 47은 모두 소수이므로 $41\times43\times47$은 유일한 소인수분해이다.

---

**개념으로 단원 마무리**   • 본문 038쪽

**1** 답 (1) 인수분해  (2) $a+b+c$, $a^2+b^2+c^2-ab-bc-ca$
  (3) 인수정리, $Q(x)$, $Q(x)$

**2** 답 (1) ✕  (2) ○  (3) ✕  (4) ○  (5) ○
(1) 다항식의 인수분해는 특별한 언급이 없으면 유리수 계수의 범위에서 한다.

(2) $x^2-3x=X$라 하면
$(x^2-3x+1)(x^2-3x+5)+3$
$=(X+1)(X+5)+3$
$=X^2+6X+8$
$=(X+2)(X+4)$
$=(x^2-3x+2)(x^2-3x+4)$
$=(x-1)(x-2)(x^2-3x+4)$

(3) $x$에 대하여 내림차순으로 정리하면
$x^2-2xy+y^2-3x+3y+2$
$=x^2+(-2y-3)x+y^2+3y+2$
$=x^2-(2y+3)x+(y+1)(y+2)$
$=\{x-(y+1)\}\{x-(y+2)\}$
$=(x-y-1)(x-y-2)$

(5) $100=x$라 하면 $101=x+1$이므로
$\dfrac{100\times101+1}{100^4+100^2+1}=\dfrac{x(x+1)+1}{x^4+x^2+1}$
$=\dfrac{x^2+x+1}{(x^2+x+1)(x^2-x+1)}$
$=\dfrac{1}{x^2-x+1}$ $(\because x^2+x+1\neq0)$
$=\dfrac{1}{100^2-100+1}=\dfrac{1}{9901}$

# 04 복소수

**교과서 개념 확인하기** ───○ 본문 041쪽

**1** 답 (1) 실수부분: 1, 허수부분: 2
　(2) 실수부분: 0, 허수부분: $-2$
　(3) 실수부분: $2+\sqrt{3}$, 허수부분: 0
　(4) 실수부분: $\dfrac{2}{3}$, 허수부분: $\dfrac{1}{3}$

(2) $-2i=0+(-2)i$이므로 실수부분은 0이고, 허수부분은 $-2$이다.

(3) $2+\sqrt{3}=(2+\sqrt{3})+0i$이므로 실수부분은 $2+\sqrt{3}$이고, 허수부분은 0이다.

(4) $\dfrac{2+i}{3}=\dfrac{2}{3}+\dfrac{1}{3}i$이므로 실수부분은 $\dfrac{2}{3}$이고, 허수부분은 $\dfrac{1}{3}$이다.

**2** 답 허수: ㄱ, ㄴ, ㄹ, 순허수: ㄱ, ㄴ
ㄱ. $-i$는 허수이면서 순허수이다.
ㄴ. $\sqrt{3}i$는 허수이면서 순허수이다.
ㄷ. $\sqrt{5}-1$은 실수이다.
ㄹ. $-1+i$는 허수이다.
따라서 허수는 ㄱ, ㄴ, ㄹ이고, 순허수는 ㄱ, ㄴ이다.

**3** 답 (1) $a=-1$, $b=-5$　(2) $a=2$, $b=-1$
(1) $a+bi=-1-5i$에서 복소수가 서로 같을 조건에 의하여
$a=-1$, $b=-5$
(2) $(a-4)+3i=-2+(b+4)i$에서 복소수가 서로 같을 조건에 의하여
$a-4=-2$, $3=b+4$　$\therefore a=2$, $b=-1$

**4** 답 (1) $-4-2i$　(2) $1+5i$　(3) 2　(4) $-\sqrt{3}i$
(1) $\overline{-4+2i}=-4-2i$
(2) $\overline{1-5i}=1+5i$
(3) $\overline{2}=\overline{2+0i}=2$
(4) $\overline{\sqrt{3}i}=\overline{0+\sqrt{3}i}=-\sqrt{3}i$

**5** 답 (1) $4\sqrt{2}i$　(2) $\sqrt{3}i$　(3) $-2\sqrt{6}$　(4) $-2i$
(1) $\sqrt{-2}+\sqrt{-18}=\sqrt{2}i+\sqrt{18}i=\sqrt{2}i+3\sqrt{2}i=4\sqrt{2}i$
(2) $\sqrt{-12}-\sqrt{-3}=\sqrt{12}i-\sqrt{3}i=2\sqrt{3}i-\sqrt{3}i=\sqrt{3}i$
(3) $\sqrt{-3}\sqrt{-8}=\sqrt{3}i\times\sqrt{8}i=\sqrt{24}i^2=-2\sqrt{6}$
(4) $\dfrac{\sqrt{12}}{\sqrt{-3}}=\dfrac{2\sqrt{3}}{\sqrt{3}i}=\dfrac{2}{i}=\dfrac{2i}{i^2}=-2i$

**6** 답 (1) $\pm\sqrt{7}i$　(2) $\pm\dfrac{1}{3}i$　(3) $\pm2\sqrt{2}i$　(4) $\pm\dfrac{3}{4}i$
(1) $-7$의 제곱근은 $\pm\sqrt{-7}=\pm\sqrt{7}i$이다.
(2) $-\dfrac{1}{9}$의 제곱근은 $\pm\sqrt{-\dfrac{1}{9}}=\pm\sqrt{\dfrac{1}{9}}i=\pm\dfrac{1}{3}i$이다.
(3) $-8$의 제곱근은 $\pm\sqrt{-8}=\pm\sqrt{8}i=\pm2\sqrt{2}i$이다.
(4) $-\dfrac{9}{16}$의 제곱근은 $\pm\sqrt{-\dfrac{9}{16}}=\pm\sqrt{\dfrac{9}{16}}i=\pm\dfrac{3}{4}i$이다.

**필수 예제 1** 답 ④

① 모든 실수는 복소수이다.

④ $3-2i=3+(-2)i$에서 실수부분은 3, 허수부분은 $-2$이다.

따라서 옳지 않은 것은 ④이다.

**1-1** 답 ②, ④

① 0은 실수이므로 복소수이다.

③ $\sqrt{-25}=\sqrt{25}i=5i$

⑤ $a$가 실수라는 조건이 없으므로 $a=i$, $b=0$이면 $a+bi=i$, 즉 허수이다.

따라서 옳은 것은 ②, ④이다.

**1-2** 답 실수: 4, $\pi$, 허수: $2-3i$, $\sqrt{3}-3i$, $\dfrac{1-i}{4}$

복소수 $a+bi$ ($a$, $b$는 실수)에서 실수는 $b=0$인 수이고, 허수는 $b\neq0$인 수이다.

따라서 실수는 4, $\pi$이고 허수는 $2-3i$, $\sqrt{3}-3i$, $\dfrac{1-i}{4}$이다.

**1-3** 답 ④

① $\overline{3+i}=3-i$

② $\overline{-2+3i}=-2-3i$

③ $\overline{\sqrt{2}}=\sqrt{2}$

⑤ $\overline{\left(\dfrac{1+3i}{5}\right)}=\dfrac{1-3i}{5}$

따라서 켤레복소수를 바르게 구한 것은 ④이다.

**필수 예제 2** 답 (1) $3+i$ (2) $1-i$ (3) $7+4i$ (4) $i$

(1) $2i+(3-i)=3+(2-1)i=3+i$

(2) $(1+2i)-3i=1+(2-3)i=1-i$

(3) $(2+3i)(2-i)=4-2i+6i-3i^2$
$\qquad\qquad\qquad\quad=4-3\times(-1)+(-2+6)i$
$\qquad\qquad\qquad\quad=7+4i$

(4) $\dfrac{1+i}{1-i}=\dfrac{(1+i)(1+i)}{(1-i)(1+i)}$
$\qquad\quad=\dfrac{(1+i)^2}{1-i^2}=\dfrac{1+2i+(-1)}{1-(-1)}$
$\qquad\quad=\dfrac{2i}{2}=i$

**2-1** 답 (1) $5+i$ (2) $1+7i$ (3) $-2i$ (4) $\dfrac{-4-7i}{13}$

(1) $(3+4i)+(2-3i)=(3+2)+(4-3)i=5+i$

(2) $(2+5i)-(1-2i)=(2-1)+(5+2)i=1+7i$

(3) $(1-i)^2=1-2i+i^2=1-2i+(-1)=-2i$

(4) $\dfrac{1-2i}{2+3i}=\dfrac{(1-2i)(2-3i)}{(2+3i)(2-3i)}$
$\qquad\quad=\dfrac{2-3i-4i+6i^2}{4-9i^2}=\dfrac{2-3i-4i+(-6)}{4-(-9)}$
$\qquad\quad=\dfrac{\{2+(-6)\}-(3+4)i}{13}=\dfrac{-4-7i}{13}$

**2-2** 답 $19+17i$

$2(5+10i)-(3-i)+4(-i+3)$
$=10+20i-3+i-4i+12$
$=(10-3+12)+(20+1-4)i$
$=19+17i$

**2-3** 답 25

$(-3+i)(5-2i)+\dfrac{1+2i}{2-i}$

$=-15+6i+5i-2i^2+\dfrac{(1+2i)(2+i)}{(2-i)(2+i)}$

$=\{-15-(-2)\}+(6+5)i+\dfrac{2+i+4i+2i^2}{4-i^2}$

$=-13+11i+\dfrac{\{2+(-2)\}+(1+4)i}{4-(-1)}$

$=-13+11i+\dfrac{\{2+(-2)\}+(1+4)i}{4-(-1)}$

$=-13+11i+i$

$=-13+(11+1)i$

$=-13+12i$

따라서 $a=-13$, $b=12$이므로

$b-a=12-(-13)=25$

**필수 예제 3** 답 (1) $-5$ (2) $-3$

(1) $(3-i)x+1-5i=(3x+1)-(x+5)i$

가 실수이려면 (허수부분)=0이어야 하므로

$-(x+5)=0$ $\quad\therefore x=-5$

(2) $x^2+(2+i)x-3-i=(x^2+2x-3)+(x-1)i$

가 순허수이려면 (실수부분)=0, (허수부분)$\neq$0이어야 하므로

$x^2+2x-3=0$, $x-1\neq0$

$x^2+2x-3=0$에서 $(x+3)(x-1)=0$

$\therefore x=-3$ 또는 $x=1$

이때 $x-1\neq0$에서 $x\neq1$이므로

$x=-3$

**3-1** 답 (1) $\dfrac{1}{2}$ (2) 2

(1) $(3-2i)x-6+i=(3x-6)+(-2x+1)i$

가 실수이려면 (허수부분)=0이어야 하므로

$-2x+1=0$ $\quad\therefore x=\dfrac{1}{2}$

(2) $x^2-(5+i)x+6+3i=(x^2-5x+6)-(x-3)i$

가 순허수이려면 (실수부분)=0, (허수부분)$\neq$0이어야 하므로

$x^2-5x+6=0$, $-(x-3)\neq0$

$x^2-5x+6=0$에서 $(x-2)(x-3)=0$

$\therefore x=2$ 또는 $x=3$

이때 $-(x-3)\neq0$에서 $x\neq3$이므로

$x=2$

**3-2** 답 5

$z=(a+2)+(a-7)i$에서

$z^2=(a+2)^2+2(a+2)(a-7)i+(a-7)^2i^2$
$\quad=(a+2)^2-(a-7)^2+2(a+2)(a-7)i$

$z^2$이 실수이려면 (허수부분)=0이어야 하므로

$2(a+2)(a-7)=0$

$\therefore a=-2$ 또는 $a=7$

따라서 모든 실수 $a$의 값의 합은

$-2+7=5$

**다른 풀이**

$z^2$이 실수가 되려면 $z$는 순허수이거나 실수이어야 한다.

즉, $z$의 (실수부분)=0 또는 (허수부분)=0이어야 하므로

$a+2=0$ 또는 $a-7=0$

$\therefore a=-2$ 또는 $a=7$

### 플러스 강의

**$z^2$이 실수가 되기 위한 조건**

$z=a+bi$ ($a$, $b$는 실수)라 하면 $z^2=a^2-b^2+2abi$이므로
$z^2$이 실수가 되려면 $2ab=0$에서 $a=0$ 또는 $b=0$이어야 한다.
따라서 $z$는 순허수이거나 실수, 즉 $z$의 (실수부분)=0 또는
(허수부분)=0이어야 한다.

**필수 예제 4** 답 (1) $x=3$, $y=2$ (2) $x=1$, $y=1$

(1) $2x+(6-3y)i=6$에서 복소수가 서로 같을 조건에 의하여

$2x=6$, $6-3y=0$

$\therefore x=3$, $y=2$

(2) $x(3-i)-y(2+5i)=1-6i$에서

$3x-xi-2y-5yi=1-6i$

$\therefore (3x-2y)-(x+5y)i=1-6i$

복소수가 서로 같을 조건에 의하여

$3x-2y=1$, $x+5y=6$

위의 두 식을 연립하여 풀면

$x=1$, $y=1$

**4-1** 답 (1) $x=3$, $y=4$ (2) $x=7$, $y=-5$

(1) $3x+(10-2y)i=9+2i$에서 복소수가 서로 같을 조건에 의하여

$3x=9$, $10-2y=2$

$\therefore x=3$, $y=4$

(2) $x(1-i)^2-y(1+2i)=5-4i$에서

$x(1-2i+i^2)-y(1+2i)=5-4i$

$x\{1-2i+(-1)\}-y-2yi=5-4i$

$-2xi-y-2yi=5-4i$

$\therefore -y-(2x+2y)i=5-4i$

복소수가 서로 같을 조건에 의하여

$-y=5$, $2x+2y=4$

위의 두 식을 연립하여 풀면

$x=7$, $y=-5$

**4-2** 답 15

$\dfrac{x}{3+i}+\dfrac{y}{3-i}=\dfrac{3}{1-i}$에서

$\dfrac{x(3-i)+y(3+i)}{(3+i)(3-i)}=\dfrac{3(1+i)}{(1-i)(1+i)}$

$\dfrac{3x-xi+3y+yi}{9-i^2}=\dfrac{3+3i}{1-i^2}$

$\dfrac{3x+3y-xi+yi}{9-(-1)}=\dfrac{3+3i}{1-(-1)}$

$\dfrac{3(x+y)+(y-x)i}{10}=\dfrac{3+3i}{2}$

$\therefore 3(x+y)+(y-x)i=15+15i$

복소수가 서로 같을 조건에 의하여

$x+y=5$, $y-x=15$

위의 두 식을 연립하여 풀면

$x=-5$, $y=10$

$\therefore x+2y=-5+2\times10=15$

**필수 예제 5** 답 ③

$z=a+bi$ ($a$, $b$는 실수)라 하면

$\bar{z}=a-bi$

① $z\bar{z}=(a+bi)(a-bi)=a^2-b^2i^2=a^2+b^2$이므로 실수이다.

② $z-\bar{z}=(a+bi)-(a-bi)=2bi$

 이때 $z$가 허수이면 $b\neq0$이므로 $2bi\neq0$

 즉, $z-\bar{z}$는 순허수이다.

③ $z^2=(a+bi)^2=a^2+2abi+b^2i^2=a^2-b^2+2abi$

 가 실수이면 $2ab=0$

 즉, $a=0$ 또는 $b=0$이므로 $z$는 실수 또는 순허수이다.

④ $z\bar{z}=a^2+b^2=0$이면 $a=0$, $b=0$이므로

 $z=0$

⑤ $\dfrac{1}{z}+\dfrac{1}{\bar{z}}=\dfrac{\bar{z}+z}{z\bar{z}}=\dfrac{(a-bi)+(a+bi)}{a^2+b^2}=\dfrac{2a}{a^2+b^2}$

 이므로 실수이다.

따라서 옳지 않은 것은 ③이다.

**5-1** 답 4

$z=a+bi$ ($a$, $b$는 실수)라 하면

$\bar{z}=a-bi$

또한, $z\neq0$에서 $a\neq0$ 또는 $b\neq0$

$z+\bar{z}=(a+bi)+(a-bi)=2a$

이므로 $z+\bar{z}$는 실수이다.

$(z-\bar{z})i=\{(a+bi)-(a-bi)\}i=2bi^2=-2b$

이므로 $(z-\bar{z})i$는 실수이다.

$\dfrac{z}{\bar{z}}=\dfrac{a+bi}{a-bi}=\dfrac{(a+bi)(a+bi)}{(a-bi)(a+bi)}$

$=\dfrac{a^2+2abi+b^2i^2}{a^2-b^2i^2}=\dfrac{a^2-b^2+2abi}{a^2+b^2}$

이때 $a\neq0$, $b\neq0$이면 $\dfrac{z}{\bar{z}}$는 허수이다.

$\overline{z}\bar{z}=\bar{z}z=(a-bi)(a+bi)=a^2-b^2i^2=a^2+b^2$

이므로 $\overline{z}\bar{z}$는 실수이다.

$z^2+\overline{z^2}=(a+bi)^2+\overline{(a+bi)^2}$

$=(a^2+2abi+b^2i^2)+\overline{(a^2+2abi+b^2i^2)}$

$=(a^2-b^2+2abi)+\overline{\{(a^2-b^2)+2abi\}}$

$=(a^2-b^2+2abi)+(a^2-b^2-2abi)$

$=2a^2-2b^2$

이므로 $z^2+\overline{z^2}$는 실수이다.

따라서 반드시 실수인 것은 $z+\bar{z}$, $(z-\bar{z})i$, $\overline{z}\bar{z}$, $z^2+\overline{z^2}$

의 4이다.

**5-2** 답 1

$z=(i+3)k+2-i$

 $=(3k+2)+(k-1)i$

에서 $\bar{z}=(3k+2)-(k-1)i$

이때 $z=\bar{z}$에서

$(3k+2)+(k-1)i=(3k+2)-(k-1)i$

이므로 복소수가 서로 같을 조건에 의하여

$k-1=-k+1,\ 2k=2$

$\therefore k=1$

**다른 풀이**

$z=\bar{z}$이면 $z$는 실수이므로 (허수부분)$=0$이다.

따라서 $k-1=0$에서

$k=1$

**플러스 강의**

**켤레복소수의 성질**

$z=a+bi$ ($a$, $b$는 실수)일 때

① $z=\bar{z}$이면 $z$는 실수

➡ $z=\bar{z}$이면 $a+bi=\overline{a+bi}$에서 $a+bi=a-bi$

$bi=-bi$이므로 $b=0$, 즉 $z$는 실수이다.

② $z=-\bar{z}$이면 $z$는 순허수 또는 0

➡ $z=-\bar{z}$이면 $a+bi=-(\overline{a+bi})$에서 $a+bi=-(a-bi)$

$a=-a$이므로 $a=0$, 즉 $z$는 순허수 또는 0이다.

**5-3 답** 10

$\alpha\bar{\alpha}+\bar{\alpha}\beta+\alpha\bar{\beta}+\beta\bar{\beta}=\bar{\alpha}(\alpha+\beta)+\bar{\beta}(\alpha+\beta)$
$=(\alpha+\beta)(\bar{\alpha}+\bar{\beta})$
$=(\alpha+\beta)(\overline{\alpha+\beta})$

이때 $\alpha=2-i$, $\beta=1+2i$이므로

$\alpha+\beta=(2-i)+(1+2i)$
$=(2+1)+(-1+2)i$
$=3+i$

이고 $\overline{\alpha+\beta}=\overline{3+i}=3-i$

$\therefore \alpha\bar{\alpha}+\bar{\alpha}\beta+\alpha\bar{\beta}+\beta\bar{\beta}=(\alpha+\beta)(\overline{\alpha+\beta})$
$=(3+i)(3-i)=3^2-i^2$
$=9-(-1)=10$

**필수 예제 6 답** (1) $-1+i$ (2) $1$ (3) $i$ (4) $1$

음이 아닌 정수 $k$에 대하여

$i^{4k+1}=i,\ i^{4k+2}=-1,\ i^{4k+3}=-i,\ i^{4k+4}=1$

(1) $i+i^2+i^3+\cdots+i^{50}$ → 연속한 4개씩 묶는다.

$=(i+i^2+i^3+i^4)+\cdots+(i^{45}+i^{46}+i^{47}+i^{48})+i^{49}+i^{50}$
$=(i+i^2+i^3+i^4)+\cdots+i^{44}(i+i^2+i^3+i^4)+i^{48}(i+i^2)$
$=(i-1-i+1)+\cdots+(i-1-i+1)+i-1$
$=-1+i$  $\underset{=0}{\underbrace{\phantom{xxxx}}}$

(2) $1+\dfrac{1}{i}+\dfrac{1}{i^2}+\cdots+\dfrac{1}{i^{60}}$

$=\left(1+\dfrac{1}{i}+\dfrac{1}{i^2}+\dfrac{1}{i^3}\right)+\cdots+\left(\dfrac{1}{i^{56}}+\dfrac{1}{i^{57}}+\dfrac{1}{i^{58}}+\dfrac{1}{i^{59}}\right)$
$\qquad\qquad\qquad\qquad\qquad\qquad\qquad\qquad +\dfrac{1}{i^{60}}$

$=\left(1+\dfrac{1}{i}+\dfrac{1}{i^2}+\dfrac{1}{i^3}\right)+\cdots+\dfrac{1}{i^{56}}\left(1+\dfrac{1}{i}+\dfrac{1}{i^2}+\dfrac{1}{i^3}\right)$
$\qquad\qquad\qquad\qquad\qquad\qquad\qquad\qquad +\dfrac{1}{i^{60}}$

$=\underset{=0}{\underbrace{\left(1+\dfrac{1}{i}-1-\dfrac{1}{i}\right)}}+\cdots+\left(1+\dfrac{1}{i}-1-\dfrac{1}{i}\right)+1=1$

(3) $\left(\dfrac{1+i}{\sqrt{2}}\right)^2=\dfrac{(1+i)^2}{2}=\dfrac{1+2i+i^2}{2}$
$=\dfrac{1+2i-1}{2}=i$

$\therefore \left(\dfrac{1+i}{\sqrt{2}}\right)^{50}=\left\{\left(\dfrac{1+i}{\sqrt{2}}\right)^2\right\}^{25}=i^{25}=i^{24}\times i=i$

(4) $\dfrac{1-i}{1+i}=\dfrac{(1-i)(1-i)}{(1+i)(1-i)}=\dfrac{1-2i+i^2}{1-i^2}$
$=\dfrac{1-2i+(-1)}{1-(-1)}=\dfrac{-2i}{2}=-i$

$\therefore \left(\dfrac{1-i}{1+i}\right)^{100}=(-i)^{100}=i^{100}=(i^4)^{25}=1$

**6-1 답** (1) $1-i$ (2) $0$ (3) $-i$ (4) $-1$

음이 아닌 정수 $k$에 대하여

$i^{4k+1}=i,\ i^{4k+2}=-1,\ i^{4k+3}=-i,\ i^{4k+4}=1$

(1) $1-i+i^2-i^3+\cdots+i^{48}-i^{49}$

$=(1-i+i^2-i^3)+\cdots+(i^{44}-i^{45}+i^{46}-i^{47})+i^{48}-i^{49}$
$=(1-i+i^2-i^3)+\cdots+i^{44}(1-i+i^2-i^3)+i^{48}(1-i)$
$=\{1-i-1-(-i)\}+\cdots+\{1-i-1-(-i)\}+1-i$
$=1-i$

(2) $\dfrac{1}{i}+\dfrac{1}{i^2}+\dfrac{1}{i^3}+\cdots+\dfrac{1}{i^{200}}$

$=\left(\dfrac{1}{i}+\dfrac{1}{i^2}+\dfrac{1}{i^3}+\dfrac{1}{i^4}\right)+\cdots$
$\qquad\qquad\qquad\qquad +\left(\dfrac{1}{i^{197}}+\dfrac{1}{i^{198}}+\dfrac{1}{i^{199}}+\dfrac{1}{i^{200}}\right)$

$=\left(\dfrac{1}{i}+\dfrac{1}{i^2}+\dfrac{1}{i^3}+\dfrac{1}{i^4}\right)+\cdots+\dfrac{1}{i^{196}}\left(\dfrac{1}{i}+\dfrac{1}{i^2}+\dfrac{1}{i^3}+\dfrac{1}{i^4}\right)$

$=\left(\dfrac{1}{i}-1-\dfrac{1}{i}+1\right)+\cdots+\left(\dfrac{1}{i}-1-\dfrac{1}{i}+1\right)=0$

(3) $\left(\dfrac{1-i}{\sqrt{2}}\right)^2=\dfrac{(1-i)^2}{2}=\dfrac{1-2i+i^2}{2}$
$=\dfrac{1-2i-1}{2}=-i$

$\therefore \left(\dfrac{1-i}{\sqrt{2}}\right)^{90}=\left\{\left(\dfrac{1-i}{\sqrt{2}}\right)^2\right\}^{45}$
$=(-i)^{45}=-i^{45}$
$=-(i^4)^{11}\times i=-i$

(4) $\dfrac{1+i}{1-i}=\dfrac{(1+i)(1+i)}{(1-i)(1+i)}=\dfrac{1+2i+i^2}{1-i^2}$
$=\dfrac{1+2i+(-1)}{1-(-1)}=\dfrac{2i}{2}=i$

$\therefore \left(\dfrac{1+i}{1-i}\right)^{50}=i^{50}=(i^4)^{12}\times i^2=-1$

**6-2 답** 0

$z=\dfrac{1+i}{1-i}=\dfrac{(1+i)^2}{(1-i)(1+i)}=\dfrac{1+2i+i^2}{1-i^2}$
$=\dfrac{1+2i-1}{1-(-1)}=\dfrac{2i}{2}=i$

$\therefore z^{25}=i^{25}=(i^4)^6\times i=i$

$\therefore z^{25}+\dfrac{1}{z^{25}}=i+\dfrac{1}{i}=i+\dfrac{i}{i^2}$
$=i+(-i)=0$

**6-3** 답 20

음이 아닌 정수 $k$에 대하여
$i^{4k+1}=i$, $i^{4k+2}=-1$, $i^{4k+3}=-i$, $i^{4k+4}=1$이므로
$i+2i^2+3i^3+\cdots+19i^{19}+20i^{20}$
$=(i+2i^2+3i^3+4i^4)+(5i^5+6i^6+7i^7+8i^8)+\cdots$
$\qquad\qquad\qquad\qquad +(17i^{17}+18i^{18}+19i^{19}+20i^{20})$
$=(i+2i^2+3i^3+4i^4)+i^4(5i+6i^2+7i^3+8i^4)+\cdots$
$\qquad\qquad\qquad\qquad +i^{16}(17i+18i^2+19i^3+20i^4)$
$=(i-2-3i+4)+(5i-6-7i+8)+\cdots$
$\qquad\qquad\qquad\qquad +(17i-18-19i+20)$
$=(2-2i)+(2-2i)+\cdots+(2-2i)$
$=5(2-2i)=10-10i$
따라서 $x=10$, $y=-10$이므로
$x-y=10-(-10)=20$

**필수 예제 7** 답 ④

① $\sqrt{-3}\sqrt{-5}=\sqrt{3}i\sqrt{5}i=-\sqrt{15}$

② $\sqrt{3}\sqrt{-5}=\sqrt{3}\sqrt{5}i=\sqrt{15}i=\sqrt{-15}$

③ $\dfrac{\sqrt{-3}}{\sqrt{-5}}=\dfrac{\sqrt{3}i}{\sqrt{5}i}=\dfrac{\sqrt{3}}{\sqrt{5}}=\sqrt{\dfrac{3}{5}}$

⑤ $\dfrac{\sqrt{-3}}{\sqrt{5}}=\dfrac{\sqrt{3}i}{\sqrt{5}}=\sqrt{\dfrac{3}{5}}i=\sqrt{-\dfrac{3}{5}}$

따라서 옳은 것은 ④이다.

**7-1** 답 ②

① $a<0$이므로
$\sqrt{a}=\sqrt{-a}i$

② $a<0$, $b<0$이므로
$\sqrt{a}\sqrt{b}=\sqrt{-a}i\times\sqrt{-b}i$
$\qquad\quad =\sqrt{(-a)\times(-b)}i^2$
$\qquad\quad =-\sqrt{ab}$

③ $a<0$, $b<0$이므로
$\sqrt{a^2}=|a|=-a$
$\sqrt{b^2}=|b|=-b$
$\therefore \sqrt{a^2}\sqrt{b^2}=-a\times(-b)=ab$

④ $a<0$, $b<0$이므로
$\dfrac{\sqrt{b}}{\sqrt{a}}=\dfrac{\sqrt{-b}i}{\sqrt{-a}i}=\dfrac{\sqrt{-b}}{\sqrt{-a}}$
$\qquad\quad =\sqrt{\dfrac{-b}{-a}}=\sqrt{\dfrac{b}{a}}$

⑤ $a<0$, $a^2>0$, $b<0$이므로
$\sqrt{\dfrac{b}{a^2}}=\dfrac{\sqrt{b}}{|a|}=-\dfrac{\sqrt{b}}{a}$

따라서 옳지 않은 것은 ②이다.

**7-2** 답 ③

$a<0$, $b<0$일 때, $\sqrt{a}\sqrt{b}=-\sqrt{ab}$
$\therefore 1=\sqrt{1}=\sqrt{(-1)\times(-1)}$
$\qquad =-\sqrt{-1}\sqrt{-1}=-(\sqrt{-1})^2=1$
따라서 등호가 처음으로 잘못 사용된 부분은 ③이다.

**7-3** 답 $2\sqrt{3}$

$\sqrt{-3}\sqrt{-4}+\dfrac{\sqrt{36}}{\sqrt{-3}}+\sqrt{2}\sqrt{-6}$
$=\sqrt{3}i\times\sqrt{4}i+\dfrac{\sqrt{36}}{\sqrt{3}i}+\sqrt{2}\times\sqrt{6}i$
$=\sqrt{12}i^2+\dfrac{\sqrt{36}i}{\sqrt{3}i^2}+\sqrt{12}i$
$=-2\sqrt{3}+(-2\sqrt{3}i)+2\sqrt{3}i$
$=-2\sqrt{3}$
따라서 $a=-2\sqrt{3}$, $b=0$이므로
$b-a=0-(-2\sqrt{3})=2\sqrt{3}$

---

**실전 문제로 단원 마무리** ・ 본문 048~049쪽

| | | | |
|---|---|---|---|
| **01** 2 | **02** 3 | **03** 17 | **04** 5 |
| **05** ③ | **06** ③ | **07** ① | **08** ㄴ, ㄹ |
| **09** ⑤ | **10** ⑤ | | |

**01**

$(3-i)(a+bi)=3a+3bi-ai-bi^2=(3a+b)+(3b-a)i$
이때 $(3-i)(a+bi)$가 실수이므로
$3b-a=0$, 즉 $a=3b$ ⋯⋯ ㉠
또한, $a+bi$의 실수부분과 허수부분의 합이 4이므로
$a+b=4$ ⋯⋯ ㉡
㉠, ㉡을 연립하여 풀면
$a=3$, $b=1$
$\therefore a-b=3-1=2$

**02**

$x=\dfrac{5-i}{1+i}=\dfrac{(5-i)(1-i)}{(1+i)(1-i)}=\dfrac{5-5i-i+i^2}{1-i^2}$
$\quad =\dfrac{5-6i+(-1)}{1-(-1)}=\dfrac{4-6i}{2}=2-3i$
에서 $x-2=-3i$
위의 식의 양변을 제곱하면
$x^2-4x+4=(-3i)^2$, $x^2-4x+4=-9$
$\therefore x^2-4x+16=(x^2-4x+4)+12$
$\qquad\qquad\qquad =-9+12=3$

**03**

$z=(1+i)x^2-(4+2i)x+3-3i$
$\quad =(x^2-4x+3)+(x^2-2x-3)i$ ⋯⋯ ㉠
$z$가 순허수가 되려면 $z$의 (실수부분)$=0$, (허수부분)$\ne0$이어야
하므로 $x^2-4x+3=0$이고 $x^2-2x-3\ne0$이어야 한다.
$x^2-4x+3=0$에서 $(x-1)(x-3)=0$
$\therefore x=1$ 또는 $x=3$ ⋯⋯ ㉡
$x^2-2x-3\ne0$에서 $(x+1)(x-3)\ne0$
$\therefore x\ne-1$, $x\ne3$ ⋯⋯ ㉢
즉, ㉡, ㉢을 모두 만족시키는 실수 $x$의 값은 1이고
$x=1$을 ㉠에 대입하면 $z=-4i$이므로
$a-\beta^2=1-(-4i)^2=1-(-16)=17$

## 04

주어진 등식의 좌변을 정리하면

$$(2+i)x+\frac{8y}{1-i}=(2+i)x+\frac{8y(1+i)}{(1-i)(1+i)}$$
$$=(2+i)x+\frac{8y(1+i)}{1-i^2}$$
$$=(2+i)x+\frac{8y(1+i)}{1-(-1)}$$
$$=(2+i)x+4y(1+i)$$
$$=(2x+4y)+(x+4y)i$$

즉, $(2x+4y)+(x+4y)i=10+9i$이므로
복소수가 서로 같을 조건에 의하여
$2x+4y=10$, $x+4y=9$
위의 두 식을 연립하여 풀면 $x=1$, $y=2$
$\therefore x^2+y^2=1^2+2^2=5$

## 05

$z=a+bi$ ($a$, $b$는 실수)라 하면 $\bar{z}=a-bi$이므로
$z+\bar{z}=(a+bi)+(a-bi)=2a$에서
$2a=2$  $\therefore a=1$
$z\bar{z}=(a+bi)(a-bi)=a^2-b^2i^2=a^2+b^2=1+b^2$에서
$1+b^2=9$, $b^2=8$  $\therefore b=\pm2\sqrt{2}$
$\therefore z=1\pm2\sqrt{2}i$
따라서 조건을 만족시키는 복소수 $z$가 될 수 있는 것은 ③이다.

## 06

$z=a+bi$ ($a$, $b$는 실수)라 하면 $\bar{z}=a-bi$이므로
$(1+i)(a-bi)-3i(a+bi)=-1-5i$
$a-bi+ai-bi^2-3ai-3bi^2=-1-5i$
$a-bi+ai+b-3ai+3b=-1-5i$
$\therefore (a+4b)-(2a+b)i=-1-5i$
복소수가 서로 같을 조건에 의하여
$a+4b=-1$, $2a+b=5$
위의 두 식을 연립하여 풀면 $a=3$, $b=-1$이므로
$z=3-i$

## 07

$$f(n)=\left(\frac{1+i}{\sqrt{2}}\right)^{2n}+\left(\frac{1-i}{\sqrt{2}}\right)^{2n}=\left\{\left(\frac{1+i}{\sqrt{2}}\right)^2\right\}^n+\left\{\left(\frac{1-i}{\sqrt{2}}\right)^2\right\}^n$$
$$=\left(\frac{1+2i+i^2}{2}\right)^n+\left(\frac{1-2i+i^2}{2}\right)^n$$
$$=\left\{\frac{1+2i+(-1)}{2}\right\}^n+\left\{\frac{1-2i+(-1)}{2}\right\}^n$$
$$=i^n+(-i)^n$$

이므로

$$f(1)+f(2)+f(3)+\cdots+f(10)$$
$$=\{i^1+(-i)^1\}+\{i^2+(-i)^2\}+\cdots+\{i^{10}+(-i)^{10}\}$$
$$=\underbrace{\{i^2+(-i)^2\}}_{=0}+\{i^4+(-i)^4\}+\{i^6+(-i)^6\}$$
$$\qquad\qquad+\{i^8+(-i)^8\}+\{i^{10}+(-i)^{10}\}$$
$$=\{-1+(-1)\}+(1+1)+\{-1+(-1)\}+(1+1)$$
$$\qquad\qquad\qquad+\{-1+(-1)\}$$
$$=-2$$

## 08

$a\neq0$, $b\neq0$이고 $\dfrac{\sqrt{b}}{\sqrt{a}}=-\sqrt{\dfrac{b}{a}}$이면 $a<0$, $b>0$

ㄱ. $a<0$, $-b<0$이므로
$\sqrt{a}\sqrt{-b}=\sqrt{-a}i\times\sqrt{b}i=-\sqrt{-ab}$ (참)

ㄴ. $a<0$, $b>0$이므로
$\dfrac{\sqrt{a}}{\sqrt{b}}=\dfrac{\sqrt{-a}i}{\sqrt{b}}=\sqrt{\dfrac{-a}{b}}i=\sqrt{\dfrac{a}{b}}$ (거짓)

ㄷ. $a<0$, $a^2>0$, $b>0$이므로
$\sqrt{a^2b}=\sqrt{a^2}\sqrt{b}=|a|\sqrt{b}=-a\sqrt{b}$ (참)

ㄹ. $a<0$, $-b<0$이므로
$\dfrac{\sqrt{-b}}{\sqrt{a}}=\dfrac{\sqrt{b}i}{\sqrt{-a}i}=\sqrt{-\dfrac{b}{a}}$ (거짓)

따라서 옳지 않은 것은 ㄴ, ㄹ이다.

## 09

$\bar{z}=a-bi$이므로

$$\frac{z}{\bar{z}}=\frac{a+bi}{a-bi}=\frac{(a+bi)^2}{(a-bi)(a+bi)}=\frac{a^2+2abi+b^2i^2}{a^2-b^2i^2}$$
$$=\frac{a^2-b^2+2abi}{a^2+b^2}=\frac{a^2-b^2}{a^2+b^2}+\frac{2ab}{a^2+b^2}i$$

$\dfrac{z}{\bar{z}}$의 실수부분이 $0$이 되기 위해서는
$a^2-b^2=0$ ($\because a^2+b^2>0$)이어야 하므로
$a^2=b^2$
이때 $a$, $b$가 자연수이므로
$a=b$
따라서 $a$, $b$가 5 이하의 자연수이므로 조건을 만족시키는 모든
복소수 $z$의 개수는
$1+i$, $2+2i$, $3+3i$, $4+4i$, $5+5i$
의 5이다.

## 10

$\alpha\bar{\beta}=1$에서 $\alpha=\dfrac{1}{\bar{\beta}}$
또한, 켤레복소수의 성질에 의하여
$\overline{\alpha\bar{\beta}}=1$  $\therefore \bar{\alpha}\beta=1$
즉, $\bar{\alpha}\beta=1$에서 $\beta=\dfrac{1}{\bar{\alpha}}$
$\therefore \beta+\dfrac{1}{\bar{\beta}}=\bar{\alpha}+\dfrac{1}{\alpha}=2i$

개념으로 **단원 마무리** ・본문 050쪽

**1** 탑 (1) 허수단위, $-1$, $-1$  (2) 복소수, 허수부분  (3) 허수
(4) $c$, $d$, $0$  (5) $\overline{a+bi}$  (6) $b+d$, $ac-bd$  (7) $-\sqrt{a}i$

**2** 탑 (1) ✕  (2) ○  (3) ○  (4) ✕  (5) ✕
(1) 실수는 복소수이므로 1은 복소수이다.
(4) $\sqrt{-2}\sqrt{-5}=\sqrt{2}i\times\sqrt{5}i=\sqrt{2\times5}i^2=-\sqrt{10}$
(5) $\dfrac{\sqrt{10}}{\sqrt{-2}}=\dfrac{\sqrt{10}}{\sqrt{2}i}=\dfrac{\sqrt{10}i}{\sqrt{2}i^2}=-\sqrt{5}i$

# 05 이차방정식

**1** 답 (1) $x=-3$ 또는 $x=3$  (2) $x=2$ 또는 $x=5$
(1) $x^2-9=0$에서
$$(x+3)(x-3)=0$$
$$\therefore x=-3 \text{ 또는 } x=3$$
(2) $x^2-7x+10=0$에서
$$(x-2)(x-5)=0$$
$$\therefore x=2 \text{ 또는 } x=5$$

**2** 답 (1) $x=\dfrac{3\pm\sqrt{5}}{2}$, 실근  (2) $x=1\pm\sqrt{2}i$, 허근
(1) $x=\dfrac{-(-3)\pm\sqrt{(-3)^2-4\times1\times1}}{2\times1}$
$\qquad =\dfrac{3\pm\sqrt{5}}{2}$
따라서 주어진 이차방정식의 근은 실근이다.
(2) $x=\dfrac{-(-1)\pm\sqrt{(-1)^2-1\times3}}{1}$
$\qquad =1\pm\sqrt{2}i$
따라서 주어진 이차방정식의 근은 허근이다.

**3** 답 (1) 서로 다른 두 실근  (2) 서로 다른 두 허근
(1) 이차방정식 $x^2-5x+2=0$의 판별식을 $D$라 할 때
$$D=(-5)^2-4\times1\times2=17>0$$
이므로 서로 다른 두 실근을 갖는다.
(2) 이차방정식 $x^2-x+2=0$의 판별식을 $D$라 할 때
$$D=(-1)^2-4\times1\times2=-7<0$$
이므로 서로 다른 두 허근을 갖는다.

**4** 답 (1) $x^2-10x+21=0$  (2) $x^2+\sqrt{3}x-6=0$  (3) $x^2+4=0$
(1) $x^2$의 계수가 1이고 두 근이 3, 7인 이차방정식은
$$x^2-(3+7)x+3\times7=0$$
$$\therefore x^2-10x+21=0$$
(2) $x^2$의 계수가 1이고 두 근이 $\sqrt{3}$, $-2\sqrt{3}$인 이차방정식은
$$x^2-\{\sqrt{3}+(-2\sqrt{3})\}x+\sqrt{3}\times(-2\sqrt{3})=0$$
$$\therefore x^2+\sqrt{3}x-6=0$$
(3) $x^2$의 계수가 1이고 두 근이 $2i$, $-2i$인 이차방정식은
$$x^2-\{2i+(-2i)\}x+2i\times(-2i)=0$$
$$\therefore x^2+4=0$$

**5** 답 $\left(x-\dfrac{3-\sqrt{7}i}{2}\right)\left(x-\dfrac{3+\sqrt{7}i}{2}\right)$
이차방정식 $x^2-3x+4=0$을 풀면
$$x=\dfrac{-(-3)\pm\sqrt{(-3)^2-4\times1\times4}}{2\times1}=\dfrac{3\pm\sqrt{7}i}{2}$$
$$\therefore x^2-3x+4=\left(x-\dfrac{3-\sqrt{7}i}{2}\right)\left(x-\dfrac{3+\sqrt{7}i}{2}\right)$$

**필수 예제 1** 답 (1) $x=-4$ 또는 $x=\dfrac{1}{2}$  (2) $x=\dfrac{5\pm\sqrt{41}}{2}$
$\qquad\qquad\qquad$ (3) $x=\dfrac{7\pm\sqrt{11}i}{6}$
(1) $2x^2+7x-4=0$에서 $(x+4)(2x-1)=0$
$$\therefore x=-4 \text{ 또는 } x=\dfrac{1}{2}$$
(2) $x^2-5x=4$에서 $x^2-5x-4=0$
$$\therefore x=\dfrac{-(-5)\pm\sqrt{(-5)^2-4\times1\times(-4)}}{2\times1}=\dfrac{5\pm\sqrt{41}}{2}$$
(3) $3x^2+5=7x$에서 $3x^2-7x+5=0$
$$\therefore x=\dfrac{-(-7)\pm\sqrt{(-7)^2-4\times3\times5}}{2\times3}=\dfrac{7\pm\sqrt{11}i}{6}$$

**1-1** 답 (1) $x=1$ 또는 $x=7$  (2) $x=\dfrac{-2\pm3\sqrt{2}}{2}$
$\qquad\qquad\quad$ (3) $x=2\pm\sqrt{6}i$
(1) $x^2+7=8x$에서 $x^2-8x+7=0$
$$(x-1)(x-7)=0 \quad \therefore x=1 \text{ 또는 } x=7$$
(2) $2x(x-5)=7(1-2x)$에서 $2x^2-10x=7-14x$
$$2x^2+4x-7=0$$
$$\therefore x=\dfrac{-2\pm\sqrt{2^2-2\times(-7)}}{2}=\dfrac{-2\pm3\sqrt{2}}{2}$$
(3) $(x-2)^2+6=0$에서 $x^2-4x+10=0$
$$\therefore x=\dfrac{-(-2)\pm\sqrt{(-2)^2-1\times10}}{1}=2\pm\sqrt{6}i$$

**1-2** 답 2
$(x+5)^2=4x+11$에서 $x^2+10x+25=4x+11$
$x^2+6x+14=0$
$$\therefore x=\dfrac{-3\pm\sqrt{3^2-1\times14}}{1}=-3\pm\sqrt{5}i$$
따라서 $a=-3$, $b=5$이므로
$a+b=-3+5=2$

**1-3** 답 $a=3$, 다른 한 근: $-4$
이차방정식 $x^2+ax+a-7=0$의 한 근이 1이므로
$x=1$을 $x^2+ax+a-7=0$에 대입하면
$1+a+a-7=0$, $2a-6=0$
$$\therefore a=3$$
$a=3$을 주어진 이차방정식에 대입하면
$x^2+3x-4=0$, $(x+4)(x-1)=0$
$$\therefore x=-4 \text{ 또는 } x=1$$
따라서 다른 한 근은 $-4$이다.

**필수 예제 2** 답 (1) $x=-9$ 또는 $x=9$
$\qquad\qquad\qquad$ (2) $x=-7$ 또는 $x=5$
(1) (ⅰ) $x<0$일 때, $|x|=-x$이므로
$$x^2+8x-9=0, (x+9)(x-1)=0$$
$$\therefore x=-9 \text{ 또는 } x=1$$
그런데 $x<0$이므로 $x=-9$

(ii) $x \geq 0$일 때, $|x| = x$이므로
$x^2 - 8x - 9 = 0$, $(x+1)(x-9) = 0$
$\therefore x = -1$ 또는 $x = 9$
그런데 $x \geq 0$이므로 $x = 9$
(i), (ii)에서 주어진 방정식의 근은 $x = -9$ 또는 $x = 9$이다.

**다른 풀이**

$x^2 - 8|x| - 9 = 0$에서 $|x|^2 - 8|x| - 9 = 0$
$(|x| + 1)(|x| - 9) = 0$
$\therefore |x| = -1$ 또는 $|x| = 9$
그런데 $|x| \geq 0$이므로 $|x| = 9$
$\therefore x = -9$ 또는 $x = 9$

(2) (i) $x < 2$일 때, $|x-2| = -(x-2)$이므로
$x^2 + 4(x-2) = 13$, $x^2 + 4x - 21 = 0$
$(x+7)(x-3) = 0$
$\therefore x = -7$ 또는 $x = 3$
그런데 $x < 2$이므로 $x = -7$
(ii) $x \geq 2$일 때, $|x-2| = x-2$이므로
$x^2 - 4(x-2) = 13$, $x^2 - 4x - 5 = 0$
$(x+1)(x-5) = 0$
$\therefore x = -1$ 또는 $x = 5$
그런데 $x \geq 2$이므로 $x = 5$
(i), (ii)에서 주어진 방정식의 근은 $x = -7$ 또는 $x = 5$이다.

**2-1** 답 (1) $x = -\dfrac{5}{2}$ 또는 $x = \dfrac{5}{2}$

(2) $x = -3 - \sqrt{5}$ 또는 $x = 3 + \sqrt{17}$

(1) (i) $x < 0$일 때, $|x| = -x$이므로
$2x^2 + 3x - 5 = 0$, $(2x+5)(x-1) = 0$
$\therefore x = -\dfrac{5}{2}$ 또는 $x = 1$

그런데 $x < 0$이므로 $x = -\dfrac{5}{2}$

(ii) $x \geq 0$일 때, $|x| = x$이므로
$2x^2 - 3x - 5 = 0$, $(x+1)(2x-5) = 0$
$\therefore x = -1$ 또는 $x = \dfrac{5}{2}$

그런데 $x \geq 0$이므로 $x = \dfrac{5}{2}$

(i), (ii)에서 주어진 방정식의 근은 $x = -\dfrac{5}{2}$ 또는 $x = \dfrac{5}{2}$이다.

**다른 풀이**

$2x^2 - 3|x| - 5 = 0$에서 $2|x|^2 - 3|x| - 5 = 0$
$(|x| + 1)(2|x| - 5) = 0$
$\therefore |x| = -1$ 또는 $|x| = \dfrac{5}{2}$

그런데 $|x| \geq 0$이므로 $|x| = \dfrac{5}{2}$

$\therefore x = -\dfrac{5}{2}$ 또는 $x = \dfrac{5}{2}$

(2) (i) $x < -1$일 때, $|x+1| = -(x+1)$이므로
$x^2 + 6(x+1) - 2 = 0$, $x^2 + 6x + 4 = 0$
$\therefore x = \dfrac{-3 \pm \sqrt{3^2 - 1 \times 4}}{1} = -3 \pm \sqrt{5}$
그런데 $x < -1$이므로 $x = -3 - \sqrt{5}$

(ii) $x \geq -1$일 때, $|x+1| = x+1$이므로
$x^2 - 6(x+1) - 2 = 0$, $x^2 - 6x - 8 = 0$
$\therefore x = \dfrac{-(-3) \pm \sqrt{(-3)^2 - 1 \times (-8)}}{1} = 3 \pm \sqrt{17}$
그런데 $x \geq -1$이므로 $x = 3 + \sqrt{17}$
(i), (ii)에서 주어진 방정식의 근은
$x = -3 - \sqrt{5}$ 또는 $x = 3 + \sqrt{17}$이다.

**2-2** 답 $x = -5$ 또는 $x = 3$

(i) $x < \dfrac{1}{3}$일 때, $|3x - 1| = -(3x-1)$이므로
$x^2 + (3x-1) + x - 4 = 0$, $x^2 + 4x - 5 = 0$
$(x+5)(x-1) = 0$
$\therefore x = -5$ 또는 $x = 1$

그런데 $x < \dfrac{1}{3}$이므로 $x = -5$

(ii) $x \geq \dfrac{1}{3}$일 때, $|3x-1| = 3x-1$이므로
$x^2 - (3x-1) + x - 4 = 0$, $x^2 - 2x - 3 = 0$
$(x+1)(x-3) = 0$
$\therefore x = -1$ 또는 $x = 3$

그런데 $x \geq \dfrac{1}{3}$이므로 $x = 3$

(i), (ii)에서 주어진 방정식의 근은 $x = -5$ 또는 $x = 3$이다.

**2-3** 답 $-1$

(i) $x < 0$일 때, $\sqrt{x^2} = -x$이므로
$x^2 - 3x + 2x - 6 = 0$
$x^2 - x - 6 = 0$, $(x+2)(x-3) = 0$
$\therefore x = -2$ 또는 $x = 3$
그런데 $x < 0$이므로 $x = -2$
(ii) $x \geq 0$일 때, $\sqrt{x^2} = x$이므로
$x^2 + 3x + 2x - 6 = 0$
$x^2 + 5x - 6 = 0$, $(x+6)(x-1) = 0$
$\therefore x = -6$ 또는 $x = 1$
그런데 $x \geq 0$이므로 $x = 1$
(i), (ii)에서 주어진 방정식의 근은 $x = -2$ 또는 $x = 1$이므로
그 합은
$-2 + 1 = -1$

**필수 예제 3** 답 (1) $k < 4$ (2) $k = 4$ (3) $k > 4$

이차방정식 $x^2 - 2x + k - 3 = 0$의 판별식을 $D$라 할 때
$\dfrac{D}{4} = (-1)^2 - 1 \times (k-3) = -k + 4$

(1) 서로 다른 두 실근을 가지려면
$\dfrac{D}{4} = -k + 4 > 0$ $\therefore k < 4$

(2) 중근을 가지려면
$\dfrac{D}{4} = -k + 4 = 0$ $\therefore k = 4$

(3) 서로 다른 두 허근을 가지려면
$\dfrac{D}{4} = -k + 4 < 0$ $\therefore k > 4$

**3-1 답** (1) $k > -\dfrac{3}{4}$　(2) $k = -\dfrac{3}{4}$　(3) $k < -\dfrac{3}{4}$

$x$에 대한 이차방정식 $x^2 - (2k+3)x + k^2 = 0$의 판별식을 $D$라 할 때

$$D = \{-(2k+3)\}^2 - 4 \times 1 \times k^2 = 12k + 9$$

(1) 서로 다른 두 실근을 가지려면

$$D = 12k + 9 > 0 \qquad \therefore k > -\dfrac{3}{4}$$

(2) 중근을 가지려면

$$D = 12k + 9 = 0 \qquad \therefore k = -\dfrac{3}{4}$$

(3) 서로 다른 두 허근을 가지려면

$$D = 12k + 9 < 0 \qquad \therefore k < -\dfrac{3}{4}$$

**3-2 답** 10

이차방정식 $x^2 - 7x + k + 2 = 0$의 판별식을 $D$라 할 때, 실근을 가지려면

$$D = (-7)^2 - 4 \times 1 \times (k+2) = -4k + 41 \geq 0$$

$$\therefore k \leq \dfrac{41}{4}$$

따라서 자연수 $k$의 개수는 1, 2, 3, $\cdots$, 10의 10이다.

**3-3 답** 서로 다른 두 허근

$x$에 대한 이차방정식 $x^2 - 6kx + 9k^2 - k - 3 = 0$의 판별식을 $D_1$이라 할 때, 허근을 가지려면

$$\dfrac{D_1}{4} = (-3k)^2 - 1 \times (9k^2 - k - 3) = k + 3 < 0$$

$$\therefore k < -3$$

또한, 이차방정식 $2x^2 + 4x - k + 5 = 0$의 판별식을 $D_2$라 할 때,

$$\dfrac{D_2}{4} = 2^2 - 2 \times (-k+5) = 2k - 6$$

이때 $k < -3$이므로

$$\dfrac{D_2}{4} = 2k - 6 < -12 < 0$$

따라서 이차방정식 $2x^2 + 4x - k + 5 = 0$은 서로 다른 두 허근을 갖는다.

**필수 예제 4 답** (1) 6　(2) 7　(3) 22　(4) $\dfrac{6}{7}$

이차방정식 $x^2 - 6x + 7 = 0$의 두 근이 $\alpha$, $\beta$이므로 근과 계수의 관계에 의하여

(1) $\alpha + \beta = -\dfrac{-6}{1} = 6$

(2) $\alpha\beta = \dfrac{7}{1} = 7$

(3) $\alpha^2 + \beta^2 = (\alpha+\beta)^2 - 2\alpha\beta = 6^2 - 2 \times 7 = 22$

(4) $\dfrac{1}{\alpha} + \dfrac{1}{\beta} = \dfrac{\alpha+\beta}{\alpha\beta} = \dfrac{6}{7}$

**4-1 답** (1) $-4$　(2) $-\dfrac{8}{3}$　(3) $\dfrac{80}{3}$　(4) $-8$

이차방정식 $3x^2 + 12x - 8 = 0$의 두 근이 $\alpha$, $\beta$이므로 근과 계수의 관계에 의하여

(1) $\alpha + \beta = -\dfrac{12}{3} = -4$

(2) $\alpha\beta = -\dfrac{8}{3}$

(3) $(\alpha-\beta)^2 = (\alpha+\beta)^2 - 4\alpha\beta = (-4)^2 - 4 \times \left(-\dfrac{8}{3}\right) = \dfrac{80}{3}$

(4) $\alpha^2 + \beta^2 = (\alpha+\beta)^2 - 2\alpha\beta = (-4)^2 - 2 \times \left(-\dfrac{8}{3}\right) = \dfrac{64}{3}$

　　이므로

$$\dfrac{\beta}{\alpha} + \dfrac{\alpha}{\beta} = \dfrac{\alpha^2 + \beta^2}{\alpha\beta} = \dfrac{\dfrac{64}{3}}{-\dfrac{8}{3}} = \dfrac{64}{3} \times \left(-\dfrac{3}{8}\right) = -8$$

**4-2 답** 168

이차방정식 $x^2 - 6x + 1 = 0$의 두 근이 $\alpha$, $\beta$이므로 근과 계수의 관계에 의하여

$$\alpha + \beta = -\dfrac{-6}{1} = 6, \quad \alpha\beta = \dfrac{1}{1} = 1$$

$$\therefore \alpha^3 + \beta^3 - 5(\alpha+\beta)$$
$$= (\alpha+\beta)^3 - 3\alpha\beta(\alpha+\beta) - 5(\alpha+\beta)$$
$$= 6^3 - 3 \times 1 \times 6 - 5 \times 6$$
$$= 168$$

**4-3 답** 29

이차방정식 $x^2 - 12x + k - 2 = 0$의 두 근의 비가 $1 : 3$이므로 두 근을 $\alpha$, $3\alpha$ $(\alpha \neq 0)$라 하면 근과 계수의 관계에 의하여

$$\alpha + 3\alpha = -\dfrac{-12}{1} = 12 \qquad \cdots\cdots ㉠$$

$$\alpha \times 3\alpha = \dfrac{k-2}{1} = k - 2 \qquad \cdots\cdots ㉡$$

㉠에서 $4\alpha = 12$　$\therefore \alpha = 3$

㉡에서 $3\alpha^2 = k - 2$, 즉 $k = 3\alpha^2 + 2$이므로 $\alpha = 3$을 대입하면

$$k = 27 + 2 = 29$$

**필수 예제 5 답** (1) $x^2 - \dfrac{5}{2}x + 1 = 0$　(2) $x^2 - 2x - 2 = 0$

　　(3) $x^2 - 4x + 5 = 0$

(1) $x^2$의 계수가 1이고 두 근이 $\dfrac{1}{2}$, 2인 이차방정식은

$$x^2 - \left(\dfrac{1}{2} + 2\right)x + \dfrac{1}{2} \times 2 = 0$$

$$\therefore x^2 - \dfrac{5}{2}x + 1 = 0$$

(2) $x^2$의 계수가 1이고 두 근이 $1+\sqrt{3}$, $1-\sqrt{3}$인 이차방정식은

$$x^2 - \{(1+\sqrt{3}) + (1-\sqrt{3})\}x + (1+\sqrt{3})(1-\sqrt{3}) = 0$$

$$\therefore x^2 - 2x - 2 = 0$$

(3) $x^2$의 계수가 1이고 두 근이 $2+i$, $2-i$인 이차방정식은

$$x^2 - \{(2+i) + (2-i)\}x + (2+i)(2-i) = 0$$

$$\therefore x^2 - 4x + 5 = 0$$

**5-1 답** (1) $x^2 - x + \dfrac{3}{16} = 0$　(2) $x^2 + 4x - 14 = 0$

　　(3) $x^2 - 2x + 6 = 0$

(1) $x^2$의 계수가 1이고 두 근이 $\dfrac{1}{4}$, $\dfrac{3}{4}$인 이차방정식은

$$x^2 - \left(\dfrac{1}{4} + \dfrac{3}{4}\right)x + \dfrac{1}{4} \times \dfrac{3}{4} = 0$$

$$\therefore x^2 - x + \dfrac{3}{16} = 0$$

(2) $x^2$의 계수가 1이고 두 근이 $-2+3\sqrt{2}$, $-2-3\sqrt{2}$인 이차
방정식은
$$x^2-\{(-2+3\sqrt{2})+(-2-3\sqrt{2})\}x$$
$$+(-2+3\sqrt{2})(-2-3\sqrt{2})=0$$
$\therefore x^2+4x-14=0$

(3) $x^2$의 계수가 1이고 두 근이 $1+\sqrt{5}i$, $1-\sqrt{5}i$인 이차방정식은
$$x^2-\{(1+\sqrt{5}i)+(1-\sqrt{5}i)\}x+(1+\sqrt{5}i)(1-\sqrt{5}i)=0$$
$\therefore x^2-2x+6=0$

**5-2** 답 $2x^2-4x+1=0$
이차방정식 $2x^2-8x+7=0$의 두 근이 $\alpha$, $\beta$이므로 근과 계수의
관계에 의하여
$$\alpha+\beta=-\frac{-8}{2}=4,\ \alpha\beta=\frac{7}{2}$$
두 근 $\alpha-1$, $\beta-1$의 합과 곱은 각각
$$(\alpha-1)+(\beta-1)=(\alpha+\beta)-2$$
$$=4-2=2$$
$$(\alpha-1)(\beta-1)=\alpha\beta-(\alpha+\beta)+1$$
$$=\frac{7}{2}-4+1=\frac{1}{2}$$
따라서 구하는 이차방정식은
$$2\left(x^2-2x+\frac{1}{2}\right)=0$$
$$\therefore 2x^2-4x+1=0$$

**5-3** 답 $-6$
이차방정식 $x^2+ax+7=0$의 두 근이 $\alpha$, $\beta$이므로 근과 계수의
관계에 의하여
$$\alpha+\beta=-\frac{a}{1}=-a,\ \alpha\beta=\frac{7}{1}=7$$
이차방정식 $x^2-6x+b=0$의 두 근이 $\alpha+\beta$, $\alpha\beta$, 즉 $-a$, 7이
므로 근과 계수의 관계에 의하여
$$-a+7=6 \quad \cdots\cdots \text{㉠}$$
$$-a\times 7=b \quad \cdots\cdots \text{㉡}$$
㉠에서 $a=1$
㉡에서 $-7a=b$
$\therefore b=-7$
$\therefore a+b=1+(-7)=-6$

**필수 예제 6** 답 (1) $-2$ (2) $4$
(1) 이차방정식 $x^2+ax+b=0$에서 $a$, $b$가 유리수이고 한 근이
$-\sqrt{2}$이므로 다른 한 근은 $\sqrt{2}$이다.
즉, 근과 계수의 관계에 의하여
$$(-\sqrt{2})+\sqrt{2}=-a,\ (-\sqrt{2})\times\sqrt{2}=b$$
따라서 $a=0$, $b=-2$이므로
$$a+b=0+(-2)=-2$$

(2) 이차방정식 $x^2+ax+b=0$에서 $a$, $b$가 실수이고 한 근이
$-1+i$이므로 다른 한 근은 $-1-i$이다.
즉, 근과 계수의 관계에 의하여
$$(-1+i)+(-1-i)=-a$$
$$(-1+i)(-1-i)=b$$
따라서 $a=2$, $b=2$이므로
$$a+b=2+2=4$$

**6-1** 답 (1) $-2$ (2) $19$
(1) 이차방정식 $x^2-ax+b=0$에서 $a$, $b$가 유리수이고, 한 근이
$1-\sqrt{5}$이므로 다른 한 근은 $1+\sqrt{5}$이다.
즉, 근과 계수의 관계에 의하여
$$(1-\sqrt{5})+(1+\sqrt{5})=a$$
$$(1-\sqrt{5})(1+\sqrt{5})=b$$
따라서 $a=2$, $b=-4$이므로
$$a+b=2+(-4)=-2$$

(2) 이차방정식 $x^2-ax+b=0$에서 $a$, $b$가 실수이고, 한 근이
$3-2i$이므로 다른 한 근은 $3+2i$이다.
즉, 근과 계수의 관계에 의하여
$$(3-2i)+(3+2i)=a$$
$$(3-2i)(3+2i)=b$$
따라서 $a=6$, $b=13$이므로
$$a+b=6+13=19$$

**6-2** 답 $80$
이차방정식 $x^2-8x+a=0$에서 $a$가 실수이고 한 근이
$b+2i$ ($b$는 실수)이므로 다른 한 근은 $b-2i$이다.
즉, 근과 계수의 관계에 의하여
$$(b+2i)+(b-2i)=8 \quad \cdots\cdots \text{㉠}$$
$$(b+2i)(b-2i)=a \quad \cdots\cdots \text{㉡}$$
㉠에서 $2b=8$ $\therefore b=4$
㉡에서 $b^2+4=a$, $16+4=a$
$\therefore a=20$
$\therefore ab=20\times 4=80$

**6-3** 답 $x=-2$ 또는 $x=9$
이차방정식 $x^2+ax+b=0$에서 $a$, $b$가 유리수이고 한 근이
$3-\sqrt{2}$이므로 다른 한 근은 $3+\sqrt{2}$이다.
즉, 근과 계수의 관계에 의하여
$$(3-\sqrt{2})+(3+\sqrt{2})=-a,\ (3-\sqrt{2})(3+\sqrt{2})=b$$
$\therefore a=-6$, $b=7$
따라서 이차방정식 $x^2-bx+3a=0$은 $x^2-7x-18=0$이므로
$$(x+2)(x-9)=0 \quad \therefore x=-2 \text{ 또는 } x=9$$

**실전 문제로 단원 마무리** • 본문 060~061쪽

| 01 ④ | 02 8 | 03 ② | 04 3 |
|---|---|---|---|
| 05 2 | 06 8 | 07 20 | 08 31 |
| 09 ④ | 10 ③ | | |

**01**
$x$에 대한 이차방정식 $ax^2-(a^2-2)x+2(a-2)=0$에서 $a\neq 0$
이차방정식 $ax^2-(a^2-2)x+2(a-2)=0$의 한 근이 2이므로
$x=2$를 $ax^2-(a^2-2)x+2(a-2)=0$에 대입하면
$$4a-2(a^2-2)+2(a-2)=0$$
$$-2a^2+6a=0,\ -2a(a-3)=0$$
그런데 $a\neq 0$이므로 $a=3$이다.

$a=3$을 $ax^2-(a^2-2)x+2(a-2)=0$에 대입하면
$3x^2-7x+2=0$
$(3x-1)(x-2)=0$
$\therefore x=\dfrac{1}{3}$ 또는 $x=2$

따라서 다른 한 근은 $\dfrac{1}{3}$이므로 상수 $a$의 값과 다른 한 근의 합은
$3+\dfrac{1}{3}=\dfrac{10}{3}$

## 02
$(\sqrt{2}-1)x^2-(2\sqrt{2}-1)x+2=0$의 양변에 $\sqrt{2}+1$을 곱하면
$(\sqrt{2}+1)(\sqrt{2}-1)x^2-(\sqrt{2}+1)(2\sqrt{2}-1)x+2(\sqrt{2}+1)=0$
$x^2-(\sqrt{2}+3)x+2(\sqrt{2}+1)=0$
$(x-2)\{x-(\sqrt{2}+1)\}=0$
$(x-2)(x-\sqrt{2}-1)=0$
$\therefore x=2$ 또는 $x=\sqrt{2}+1$
따라서 $\alpha=\sqrt{2}+1$, $\beta=2$ $(\because \alpha>\beta)$이므로
$(2\alpha-\beta)^2=\{2\times(\sqrt{2}+1)-2\}^2=(2\sqrt{2})^2=8$

## 03
$2\sqrt{(x+2)^2}=x^2+4x+1$에서
$2|x+2|=x^2+4x+1$
(i) $x<-2$일 때
$|x+2|=-(x+2)$이므로
$-2(x+2)=x^2+4x+1$
$x^2+6x+5=0$
$(x+5)(x+1)=0$
$\therefore x=-5$ 또는 $x=-1$
그런데 $x<-2$이므로 $x=-5$
(ii) $x\geq-2$일 때
$|x+2|=x+2$이므로
$2(x+2)=x^2+4x+1$
$x^2+2x-3=0$
$(x+3)(x-1)=0$
$\therefore x=-3$ 또는 $x=1$
그런데 $x\geq-2$이므로 $x=1$
(i), (ii)에서 주어진 방정식의 해는 $x=-5$ 또는 $x=1$이므로
그 합은
$-5+1=-4$

## 04
이차방정식 $ax^2-(2a-3)x+a-2=0$에서 $a\neq0$
이차방정식 $ax^2-(2a-3)x+a-2=0$의 판별식을 $D$라 할 때,
~~실근을 갖지 않으려면~~ → 허근을 가지려면
$D=\{-(2a-3)\}^2-4\times a\times(a-2)=-4a+9<0$
$\therefore a>\dfrac{9}{4}$
따라서 정수 $a$의 최솟값은 3이다.

## 05
이차식 $(k-1)x^2-2(k-1)x+4k-7$에서
$k-1\neq0$  $\therefore k\neq1$

이차식 $(k-1)x^2-2(k-1)x+4k-7$이 완전제곱식이 되려면 이차방정식 $(k-1)x^2-2(k-1)x+4k-7=0$이 중근을 가져야 한다.
이차방정식 $(k-1)x^2-2(k-1)x+4k-7=0$의 판별식을 $D$라 할 때, 중근을 가지려면
$\dfrac{D}{4}=\{-(k-1)\}^2-(k-1)(4k-7)=0$
$-3k^2+9k-6=0$, $-3(k-1)(k-2)=0$
$\therefore k=1$ 또는 $k=2$
그런데 이차방정식 $(k-1)x^2-2(k-1)x+4k-7=0$에서
$k\neq1$이므로 $k=2$이다.

## 06
이차방정식 $x^2-(a-4)x-10=0$의 두 근을 $\alpha$, $\alpha+7$이라 하면
근과 계수의 관계에 의하여
$\alpha+(\alpha+7)=a-4$에서 $2\alpha+7=a-4$
$\therefore \alpha=\dfrac{a-11}{2}$  ...... ㉠
$\alpha(\alpha+7)=-10$에서
$\alpha^2+7\alpha+10=0$  ...... ㉡
㉠을 ㉡에 대입하면
$\left(\dfrac{a-11}{2}\right)^2+7\times\dfrac{a-11}{2}+10=0$
$(a-11)^2+14(a-11)+40=0$
$a^2-8a+7=0$, $(a-1)(a-7)=0$
$\therefore a=1$ 또는 $a=7$
따라서 모든 양수 $a$의 값의 합은
$1+7=8$

**다른 풀이**

이차방정식 $x^2-(a-4)x-10=0$의 두 근을 $\alpha$, $\beta$라 하면 근과 계수의 관계에 의하여
$\alpha+\beta=-\dfrac{-(a-4)}{1}=a-4$, $\alpha\beta=\dfrac{-10}{1}=-10$
이때 $|\alpha-\beta|=7$이므로
$(\alpha+\beta)^2=(\alpha-\beta)^2+4\alpha\beta$에서
$(a-4)^2=7^2+4\times(-10)$
$a^2-8a+7=0$, $(a-1)(a-7)=0$
$\therefore a=1$ 또는 $a=7$
따라서 모든 양수 $a$의 값의 합은
$1+7=8$

## 07
이차방정식 $2x^2-4x+1=0$의 두 근이 $\alpha$, $\beta$이므로 근과 계수의 관계에 의하여
$\alpha+\beta=-\dfrac{-4}{2}=2$, $\alpha\beta=\dfrac{1}{2}$
이때 $\dfrac{1}{\alpha}$, $\dfrac{1}{\beta}$의 합과 곱은 각각
$\dfrac{1}{\alpha}+\dfrac{1}{\beta}=\dfrac{\alpha+\beta}{\alpha\beta}=\dfrac{2}{\frac{1}{2}}=4$,
$\dfrac{1}{\alpha}\times\dfrac{1}{\beta}=\dfrac{1}{\alpha\beta}=\dfrac{1}{\frac{1}{2}}=2$

이므로 $x^2$의 계수가 1이고 $\dfrac{1}{\alpha}$, $\dfrac{1}{\beta}$을 두 근으로 하는 이차방정식은

$x^2-4x+2=0$

따라서 $a=-4$, $b=2$이므로

$a^2+b^2=(-4)^2+2^2=20$

## 08

이차방정식 $x^2+ax+b=0$에서 $a$, $b$가 실수이고 한 근이 $2+\sqrt{3}i$이므로 다른 한 근은 $2-\sqrt{3}i$이다.

즉, 근과 계수의 관계에 의하여

$(2+\sqrt{3}i)+(2-\sqrt{3}i)=-a$, $(2+\sqrt{3}i)(2-\sqrt{3}i)=b$

이므로 $a=-4$, $b=7$

이때 두 근 $\dfrac{1}{a}$, $\dfrac{1}{b}$의 합과 곱은 각각

$\dfrac{1}{a}+\dfrac{1}{b}=-\dfrac{1}{4}+\dfrac{1}{7}=-\dfrac{3}{28}$,

$\dfrac{1}{a}\times\dfrac{1}{b}=-\dfrac{1}{4}\times\dfrac{1}{7}=-\dfrac{1}{28}$

이므로 $x^2$의 계수가 1이고 $\dfrac{1}{a}$, $\dfrac{1}{b}$을 두 근으로 하는 이차방정식은

$x^2+\dfrac{3}{28}x-\dfrac{1}{28}=0$

따라서 이차방정식 $mx^2+nx-1=0$은

$\underset{\longrightarrow\ \text{상수항이} -1\text{이 되도록 양변에 }28\text{을 곱한다.}}{28\left(x^2+\dfrac{3}{28}x-\dfrac{1}{28}\right)=0,\ 28x^2+3x-1=0}$

이므로 $m=28$, $n=3$

$\therefore m+n=28+3=31$

## 09

이차방정식 $x^2+x-1=0$의 두 근이 $\alpha$, $\beta$이므로 근과 계수의 관계에 의하여

$\alpha+\beta=-1$, $\alpha\beta=-1$

$\therefore \beta P(\alpha)+\alpha P(\beta)=\beta(2\alpha^2-3\alpha)+\alpha(2\beta^2-3\beta)$
$=2\alpha^2\beta-3\alpha\beta+2\alpha\beta^2-3\alpha\beta$
$=2\alpha\beta(\alpha+\beta)-6\alpha\beta$
$=2\times(-1)\times(-1)-6\times(-1)=8$

## 10

이차방정식 $x^2+ax+b=0$에서 $a$, $b$가 실수이고 한 근이 $\dfrac{b}{2}+i$이므로 다른 한 근은 $\dfrac{b}{2}-i$이다.

즉, 근과 계수의 관계에 의하여

$\left(\dfrac{b}{2}+i\right)+\left(\dfrac{b}{2}-i\right)=-a$, $\left(\dfrac{b}{2}+i\right)\left(\dfrac{b}{2}-i\right)=b$

이므로

$b=-a$ ...... ㉠

$\dfrac{b^2}{4}+1=b$ ...... ㉡

㉡에서

$b^2-4b+4=0$, $(b-2)^2=0$

$\therefore b=2$

㉠에서 $a=-2$

$\therefore ab=-2\times2=-4$

**1** 답 (1) 실근, 허근  (2) $b^2-4ac$  (3) $D>0$, 중근

(4) $-\dfrac{b}{a}$, $\dfrac{c}{a}$  (5) $\alpha+\beta$, $\alpha\beta$  (6) $a$, $\beta$

**2** 답 (1) ✕  (2) ◯  (3) ◯  (4) ✕  (5) ◯  (6) ✕

(1) 두 근의 합은 $-\dfrac{-4}{1}=4$이다.

(4) 판별식은 이차방정식의 계수가 실수일 때만 이용할 수 있다.

(6) 이차방정식의 계수가 모두 유리수일 때만 한 근이 $1+\sqrt{3}$이면 다른 한 근은 $1-\sqrt{3}$이다.

# 06 이차방정식과 이차함수

## 교과서 개념 **확인하기**

본문 065쪽

**1** 답 (1) $-1$, 3 (2) 1

(1) $x^2-2x-3=0$에서

$(x+1)(x-3)=0$

$\therefore x=-1$ 또는 $x=3$

따라서 주어진 이차함수의 그래프와 $x$축의 교점의 $x$좌표는
$-1$, 3이다.

(2) $x^2-2x+1=0$에서

$(x-1)^2=0$  $\therefore x=1$ (중근)

따라서 주어진 이차함수의 그래프와 $x$축의 교점의 $x$좌표는
1이다.

**2** 답 (1) 서로 다른 두 점에서 만난다.

(2) 한 점에서 만난다. (접한다.)

(1) 이차방정식 $x^2-x-6=0$의 판별식을 $D$라 할 때

$D=(-1)^2-4\times1\times(-6)=25>0$

이므로 서로 다른 두 점에서 만난다.

(2) 이차방정식 $x^2-4x+4=0$의 판별식을 $D$라 할 때

$\dfrac{D}{4}=(-2)^2-1\times4=0$

이므로 한 점에서 만난다. (접한다.)

**3** 답 (1) 한 점에서 만난다. (접한다.) (2) 만나지 않는다.

(1) 이차방정식 $x^2-5x+6=x-3$, 즉 $x^2-6x+9=0$의 판별식을
$D$라 할 때

$\dfrac{D}{4}=(-3)^2-1\times9=0$

이므로 한 점에서 만난다. (접한다.)

(2) 이차방정식 $x^2-5x+6=-2x+1$, 즉 $x^2-3x+5=0$의 판
별식을 $D$라 할 때

$D=(-3)^2-4\times1\times5=-11<0$

이므로 만나지 않는다.

**4** 답 (1) 최댓값: 7, 최솟값: $-2$ (2) 최댓값: 2, 최솟값: $-1$

이차함수 $y=(x-2)^2-2$의 그래프의 꼭짓점의 $x$좌표는 2이다.

(1) $0\leq x\leq5$에서 이 이차함수의 그래프는
오른쪽 그림과 같고, 꼭짓점의 $x$좌표 2가
$0\leq x\leq5$에 속하므로

$x=0$일 때 $y=2$

$x=2$일 때 $y=-2$

$x=5$일 때 $y=7$

따라서 최댓값은 7, 최솟값은 $-2$이다.

(2) $3\leq x\leq4$에서 이 이차함수의 그래프는
오른쪽 그림과 같고, 꼭짓점의 $x$좌표 2가
$3\leq x\leq4$에 속하지 않으므로

$x=3$일 때 $y=-1$

$x=4$일 때 $y=2$

따라서 최댓값은 2, 최솟값은 $-1$이다.

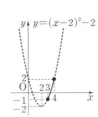

## 교과서 예제로 **개념 익히기**

• 본문 066~069쪽

**필수 예제 1** 답 (1) $k<9$ (2) $k=9$ (3) $k>9$

이차방정식 $x^2-6x+k=0$의 판별식을 $D$라 할 때

$\dfrac{D}{4}=(-3)^2-1\times k$

$=9-k$

(1) 서로 다른 두 점에서 만나려면

$9-k>0$  $\therefore k<9$

(2) 한 점에서 만나려면

$9-k=0$  $\therefore k=9$

(3) 만나지 않으려면

$9-k<0$  $\therefore k>9$

**1-1** 답 (1) $k>-\dfrac{9}{4}$ (2) $k=-\dfrac{9}{4}$ (3) $k<-\dfrac{9}{4}$

이차방정식 $-x^2+5x+k-4=0$의 판별식을 $D$라 할 때

$D=5^2-4\times(-1)\times(k-4)$

$=4k+9$

(1) 서로 다른 두 점에서 만나려면

$4k+9>0$  $\therefore k>-\dfrac{9}{4}$

(2) 한 점에서 만나려면

$4k+9=0$  $\therefore k=-\dfrac{9}{4}$

(3) 만나지 않으려면

$4k+9<0$  $\therefore k<-\dfrac{9}{4}$

**1-2** 답 6

이차방정식 $x^2+(k-1)x+k-1=0$의 판별식을 $D$라 할 때

$D=(k-1)^2-4\times1\times(k-1)$

$=k^2-6k+5$

주어진 이차함수의 그래프가 $x$축과 한 점에서 만나려면 $D=0$
이어야 하므로

$k^2-6k+5=0$, $(k-1)(k-5)=0$

$\therefore k=1$ 또는 $k=5$

따라서 구하는 정수 $k$의 값의 합은 $1+5=6$이다.

**1-3** 답 3

이차함수 $y=x^2+ax-2$의 그래프와 $x$축의 두 교점의 $x$좌표가
1, $b$이므로 1, $b$는 이차방정식 $x^2+ax-2=0$의 두 근이다.

따라서 이차방정식의 근과 계수의 관계에 의하여

$1+b=-a$, $1\times b=-2$

이므로 $a=1$, $b=-2$

$\therefore a-b=1-(-2)=3$

**필수 예제 2** 답 (1) $k<6$ (2) $k=6$ (3) $k>6$

이차방정식 $2x^2+5x+k=x+4$, 즉 $2x^2+4x+k-4=0$의
판별식을 $D$라 할 때

$\dfrac{D}{4}=2^2-2\times(k-4)$

$=-2k+12$

(1) 서로 다른 두 점에서 만나려면
  $-2k+12>0$   $\therefore k<6$
(2) 한 점에서 만나려면
  $-2k+12=0$   $\therefore k=6$
(3) 만나지 않으려면
  $-2k+12<0$   $\therefore k>6$

**2-1** 답 (1) $k>2$  (2) $k=2$  (3) $k<2$

이차방정식 $-x^2+4x+k+2=2x-k+7$, 즉
$-x^2+2x+2k-5=0$의 판별식을 $D$라 할 때
$$\frac{D}{4}=1^2-(-1)\times(2k-5)$$
$$=2k-4$$
(1) 서로 다른 두 점에서 만나려면
  $2k-4>0$   $\therefore k>2$
(2) 한 점에서 만나려면
  $2k-4=0$   $\therefore k=2$
(3) 만나지 않으려면
  $2k-4<0$   $\therefore k<2$

**2-2** 답 5

이차방정식 $x^2+4x+3=-x+1-k$, 즉 $x^2+5x+k+2=0$의
판별식을 $D$라 할 때
$$D=5^2-4\times1\times(k+2)=-4k+17$$
이차함수의 그래프와 직선이 만나지 않으려면 $D<0$이어야 하
므로
$$-4k+17<0 \quad \therefore k>\frac{17}{4}$$
따라서 정수 $k$의 최솟값은 5이다.

**2-3** 답 2

이차함수 $y=x^2+mx+2$의 그래프와 직선 $y=2x+n$의 교점
의 $x$좌표가 1, 3이므로 1, 3은 이차방정식
$x^2+mx+2=2x+n$, 즉 $x^2+(m-2)x-n+2=0$의 두 근
이다.
따라서 이차방정식의 근과 계수의 관계에 의하여
$1+3=-(m-2)$, $1\times3=-n+2$
이므로 $m=-2$, $n=-1$
$$\therefore mn=-2\times(-1)=2$$

**필수 예제 3** 답 (1) 최댓값: 8, 최솟값: $-1$
        (2) 최댓값: 4, 최솟값: $-4$
        (3) 최댓값: 5, 최솟값: $-3$
        (4) 최댓값: 6, 최솟값: $-2$

(1) $y=x^2-4x+3$
   $=(x-2)^2-1$
이므로 이 이차함수의 그래프는 오른
쪽 그림과 같다.
이때 꼭짓점의 $x$좌표 2가

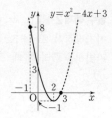

$-1\le x\le3$에 속하므로
$x=-1$일 때 $y=8$
$x=2$일 때 $y=-1$
$x=3$일 때 $y=0$
따라서 구하는 최댓값은 8, 최솟값은 $-1$이다.

(2) $y=-2x^2-4x+2$
   $=-2(x+1)^2+4$
이므로 이 이차함수의 그래프는 오
른쪽 그림과 같다.
이때 꼭짓점의 $x$좌표 $-1$이

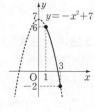

$-2\le x\le1$에 속하므로
$x=-2$일 때 $y=2$
$x=-1$일 때 $y=4$
$x=1$일 때 $y=-4$
따라서 구하는 최댓값은 4, 최솟값은 $-4$이다.

(3) $y=x^2+2x-3$
   $=(x+1)^2-4$
이므로 이 이차함수의 그래프는 오
른쪽 그림과 같다.
이때 꼭짓점의 $x$좌표 $-1$이

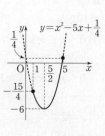

$0\le x\le2$에 속하지 않으므로
$x=0$일 때 $y=-3$
$x=2$일 때 $y=5$
따라서 구하는 최댓값은 5, 최솟값은 $-3$이다.

(4) 이차함수 $y=-x^2+7$의 그래프는 오른
쪽 그림과 같다.
이때 꼭짓점의 $x$좌표 0이 $1\le x\le3$에
속하지 않으므로
$x=1$일 때 $y=6$
$x=3$일 때 $y=-2$
따라서 구하는 최댓값은 6, 최솟값은 $-2$이다.

**3-1** 답 (1) 최댓값: $\frac{1}{4}$, 최솟값: $-6$
        (2) 최댓값: 3, 최솟값: $-1$
        (3) 최댓값: 7, 최솟값: 1
        (4) 최댓값: 0, 최솟값: $-6$

(1) $y=x^2-5x+\frac{1}{4}$
   $=\left(x-\frac{5}{2}\right)^2-6$
이므로 이 이차함수의 그래프는 오른
쪽 그림과 같다.
이때 꼭짓점의 $x$좌표 $\frac{5}{2}$가
$1\le x\le5$에 속하므로
$x=1$일 때 $y=-\frac{15}{4}$
$x=\frac{5}{2}$일 때 $y=-6$
$x=5$일 때 $y=\frac{1}{4}$
따라서 구하는 최댓값은 $\frac{1}{4}$, 최솟값은 $-6$이다.

(2) $y=-x^2+6x-6=-(x-3)^2+3$
이므로 이 이차함수의 그래프는 오른
쪽 그림과 같다.

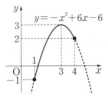

이때 꼭짓점의 $x$좌표 3이 $1 \leq x \leq 4$에
속하므로
$x=1$일 때 $y=-1$
$x=3$일 때 $y=3$
$x=4$일 때 $y=2$
따라서 구하는 최댓값은 3, 최솟값은 $-1$이다.

(3) $y=2x^2-4x+1$
$\quad =2(x-1)^2-1$
이므로 이 이차함수의 그래프는 오른
쪽 그림과 같다.
이때 꼭짓점의 $x$좌표 1이 $2 \leq x \leq 3$에
속하지 않으므로
$x=2$일 때 $y=1$
$x=3$일 때 $y=7$
따라서 구하는 최댓값은 7, 최솟값은 1이다.

(4) $y=-\dfrac{1}{2}x^2-2x$
$\quad =-\dfrac{1}{2}(x+2)^2+2$
이므로 이 이차함수의 그래프는 오른
쪽 그림과 같다.
이때 꼭짓점의 $x$좌표 $-2$가
$0 \leq x \leq 2$에 속하지 않으므로
$x=0$일 때 $y=0$
$x=2$일 때 $y=-6$
따라서 구하는 최댓값은 0, 최솟값은 $-6$이다.

**3-2** 답 $k=-2$, 최솟값: $-8$
$y=-x^2+4x+k-1$
$\quad =-(x-2)^2+k+3$
이므로 이 이차함수의 그래프는 오
른쪽 그림과 같다.

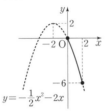

이때 꼭짓점의 $x$좌표 2가
$-1 \leq x \leq 4$에 속하므로 $x=2$에서
최댓값 $k+3$을 갖는다.
즉, $k+3=1$에서 $k=-2$
$\therefore y=-x^2+4x-3$
따라서 $x=-1$일 때 $y=-8$이므로 주어진 이차함수의 최솟값
은 $-8$이다.

**3-3** 답 17
$y=x^2+6x+k$
$\quad =(x+3)^2+k-9$
이므로 이 이차함수의 그래프는 오
른쪽 그림과 같다.
이때 꼭짓점의 $x$좌표 $-3$이
$-2 \leq x \leq 1$에 속하지 않으므로
$x=-2$에서 최솟값 $k-8$을 갖는다.

즉, $-3=k-8$에서 $k=5$
$\therefore y=x^2+6x+5$
따라서 $x=1$일 때 $y=12$이므로 주어진 이차함수의 최댓값은
$M=12$이다.
$\therefore k+M=5+12=17$

**필수 예제 4** 답 최대 높이: $80\,\mathrm{m}$, 최소 높이: $60\,\mathrm{m}$
$y=-5x^2+40x$
$\quad =-5(x-4)^2+80$
이므로 이 이차함수의 그래프는 오른쪽
그림과 같다.
이때 꼭짓점의 $x$좌표 4가 $3 \leq x \leq 6$에
속하므로
3초 후의 물체의 높이는 $75\,\mathrm{m}$
4초 후의 물체의 높이는 $80\,\mathrm{m}$
6초 후의 물체의 높이는 $60\,\mathrm{m}$
따라서 3초 이상 6초 이하에서 이 물체의 최대 높이는 $80\,\mathrm{m}$, 최소
높이는 $60\,\mathrm{m}$이다.

**4-1** 답 6
$y=-5x^2+8x+2$
$\quad =-5\left(x-\dfrac{4}{5}\right)^2+\dfrac{26}{5}$
이므로 이 이차함수의 그래프는 오른쪽
그림과 같다.
이때 꼭짓점의 $x$좌표 $\dfrac{4}{5}$가 $0 \leq x \leq 1$에
속하므로
0초 후의 선수의 높이는 $2\,\mathrm{m}$
$\dfrac{4}{5}$초 후의 선수의 높이는 $\dfrac{26}{5}\,\mathrm{m}$
1초 후의 선수의 높이는 $5\,\mathrm{m}$
즉, $x=\dfrac{4}{5}$일 때 선수가 가장 높이 올라가고, 이때의 수면으로
부터의 높이는 $\dfrac{26}{5}\,\mathrm{m}$이다.
따라서 $a=\dfrac{4}{5}$, $b=\dfrac{26}{5}$이므로
$a+b=\dfrac{4}{5}+\dfrac{26}{5}=6$

**4-2** 답 14
점 B의 $x$좌표를 $a\,(0<a<\sqrt{6})$라 하면 점 C의 $x$좌표도 $a$이므로
$C(a, -a^2+6)$
$\quad\quad \llcorner$ $y=-x^2+6$의 그래프가 $x>0$인 부분에서
$\quad\quad\quad\quad$ $x$축과 만나는 점의 $x$좌표
직사각형의 둘레의 길이를 $l$이라 하면
$l=4a+2(-a^2+6)$
$\quad =-2a^2+4a+12$
$\quad =-2(a-1)^2+14$
이때 $0<a<\sqrt{6}$이므로 $a=1$일 때 $l$의 최댓값은 14이다.
따라서 직사각형 ABCD의 둘레의 길이의 최댓값은 14이다.

**4-3** 답 $32\,\mathrm{cm}^2$
두 정사각형의 한 변의 길이를 각각 $a\,\mathrm{cm}$, $b\,\mathrm{cm}$라 하면
$4a+4b=32$에서 $a+b=8$
$\therefore b=-a+8$ $\quad\quad\cdots\cdots$ ㉠

이때 변의 길이는 양수이므로 $0<a<8$

두 정사각형의 넓이의 합은
$$a^2+b^2=a^2+(-a+8)^2\ (\because \text{㉠})$$
$$=2a^2-16a+64$$
$$=2(a-4)^2+32$$

이때 $0<a<8$이므로 $a=4$일 때 최솟값은 32이다.

따라서 두 정사각형의 넓이의 합의 최솟값은 $32\,cm^2$이다.

---

**실전 문제로 단원 마무리**　　　• 본문 070~071쪽

| | | | |
|---|---|---|---|
| **01** 4 | **02** 7 | **03** $-14$ | **04** ② |
| **05** 5 | **06** 11 | **07** ⑤ | **08** 480 |
| **09** ② | **10** ① | | |

## 01

이차함수 $y=x^2+kx+3$의 그래프와 $x$축이 만나는 두 점의 $x$좌표를 각각 $\alpha$, $\beta$ $(\alpha<\beta)$라 하면 이차방정식 $x^2+kx+3=0$의 두 실근이 $\alpha$, $\beta$이다.

이차방정식의 근과 계수의 관계에 의하여
$$\alpha+\beta=-k, \alpha\beta=3$$

이때 두 점 사이의 거리가 2이므로
$$\beta-\alpha=\sqrt{(\alpha+\beta)^2-4\alpha\beta}$$
$$=\sqrt{(-k)^2-4\times3}=\sqrt{k^2-12}$$

에서 $k^2-12=4$, $k^2=16$
$$\therefore k=4\ (\because k>0)$$

## 02

이차방정식 $x^2+2(a-1)x+am+2m+b=0$의 판별식을 $D$라 할 때
$$\frac{D}{4}=(a-1)^2-1\times(am+2m+b)$$
$$=-m(a+2)+(a-1)^2-b$$

이때 이차함수의 그래프가 $x$축에 접하므로 $\dfrac{D}{4}=0$에서
$$-m(a+2)+(a-1)^2-b=0$$

이 등식이 $m$에 대한 항등식이므로
$$a+2=0, (a-1)^2-b=0$$

따라서 $a=-2$, $b=9$이므로
$$a+b=-2+9=7$$

## 03

직선 $y=ax+b$의 기울기가 2이므로
$$a=2$$

이차방정식 $x^2-6x+9=2x+b$, 즉 $x^2-8x-b+9=0$의 판별식을 $D$라 할 때
$$\frac{D}{4}=(-4)^2-1\times(-b+9)=b+7$$

이때 직선이 이차함수의 그래프에 접하므로 $\dfrac{D}{4}=0$에서
$$b+7=0 \qquad \therefore b=-7$$
$$\therefore ab=2\times(-7)=-14$$

## 04

이차방정식 $x^2+2kx+k^2=3x-k$, 즉
$x^2+(2k-3)x+k^2+k=0$의 판별식을 $D$라 할 때
$$D=(2k-3)^2-4\times1\times(k^2+k)$$
$$=4k^2-12k+9-4k^2-4k$$
$$=-16k+9$$

이차함수의 그래프와 직선이 적어도 한 점에서 만나려면
$$-16k+9\geq0 \qquad \therefore k\leq\frac{9}{16}$$

## 05

$$y=x^2+6x+b=(x+3)^2+b-9$$

이차함수 $y=x^2+6x+b$의 그래프의 꼭짓점의 $x$좌표 $-3$이 $1\leq x\leq a$에 속하지 않으므로 $x=1$에서 최솟값 $b+7$을 갖는다.

즉, $b+7=4$에서 $b=-3$

또한, $x=a$에서 최댓값 $(a+3)^2-12$를 가지므로
$$(a+3)^2-12=13, (a+3)^2=25 \qquad \therefore a=2\ (\because a>1)$$
$$\therefore a-b=2-(-3)=5$$

## 06

$x^2-2x=t$라 하면
$$t=(x-1)^2-1$$
이므로 이 이차함수의 그래프는 오른쪽 그림과 같다.

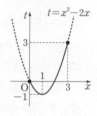

이때 꼭짓점의 $x$좌표 1이 $0\leq x\leq3$에 속하므로

$x=0$일 때 $t=0$
$x=1$일 때 $t=-1$
$x=3$일 때 $t=3$

즉, 최댓값은 3, 최솟값은 $-1$이므로 $-1\leq t\leq3$

주어진 함수는
$$y=-t^2+4t+6$$
$$=-(t-2)^2+10\ (-1\leq t\leq3)$$
이므로 그래프는 오른쪽 그림과 같다.

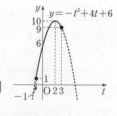

이때 꼭짓점의 $t$좌표 2가 $-1\leq t\leq3$에 속하므로

$t=-1$일 때 $y=1$
$t=2$일 때 $y=10$
$t=3$일 때 $y=9$

즉, 최댓값은 10, 최솟값은 1이다.

따라서 최댓값과 최솟값의 합은 $10+1=11$이다.

## 07

$$y=-100x^2+600x-200$$
$$=-100(x-3)^2+700$$
이므로 이 이차함수의 그래프는 오른쪽 그림과 같다.

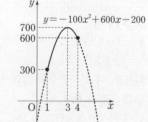

이때 꼭짓점의 $x$좌표 3이 $1\leq x\leq4$에 속하므로

입장권의 가격이 1만 원일 때의 수익금은 300만 원

입장권의 가격이 3만 원일 때의 수익금은 700만 원

입장권의 가격이 4만 원일 때의 수익금은 600만 원

따라서 입장권의 가격이 1만 원 이상 4만 원 이하일 때 이 전시회를 통해 사진작가가 얻는 수익금의 최댓값은 700만 원이다.

## 08

직각삼각형의 직각을 낀 두 변 중 길지 않은 한 변의 길이를 $x$ m라 하면 다른 한 변의 길이는 $(60-x)$ m

화단의 넓이를 $y$ m$^2$라 하면

$$y=\frac{1}{2}x(60-x)=-\frac{1}{2}(x^2-60x)=-\frac{1}{2}(x-30)^2+450$$

이때 $0<x\leq30$이므로 $x=30$일 때 $y$의 최댓값은 450이다.

따라서 직각을 낀 두 변 중 길지 않은 한 변의 길이가 30 m일 때 화단의 넓이는 최대이고, 이때의 화단의 넓이의 최댓값은 450 m$^2$이므로 ──→ 변의 길이는 양수이고 길지 않은 쪽이므로

$a=30$, $b=450$

$\therefore a+b=30+450=480$

## 09

이차함수 $y=\frac{1}{2}(x-k)^2$의 그래프와 직선 $y=x$가 두 점 A, B에서 만나므로 두 점 A, B의 $x$좌표를 각각 $a$, $b$라 하면 $a$, $b$는 $x$에 대한 이차방정식

$\frac{1}{2}(x-k)^2=x$, 즉 $x^2-2(k+1)x+k^2=0$

의 두 근이다.

이차방정식의 근과 계수의 관계에 의하여

$a+b=2(k+1)$, $ab=k^2$

이때 두 점 C, D는 두 점 A, B에서 각각 $x$축에 내린 수선의 발이므로 점 A와 점 C, 점 B와 점 D의 $x$좌표는 각각 같다.

즉, $\overline{CD}=6$에서 $|a-b|=6$

따라서 $(a-b)^2=(a+b)^2-4ab$에서

$36=4(k+1)^2-4k^2$, $2k+1=9$    $\therefore k=4$

## 10

$f(x)=x^2-8x+a+6=(x-4)^2+a-10$

이므로 이차함수 $f(x)=x^2-8x+a+6$의 그래프의 꼭짓점의 $x$좌표는 4이다.

(i) $a\geq4$인 경우

이차함수 $y=f(x)$의 그래프는 오른쪽 그림과 같고, $x=4$일 때 최솟값 $a-10$을 갖는다.

즉, 최솟값이 0이려면 $a-10=0$이어야 한다.

$\therefore a=10$

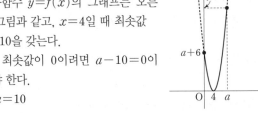

(ii) $0<a<4$인 경우

이차함수 $y=f(x)$의 그래프는 오른쪽 그림과 같고, $x=a$일 때 최솟값 $a^2-7a+6$을 갖는다.

즉, 최솟값이 0이려면

$a^2-7a+6=0$이어야 하므로

$(a-1)(a-6)=0$

$\therefore a=1$ ($\because a<4$)

(i), (ii)에서 구하는 모든 $a$의 값의 합은 $10+1=11$이다.

**1** 답 (1) 실근  (2) 서로 다른 두 점, $D=0$
   (3) $D>0$, 한 점, $D<0$  (4) $f(p)$, $f(\beta)$

**2** 답 (1) ○  (2) ×  (3) ×  (4) ○  (5) ×

(2) 이차함수 $y=f(x)$의 그래프가 $x$축과 만나는 것은 서로 다른 두 점에서 만나거나 접할 때이므로 이차방정식 $f(x)=0$의 판별식 $D$에 대하여 $D\geq0$이다.

(3) 이차함수 $y=x^2+ax+b$에 대하여 이차방정식 $x^2+ax+b=0$의 판별식 $D=a^2-4b$가 $D<0$이면 이차함수 $y=x^2+ax+b$의 그래프는 $x$축과 만나지 않는다.

(5) 이차함수의 그래프의 꼭짓점의 $x$좌표가 $\alpha\leq x\leq\beta$에 속하면 $f(\alpha)$, $f$(꼭짓점의 $x$좌표), $f(\beta)$ 중 가장 큰 값이 이차함수 $y=f(x)$의 최댓값이다.

# 07 여러 가지 방정식

본문 075쪽

**교과서 개념 확인하기**

**1** 답 (1) $x=-2$ 또는 $x=-1$ 또는 $x=1$

(2) $x=-3$ 또는 $x=\dfrac{3\pm3\sqrt{3}i}{2}$

(3) $x=-5$ 또는 $x=\pm\sqrt{2}$

(4) $x=0$ 또는 $x=2$ 또는 $x=-1\pm\sqrt{3}i$

(1) $x^3+2x^2-x-2=0$의 좌변을 인수분해하면

$x^2(x+2)-(x+2)=0$, $(x+2)(x^2-1)=0$

$(x+2)(x+1)(x-1)=0$

$\therefore x=-2$ 또는 $x=-1$ 또는 $x=1$

(2) $x^3+27=0$의 좌변을 인수분해하면

$(x+3)(x^2-3x+9)=0$

$\therefore x=-3$ 또는 $x=\dfrac{3\pm3\sqrt{3}i}{2}$

(3) $x^3+5x^2-2x-10=0$의 좌변을 인수분해하면

$x^2(x+5)-2(x+5)=0$, $(x+5)(x^2-2)=0$

$\therefore x=-5$ 또는 $x=\pm\sqrt{2}$

(4) $x^4-8x=0$의 좌변을 인수분해하면

$x(x^3-8)=0$, $x(x-2)(x^2+2x+4)=0$

$\therefore x=0$ 또는 $x=2$ 또는 $x=-1\pm\sqrt{3}i$

**2** 답 $x^3-x^2-4x+4=0$

(세 근의 합)$=-2+1+2=1$

(두 근끼리의 곱의 합)$=-2\times1+1\times2+2\times(-2)=-4$

(세 근의 곱)$=-2\times1\times2=-4$

따라서 구하는 삼차방정식은

$x^3-x^2-4x+4=0$

**3** 답 (1) $-1$ (2) $-1$

$x^3=1$에서 $x^3-1=0$, $(x-1)(x^2+x+1)=0$

즉, 한 허근 $\omega$는 이차방정식 $x^2+x+1=0$의 근이므로

$\omega^2+\omega+1=0$

(1) $\omega^2+\omega+1=0$이므로 $\omega^2+\omega=-1$

(2) $\omega^2+\omega+1=0$의 양변을 $\omega$로 나누면

$\omega+1+\dfrac{1}{\omega}=0$

$\therefore \omega+\dfrac{1}{\omega}=-1$

**4** 답 $\begin{cases} x=-2 \\ y=-3 \end{cases}$ 또는 $\begin{cases} x=3 \\ y=2 \end{cases}$

$\begin{cases} y=x-1 & \cdots\cdots \text{㉠} \\ xy=6 & \cdots\cdots \text{㉡} \end{cases}$

㉠을 ㉡에 대입하면

$x(x-1)=6$, $x^2-x-6=0$

$(x+2)(x-3)=0$ $\therefore x=-2$ 또는 $x=3$

(ⅰ) $x=-2$를 ㉠에 대입하면 $y=-3$

(ⅱ) $x=3$을 ㉠에 대입하면 $y=2$

(ⅰ), (ⅱ)에서 주어진 연립방정식의 해는

$\begin{cases} x=-2 \\ y=-3 \end{cases}$ 또는 $\begin{cases} x=3 \\ y=2 \end{cases}$

**교과서 예제로 개념 익히기**

• 본문 076~081쪽

**필수 예제 1** 답 (1) $x=1$ 또는 $x=2$ 또는 $x=4$

(2) $x=-2$ 또는 $x=1$ 또는 $x=1\pm\sqrt{2}$

(1) $f(x)=x^3-7x^2+14x-8$이라 하면

$f(1)=1-7+14-8=0$,

$f(2)=8-28+28-8=0$

이므로 조립제법을 이용하여 $f(x)$를 인수분해하면

| 1 | 1 | $-7$ | 14 | $-8$ |
|---|---|---|---|---|
| | | 1 | $-6$ | 8 |
| 2 | 1 | $-6$ | 8 | 0 |
| | | | 2 | $-8$ |
| | 1 | $-4$ | 0 | |

$\therefore f(x)=(x-1)(x^2-6x+8)$

$=(x-1)(x-2)(x-4)$

따라서 주어진 방정식은 $(x-1)(x-2)(x-4)=0$

$\therefore x=1$ 또는 $x=2$ 또는 $x=4$

(2) $f(x)=x^4-x^3-5x^2+3x+2$라 하면

$f(1)=1-1-5+3+2=0$,

$f(-2)=16+8-20-6+2=0$

이므로 조립제법을 이용하여 $f(x)$를 인수분해하면

| 1 | 1 | $-1$ | $-5$ | 3 | 2 |
|---|---|---|---|---|---|
| | | 1 | 0 | $-5$ | $-2$ |
| $-2$ | 1 | 0 | $-5$ | $-2$ | 0 |
| | | $-2$ | 4 | 2 | |
| | 1 | $-2$ | $-1$ | 0 | |

$\therefore f(x)=(x-1)(x^3-5x-2)$

$=(x-1)(x+2)(x^2-2x-1)$

따라서 주어진 방정식은

$(x-1)(x+2)(x^2-2x-1)=0$

$\therefore x=1$ 또는 $x=-2$ 또는 $x=1\pm\sqrt{2}$

**1-1** 답 (1) $x=1$ 또는 $x=\dfrac{-5\pm\sqrt{37}}{6}$

(2) $x=-1$ 또는 $x=2$ 또는 $x=1\pm i$

(1) $f(x)=3x^3+2x^2-6x+1$이라 하면

$f(1)=3+2-6+1=0$

이므로 조립제법을 이용하여 $f(x)$를 인수분해하면

| 1 | 3 | 2 | $-6$ | 1 |
|---|---|---|---|---|
| | | 3 | 5 | $-1$ |
| | 3 | 5 | $-1$ | 0 |

$\therefore f(x)=(x-1)(3x^2+5x-1)$

따라서 주어진 방정식은 $(x-1)(3x^2+5x-1)=0$

$\therefore x=1$ 또는 $x=\dfrac{-5\pm\sqrt{37}}{6}$

(2) $f(x)=x^4-3x^3+2x^2+2x-4$라 하면
$f(-1)=1+3+2-2-4=0,$
$f(2)=16-24+8+4-4=0$
이므로 조립제법을 이용하여 $f(x)$를 인수분해하면

$$
\begin{array}{r|rrrrr}
-1 & 1 & -3 & 2 & 2 & -4 \\
   &   & -1 & 4 & -6 & 4 \\
\hline
2  & 1 & -4 & 6 & -4 & 0 \\
   &   & 2 & -4 & 4 & \\
\hline
   & 1 & -2 & 2 & 0 &
\end{array}
$$

$\therefore f(x)=(x+1)(x^3-4x^2+6x-4)$
$\qquad =(x+1)(x-2)(x^2-2x+2)$
따라서 주어진 방정식은
$(x+1)(x-2)(x^2-2x+2)=0$
$\therefore x=-1$ 또는 $x=2$ 또는 $x=1\pm i$

**1-2 답** 3
주어진 종이에서 잘라낸 네 귀퉁이의 한 변의 길이가 $x\,\mathrm{cm}$이고, 상자의 부피가 $120\,\mathrm{cm^3}$이므로
$x(16-2x)(10-2x)=120$
$4x^3-52x^2+160x-120=0$
$x^3-13x^2+40x-30=0$ $\qquad\cdots\cdots$ ㉠
$f(x)=x^3-13x^2+40x-30$이라 하면
$f(3)=27-117+120-30=0$
이므로 조립제법을 이용하여 $f(x)$를 인수분해하면

$$
\begin{array}{r|rrrr}
3 & 1 & -13 & 40 & -30 \\
  &   & 3 & -30 & 30 \\
\hline
  & 1 & -10 & 10 & 0
\end{array}
$$

$\therefore f(x)=(x-3)(x^2-10x+10)$
즉, 방정식 ㉠은 $(x-3)(x^2-10x+10)=0$
$\therefore x=3$ 또는 $x=5\pm\sqrt{15}$
따라서 자연수 $x$의 값은 3이다.

**필수 예제 2 답** (1) $x=1\pm i$ 또는 $x=1$ (중근)
$\qquad\qquad$ (2) $x=\dfrac{-5\pm\sqrt{3}i}{2}$ 또는 $x=\dfrac{-5\pm\sqrt{13}}{2}$

(1) $x^2-2x=X$라 하면 주어진 방정식은
$X(X+3)+2=0$
$X^2+3X+2=0$
$(X+2)(X+1)=0$
$\therefore X=-2$ 또는 $X=-1$
(ⅰ) $X=-2$, 즉 $x^2-2x=-2$일 때
$\quad x^2-2x+2=0$ $\qquad\therefore x=1\pm i$
(ⅱ) $X=-1$, 즉 $x^2-2x=-1$일 때
$\quad x^2-2x+1=0,\ (x-1)^2=0$
$\qquad\therefore x=1$ (중근)
(ⅰ), (ⅱ)에서
$x=1\pm i$ 또는 $x=1$ (중근)
(2) $(x+1)(x+2)(x+3)(x+4)-3=0$에서
$\{(x+1)(x+4)\}\{(x+2)(x+3)\}-3=0$
$(x^2+5x+4)(x^2+5x+6)-3=0$

$x^2+5x=X$라 하면 이 방정식은
$(X+4)(X+6)-3=0,\ X^2+10X+21=0$
$(X+7)(X+3)=0$
$\therefore X=-7$ 또는 $X=-3$
(ⅰ) $X=-7$, 즉 $x^2+5x=-7$일 때
$\quad x^2+5x+7=0$ $\quad\therefore x=\dfrac{-5\pm\sqrt{3}i}{2}$
(ⅱ) $X=-3$, 즉 $x^2+5x=-3$일 때
$\quad x^2+5x+3=0$ $\quad\therefore x=\dfrac{-5\pm\sqrt{13}}{2}$
(ⅰ), (ⅱ)에서
$x=\dfrac{-5\pm\sqrt{3}i}{2}$ 또는 $x=\dfrac{-5\pm\sqrt{13}}{2}$

**2-1 답** (1) $x=\dfrac{-3\pm\sqrt{5}}{2}$ 또는 $x=-4$ 또는 $x=1$
$\qquad\qquad$ (2) $x=-2$ 또는 $x=3$ 또는 $x=\dfrac{1\pm\sqrt{33}}{2}$

(1) $x^2+3x=X$라 하면 주어진 방정식은
$X^2=3X+4$
$X^2-3X-4=0,\ (X+1)(X-4)=0$
$\therefore X=-1$ 또는 $X=4$
(ⅰ) $X=-1$, 즉 $x^2+3x=-1$일 때
$\quad x^2+3x+1=0$ $\quad\therefore x=\dfrac{-3\pm\sqrt{5}}{2}$
(ⅱ) $X=4$, 즉 $x^2+3x=4$일 때
$\quad x^2+3x-4=0,\ (x+4)(x-1)=0$
$\quad\therefore x=-4$ 또는 $x=1$
(ⅰ), (ⅱ)에서
$x=\dfrac{-3\pm\sqrt{5}}{2}$ 또는 $x=-4$ 또는 $x=1$
(2) $(x+1)(x+3)(x-2)(x-4)+24=0$에서
$\{(x+1)(x-2)\}\{(x+3)(x-4)\}+24=0$
$(x^2-x-2)(x^2-x-12)+24=0$
$x^2-x=X$라 하면 이 방정식은
$(X-2)(X-12)+24=0,\ X^2-14X+48=0$
$(X-6)(X-8)=0$
$\therefore X=6$ 또는 $X=8$
(ⅰ) $X=6$, 즉 $x^2-x=6$일 때
$\quad x^2-x-6=0,\ (x+2)(x-3)=0$
$\quad\therefore x=-2$ 또는 $x=3$
(ⅱ) $X=8$, 즉 $x^2-x=8$일 때
$\quad x^2-x-8=0$ $\quad\therefore x=\dfrac{1\pm\sqrt{33}}{2}$
(ⅰ), (ⅱ)에서
$x=-2$ 또는 $x=3$ 또는 $x=\dfrac{1\pm\sqrt{33}}{2}$

**2-2 답** (1) $x=\pm\sqrt{6}i$ 또는 $x=\pm1$
$\qquad\qquad$ (2) $x=-2\pm\sqrt{6}$ 또는 $x=2\pm\sqrt{6}$

(1) $x^2=X$라 하면 주어진 방정식은
$X^2+5X-6=0,\ (X+6)(X-1)=0$
$\therefore X=-6$ 또는 $X=1$

따라서 $x^2=-6$ 또는 $x^2=1$이므로
$x=\pm\sqrt{6}i$ 또는 $x=\pm1$
(2) $x^4-20x^2+4=0$에서
$(x^4-4x^2+4)-16x^2=0,\ (x^2-2)^2-(4x)^2=0$
$(x^2+4x-2)(x^2-4x-2)=0$
(ⅰ) $x^2+4x-2=0$에서 $x=-2\pm\sqrt{6}$
(ⅱ) $x^2-4x-2=0$에서 $x=2\pm\sqrt{6}$
(ⅰ), (ⅱ)에서
$x=-2\pm\sqrt{6}$ 또는 $x=2\pm\sqrt{6}$

**필수 예제 3** 답 (1) 4  (2) $-1$, $1$
(1) $-4$가 삼차방정식 $x^3+ax^2-x-4=0$의 한 근이므로
$x=-4$를 방정식에 대입하면
$-64+16a+4-4=0,\ 16a-64=0$
$\therefore a=4$
(2) (1)에서 주어진 방정식은 $x^3+4x^2-x-4=0$
$f(x)=x^3+4x^2-x-4$라 하면
$f(-4)=0$이므로 조립제법을 이용하여 $f(x)$를 인수분해하면

$$
\begin{array}{r|rrrr}
-4 & 1 & 4 & -1 & -4 \\
   &   & -4 & 0 & 4 \\
\hline
   & 1 & 0 & -1 & \,0 \\
\end{array}
$$

$\therefore f(x)=(x+4)(x^2-1)$
$\qquad\quad =(x+4)(x+1)(x-1)$
즉, 주어진 방정식은 $(x+4)(x+1)(x-1)=0$
$\therefore x=-4$ 또는 $x=-1$ 또는 $x=1$
따라서 나머지 두 근은 $-1$, $1$이다.

**3-1** 답 (1) 2  (2) $-1$, 2
(1) 1이 삼차방정식 $x^3-2x^2+(a-3)x+a=0$의 한 근이므로
$x=1$을 방정식에 대입하면
$1-2+(a-3)+a=0,\ 2a-4=0$
$\therefore a=2$
(2) (1)에서 주어진 방정식은 $x^3-2x^2-x+2=0$
$f(x)=x^3-2x^2-x+2$라 하면
$f(1)=0$이므로 조립제법을 이용하여 $f(x)$를 인수분해하면

$$
\begin{array}{r|rrrr}
1 & 1 & -2 & -1 & 2 \\
  &   & 1 & -1 & -2 \\
\hline
  & 1 & -1 & -2 & \,0 \\
\end{array}
$$

$\therefore f(x)=(x-1)(x^2-x-2)$
$\qquad\quad =(x-1)(x+1)(x-2)$
즉, 주어진 방정식은 $(x+1)(x-1)(x-2)=0$
$\therefore x=-1$ 또는 $x=1$ 또는 $x=2$
따라서 나머지 두 근은 $-1$, 2이다.

**3-2** 답 $-5$
1, 2가 삼차방정식 $x^3-ax^2+(b-5)x-3b=0$의 두 근이므로
$x=1$, $x=2$를 각각 대입하면
$1-a+(b-5)-3b=0$ $\quad\therefore a+2b=-4$ ...... ㉠
$8-4a+2(b-5)-3b=0$ $\quad\therefore 4a+b=-2$ ...... ㉡
㉠, ㉡을 연립하여 풀면
$a=0$, $b=-2$

이므로 주어진 방정식은 $x^3-7x+6=0$
$f(x)=x^3-7x+6$이라 하면
$f(1)=0$, $f(2)=0$이므로 조립제법을 이용하여 $f(x)$를 인수분해하면

$$
\begin{array}{r|rrrr}
1 & 1 & 0 & -7 & 6 \\
  &   & 1 & 1 & -6 \\
\hline
2 & 1 & 1 & -6 & \,0 \\
  &   & 2 & 6 &  \\
\hline
  & 1 & 3 & \,0 &  \\
\end{array}
$$

$\therefore f(x)=(x-1)(x^2+x-6)$
$\qquad\quad =(x-1)(x-2)(x+3)$
즉, 주어진 방정식은
$(x-1)(x-2)(x+3)=0$
$\therefore x=1$ 또는 $x=2$ 또는 $x=-3$
따라서 나머지 한 근은 $-3$이므로 $a=-3$
$\therefore a+b+a=0+(-2)+(-3)=-5$

**3-3** 답 0
$f(x)=x^3+x^2+kx-k-2$라 하면
$f(1)=1+1+k-k-2=0$
이므로 조립제법을 이용하여 $f(x)$를 인수분해하면

$$
\begin{array}{r|rrrr}
1 & 1 & 1 & k & -k-2 \\
  &   & 1 & 2 & k+2 \\
\hline
  & 1 & 2 & k+2 & \,0 \\
\end{array}
$$

$\therefore f(x)=(x-1)(x^2+2x+k+2)$
이때 주어진 삼차방정식이 한 개의 실근과 두 개의 허근을 가지려면 이차방정식 $x^2+2x+k+2=0$이 두 개의 허근을 가져야 하므로 이 이차방정식의 판별식을 $D$라 할 때
$\dfrac{D}{4}=1^2-1\times(k+2)<0$
$-k-1<0$ $\quad\therefore k>-1$
따라서 정수 $k$의 최솟값은 0이다.

**필수 예제 4** 답 (1) $-3$  (2) $-3$
삼차방정식 $x^3-3x^2+6x+2=0$에서 삼차방정식의 근과 계수의 관계에 의하여
$\alpha+\beta+\gamma=3,\ \alpha\beta+\beta\gamma+\gamma\alpha=6,\ \alpha\beta\gamma=-2$
(1) $\alpha^2+\beta^2+\gamma^2=(\alpha+\beta+\gamma)^2-2(\alpha\beta+\beta\gamma+\gamma\alpha)$
$\qquad\qquad\qquad =3^2-2\times6=-3$
(2) $\dfrac{1}{\alpha}+\dfrac{1}{\beta}+\dfrac{1}{\gamma}=\dfrac{\alpha\beta+\beta\gamma+\gamma\alpha}{\alpha\beta\gamma}=\dfrac{6}{-2}=-3$

**4-1** 답 (1) $-8$  (2) $-\dfrac{1}{3}$
삼차방정식 $x^3-2x^2-5x+6=0$에서 삼차방정식의 근과 계수의 관계에 의하여
$\alpha+\beta+\gamma=2,\ \alpha\beta+\beta\gamma+\gamma\alpha=-5,\ \alpha\beta\gamma=-6$
(1) $(\alpha+1)(\beta+1)(\gamma+1)$
$\quad =\alpha\beta\gamma+(\alpha\beta+\beta\gamma+\gamma\alpha)+(\alpha+\beta+\gamma)+1$
$\quad =-6+(-5)+2+1=-8$
(2) $\dfrac{1}{\alpha\beta}+\dfrac{1}{\beta\gamma}+\dfrac{1}{\gamma\alpha}=\dfrac{\alpha+\beta+\gamma}{\alpha\beta\gamma}=\dfrac{2}{-6}=-\dfrac{1}{3}$

**4-2** 답 2

삼차방정식 $x^3-x^2-5x+7=0$에서 삼차방정식의 근과 계수의 관계에 의하여

$\alpha+\beta+\gamma=1$, $\alpha\beta+\beta\gamma+\gamma\alpha=-5$, $\alpha\beta\gamma=-7$이므로

$(\alpha+\beta)(\beta+\gamma)(\gamma+\alpha)$
$=(1-\gamma)(1-\alpha)(1-\beta)$
$=1-(\alpha+\beta+\gamma)+(\alpha\beta+\beta\gamma+\gamma\alpha)-\alpha\beta\gamma$
$=1-1+(-5)-(-7)=2$

**4-3** 답 6

삼차방정식 $x^3+ax+2=0$에서 삼차방정식의 근과 계수의 관계에 의하여

$\alpha+\beta+\gamma=0$, $\alpha\beta+\beta\gamma+\gamma\alpha=a$, $\alpha\beta\gamma=-2$이므로

따라서

$\dfrac{1}{\alpha}+\dfrac{1}{\beta}+\dfrac{1}{\gamma}=\dfrac{\alpha\beta+\beta\gamma+\gamma\alpha}{\alpha\beta\gamma}=\dfrac{a}{-2}$

이므로

$\dfrac{a}{-2}=-3$   $\therefore a=6$

**필수 예제 5** 답 3

삼차방정식 $x^3+ax^2+bx-1=0$의 계수가 유리수이고 한 근이 $1+\sqrt{2}$이므로 $1-\sqrt{2}$도 근이다.

즉, 주어진 삼차방정식의 세 근이 $-1$, $1+\sqrt{2}$, $1-\sqrt{2}$이므로 삼차방정식의 근과 계수의 관계에 의하여

$-1+(1+\sqrt{2})+(1-\sqrt{2})=-a$

$-1\times(1+\sqrt{2})+(1+\sqrt{2})\times(1-\sqrt{2})+(1-\sqrt{2})\times(-1)$
$=b$

따라서 $a=-1$, $b=-3$이므로

$ab=-1\times(-3)=3$

**다른 풀이**

삼차방정식 $x^3+ax^2+bx-1=0$의 한 근이 $1+\sqrt{2}$이므로

$x=1+\sqrt{2}$를 대입하면

$(1+\sqrt{2})^3+a(1+\sqrt{2})^2+b(1+\sqrt{2})-1=0$

$\therefore (3a+b+6)+(2a+b+5)\sqrt{2}=0$

이때 $3a+b+6=0$, $2a+b+5=0$이므로 두 식을 연립하여 풀면

$a=-1$, $b=-3$

$\therefore ab=-1\times(-3)=3$

**5-1** 답 9

삼차방정식 $x^3-3x^2+ax+b=0$의 계수가 실수이고 한 근이 $1-\sqrt{2}i$이므로 $1+\sqrt{2}i$도 근이다.

이때 삼차방정식의 근과 계수의 관계에 의하여

$c+(1+\sqrt{2}i)+(1-\sqrt{2}i)=3$

$c+2=3$   $\therefore c=1$

즉, 주어진 삼차방정식의 세 근이 $1$, $1+\sqrt{2}i$, $1-\sqrt{2}i$이므로 삼차방정식의 근과 계수의 관계에 의하여

$1\times(1+\sqrt{2}i)+(1+\sqrt{2}i)\times(1-\sqrt{2}i)+(1-\sqrt{2}i)\times1=a$

$1\times(1+\sqrt{2}i)\times(1-\sqrt{2}i)=-b$

따라서 $a=5$, $b=-3$이므로

$a-b+c=5-(-3)+1=9$

**다른 풀이**

삼차방정식 $x^3-3x^2+ax+b=0$의 한 근이 $1-\sqrt{2}i$이므로

$x=1-\sqrt{2}i$를 대입하면

$(1-\sqrt{2}i)^3-3(1-\sqrt{2}i)^2+a(1-\sqrt{2}i)+b=0$

$\therefore (a+b-2)+(5-a)\sqrt{2}i=0$

이때 $a+b-2=0$, $5-a=0$이므로 두 식을 연립하여 풀면

$a=5$, $b=-3$

즉, 삼차방정식 $x^3-3x^2+5x-3=0$의 한 근이 $1-\sqrt{2}i$이므로 $1+\sqrt{2}i$도 근이다.

나머지 한 근이 $c$이므로 삼차방정식의 근과 계수의 관계에 의하여

$c+(1+\sqrt{2}i)+(1-\sqrt{2}i)=3$

$\therefore c=1$

$\therefore a-b+c=5-(-3)+1=9$

**5-2** 답 (1) 3, $1+\sqrt{3}$  (2) $a=-5$, $b=4$

(1) 삼차방정식 $x^3+ax^2+bx+6=0$의 계수가 유리수이고 한 근이 $1-\sqrt{3}$이므로 $1+\sqrt{3}$도 근이다.

이때 나머지 한 근을 $a$라 하면 삼차방정식의 근과 계수의 관계에 의하여

$a\times(1+\sqrt{3})\times(1-\sqrt{3})=-6$

$-2a=-6$   $\therefore a=3$

따라서 나머지 두 근은 3, $1+\sqrt{3}$이다.

(2) 주어진 삼차방정식의 세 근이 3, $1+\sqrt{3}$, $1-\sqrt{3}$이므로

$3+(1+\sqrt{3})+(1-\sqrt{3})=-a$

$3\times(1+\sqrt{3})+(1+\sqrt{3})\times(1-\sqrt{3})+(1-\sqrt{3})\times3=b$

$\therefore a=-5$, $b=4$

**다른 풀이**

(2) 삼차방정식 $x^3+ax^2+bx+6=0$의 한 근이 $1-\sqrt{3}$이므로

$x=1-\sqrt{3}$을 대입하면

$(1-\sqrt{3})^3+a(1-\sqrt{3})^2+b(1-\sqrt{3})+6=0$

$\therefore (4a+b+16)-(2a+b+6)\sqrt{3}=0$

이때 $4a+b+16=0$, $2a+b+6=0$이므로 두 식을 연립하여 풀면 $a=-5$, $b=4$

**5-3** 답 $-4$

삼차방정식 $f(x)=0$의 계수가 실수이고 한 근이 $-2+i$이므로 $-2-i$도 근이다.

이때 $f(x)=x^3+ax^2+bx+c$ ($a$, $b$, $c$는 실수)라 하면 삼차방정식의 근과 계수의 관계에 의하여

$1+(-2+i)+(-2-i)=-a$

$1\times(-2+i)+(-2+i)\times(-2-i)+(-2-i)\times1=b$

$1\times(-2+i)\times(-2-i)=-c$

따라서 $a=3$, $b=1$, $c=-5$이므로

$f(x)=x^3+3x^2+x-5$

$\therefore f(-1)=-1+3-1-5=-4$

**필수 예제 6** 답 1

$x^3=1$에서 $x^3-1=0$, $(x-1)(x^2+x+1)=0$

즉, 한 허근 $\omega$는 $x^3-1=0$과 $x^2+x+1=0$의 근이므로

$\omega^3=1$, $\omega^2+\omega+1=0$

$$\therefore 1+\omega+\omega^2+\omega^3+\cdots+\omega^9$$
$$=(1+\omega+\omega^2)+\omega^3(1+\omega+\omega^2)+\omega^6(1+\omega+\omega^2)+\omega^9$$
$$=0+\omega^3\times0+\omega^6\times0+\omega^9$$
$$=(\omega^3)^3$$
$$=1^3=1$$

### 6-1 답 0

$x^3=1$에서 $x^3-1=0$, $(x-1)(x^2+x+1)=0$

즉, 한 허근 $\omega$는 $x^3-1=0$과 $x^2+x+1=0$의 근이므로

$\omega^3=1$, $\omega^2+\omega+1=0$

$$\therefore 1+\omega^2+\omega^4+\omega^6+\omega^8+\omega^{10}+\omega^{12}+\omega^{14}+\omega^{16}$$
$$=1+\omega^2+\omega^3\times\omega+(\omega^3)^2+(\omega^3)^2\times\omega^2+(\omega^3)^3\times\omega+(\omega^3)^4$$
$$\qquad\qquad\qquad\qquad\qquad +(\omega^3)^4\times\omega^2+(\omega^3)^5\times\omega$$
$$=1+\omega^2+1\times\omega+1^2+1^2\times\omega^2+1^3\times\omega+1^4+1^4\times\omega^2$$
$$\qquad\qquad\qquad\qquad\qquad\qquad\qquad +1^5\times\omega$$
$$=1+\omega^2+\omega+1+\omega^2+\omega+1+\omega^2+\omega$$
$$=(1+\omega^2+\omega)+(1+\omega^2+\omega)+(1+\omega^2+\omega)$$
$$=0+0+0=0$$

### 6-2 답 (1) 0 (2) 0 (3) $-1$

$x^3=1$에서 $x^3-1=0$, $(x-1)(x^2+x+1)=0$

즉, 한 허근 $\omega$는 $x^3-1=0$과 $x^2+x+1=0$의 근이므로

$\omega^3=1$, $\omega^2+\omega+1=0$

(1) $\omega^3-1=0$이므로 양변을 $\omega$로 나누면
$$\omega^2-\frac{1}{\omega}=0$$

(2) $1+\omega^{50}+\omega^{100}=1+(\omega^3)^{16}\times\omega^2+(\omega^3)^{33}\times\omega$
$$=1+1^{16}\times\omega^2+1^{33}\times\omega$$
$$=1+\omega^2+\omega$$
$$=0$$

(3) $\omega$가 이차방정식 $x^2+x+1=0$의 근이면 $\overline{\omega}$도 근이므로 이차
방정식의 근과 계수의 관계에 의하여
$$\omega+\overline{\omega}=-1,\ \omega\overline{\omega}=1$$
$$\therefore \frac{1}{\overline{\omega}}+\frac{1}{\omega}=\frac{\omega+\overline{\omega}}{\omega\overline{\omega}}=\frac{-1}{1}=-1$$

### 6-3 답 2

$x^3+1=0$에서 $(x+1)(x^2-x+1)=0$

즉, 한 허근 $\omega$는 $x^3+1=0$과 $x^2-x+1=0$의 근이므로

$\omega^3=-1$, $\omega^2-\omega+1=0$
$$\therefore \frac{\omega^2}{1-\omega}+\frac{3\omega}{1+\omega^2}=\frac{\omega^2}{-\omega^2}+\frac{3\omega}{\omega}$$
$$=-1+3=2$$

### 필수 예제 7 답 해설 참조

(1) $\begin{cases} x+y=4 & \cdots\cdots\ \bigcirc \\ x^2+y^2=10 & \cdots\cdots\ \bigcirc \end{cases}$

$\bigcirc$에서 $y=-x+4$ $\cdots\cdots\ \bigcirc$

$\bigcirc$을 $\bigcirc$에 대입하면
$$x^2+(-x+4)^2=10$$
$$2x^2-8x+6=0,\ 2(x-1)(x-3)=0$$
$$\therefore x=1\ 또는\ x=3$$

(i) $x=1$을 $\bigcirc$에 대입하면 $y=3$

(ii) $x=3$을 $\bigcirc$에 대입하면 $y=1$

(i), (ii)에서 주어진 연립방정식의 해는
$$\begin{cases} x=1 \\ y=3 \end{cases} 또는 \begin{cases} x=3 \\ y=1 \end{cases}$$

(2) $\begin{cases} x^2-4y^2=0 & \cdots\cdots\ \bigcirc \\ 2x^2+xy+2y^2=8 & \cdots\cdots\ \bigcirc \end{cases}$

$\bigcirc$의 좌변을 인수분해하면
$$(x+2y)(x-2y)=0$$
$$\therefore x=-2y\ 또는\ x=2y$$

(i) $x=-2y$를 $\bigcirc$에 대입하면
$$2\times(-2y)^2+(-2y)\times y+2y^2=8$$
$$8y^2=8 \quad\therefore y=\pm1$$

$x=-2y$이므로

$x=\pm2$, $y=\mp1$ (복부호동순)

(ii) $x=2y$를 $\bigcirc$에 대입하면
$$2\times(2y)^2+2y\times y+2y^2=8$$
$$12y^2=8 \quad\therefore y=\pm\frac{\sqrt{6}}{3}$$

$x=2y$이므로
$$x=\pm\frac{2\sqrt{6}}{3},\ y=\pm\frac{\sqrt{6}}{3}\ (복부호동순)$$

(i), (ii)에서 주어진 연립방정식의 해는
$$\begin{cases} x=2 \\ y=-1 \end{cases} 또는 \begin{cases} x=-2 \\ y=1 \end{cases} 또는 \begin{cases} x=\dfrac{2\sqrt{6}}{3} \\ y=\dfrac{\sqrt{6}}{3} \end{cases} 또는 \begin{cases} x=-\dfrac{2\sqrt{6}}{3} \\ y=-\dfrac{\sqrt{6}}{3} \end{cases}$$

### 7-1 답 해설 참조

(1) $\begin{cases} 2x-y=1 & \cdots\cdots\ \bigcirc \\ 2x^2-y^2=-7 & \cdots\cdots\ \bigcirc \end{cases}$

$\bigcirc$에서 $y=2x-1$ $\cdots\cdots\ \bigcirc$

$\bigcirc$을 $\bigcirc$에 대입하면
$$2x^2-(2x-1)^2=-7$$
$$-2x^2+4x+6=0,\ -2(x+1)(x-3)=0$$
$$\therefore x=-1\ 또는\ x=3$$

(i) $x=-1$을 $\bigcirc$에 대입하면 $y=-3$

(ii) $x=3$을 $\bigcirc$에 대입하면 $y=5$

(i), (ii)에서 주어진 연립방정식의 해는
$$\begin{cases} x=-1 \\ y=-3 \end{cases} 또는 \begin{cases} x=3 \\ y=5 \end{cases}$$

(2) $\begin{cases} x^2-xy-2y^2=0 & \cdots\cdots\ \bigcirc \\ 2x^2+y^2=9 & \cdots\cdots\ \bigcirc \end{cases}$

$\bigcirc$의 좌변을 인수분해하면
$$(x+y)(x-2y)=0$$
$$\therefore x=-y\ 또는\ x=2y$$

(i) $x=-y$를 $\bigcirc$에 대입하면
$$2\times(-y)^2+y^2=9$$
$$3y^2=9 \quad\therefore y=\pm\sqrt{3}$$

$x=-y$이므로

$x=\pm\sqrt{3}$, $y=\mp\sqrt{3}$ (복부호동순)

(ii) $x=2y$를 ⓛ에 대입하면

$2 \times (2y)^2 + y^2 = 9$

$9y^2 = 9$ ∴ $y = \pm 1$

$x=2y$이므로

$x = \pm 2,\ y = \pm 1$ (복부호동순)

(i), (ii)에서 주어진 연립방정식의 해는

$\begin{cases} x = \sqrt{3} \\ y = -\sqrt{3} \end{cases}$ 또는 $\begin{cases} x = -\sqrt{3} \\ y = \sqrt{3} \end{cases}$ 또는 $\begin{cases} x = 2 \\ y = 1 \end{cases}$ 또는 $\begin{cases} x = -2 \\ y = -1 \end{cases}$

(3) $\begin{cases} x + y = -2 & \cdots\cdots ㉠ \\ x^2 + (y+1)^2 = 13 & \cdots\cdots ㉡ \end{cases}$

㉠에서 $y = -x - 2$ $\cdots\cdots ㉢$

㉢을 ㉡에 대입하면

$x^2 + (-x-1)^2 = 13$

$2x^2 + 2x - 12 = 0$

$2(x+3)(x-2) = 0$

∴ $x = -3$ 또는 $x = 2$

(i) $x = -3$을 ㉢에 대입하면 $y = 1$

(ii) $x = 2$를 ㉢에 대입하면 $y = -4$

(i), (ii)에서 주어진 연립방정식의 해는

$\begin{cases} x = -3 \\ y = 1 \end{cases}$ 또는 $\begin{cases} x = 2 \\ y = -4 \end{cases}$

(4) $\begin{cases} 2x^2 - 3xy + y^2 = 0 & \cdots\cdots ㉠ \\ x^2 + 2xy - y^2 = 4 & \cdots\cdots ㉡ \end{cases}$

㉠의 좌변을 인수분해하면

$(2x - y)(x - y) = 0$

∴ $y = 2x$ 또는 $y = x$

(i) $y = 2x$를 ㉡에 대입하면

$x^2 + 2x \times 2x - (2x)^2 = 4$

$x^2 = 4$ ∴ $x = \pm 2$

$y = 2x$이므로

$x = \pm 2,\ y = \pm 4$ (복부호동순)

(ii) $y = x$를 ㉡에 대입하면

$x^2 + 2x \times x - x^2 = 4$

$2x^2 = 4$ ∴ $x = \pm\sqrt{2}$

$y = x$이므로

$x = \pm\sqrt{2},\ y = \pm\sqrt{2}$ (복부호동순)

(i), (ii)에서 주어진 연립방정식의 해는

$\begin{cases} x = 2 \\ y = 4 \end{cases}$ 또는 $\begin{cases} x = -2 \\ y = -4 \end{cases}$ 또는 $\begin{cases} x = \sqrt{2} \\ y = \sqrt{2} \end{cases}$ 또는 $\begin{cases} x = -\sqrt{2} \\ y = -\sqrt{2} \end{cases}$

**7-2** 답 $2\sqrt{2}$

$\begin{cases} x^2 - y^2 = 0 & \cdots\cdots ㉠ \\ 2x^2 - xy + y^2 = 4 & \cdots\cdots ㉡ \end{cases}$

㉠의 좌변을 인수분해하면

$(x + y)(x - y) = 0$

∴ $x = -y$ 또는 $x = y$

(i) $x = -y$를 ㉡에 대입하면

$2 \times (-y)^2 - (-y) \times y + y^2 = 4$

$4y^2 = 4$ ∴ $y = \pm 1$

$x = -y$이므로 $x = \pm 1,\ y = \mp 1$ (복부호동순)

(ii) $x = y$를 ㉡에 대입하면

$2y^2 - y \times y + y^2 = 4$

$2y^2 = 4$ ∴ $y = \pm\sqrt{2}$

$x = y$이므로 $x = \pm\sqrt{2},\ y = \pm\sqrt{2}$ (복부호동순)

(i), (ii)에서 주어진 연립방정식의 해는

$\begin{cases} x = 1 \\ y = -1 \end{cases}$ 또는 $\begin{cases} x = -1 \\ y = 1 \end{cases}$ 또는 $\begin{cases} x = \sqrt{2} \\ y = \sqrt{2} \end{cases}$ 또는 $\begin{cases} x = -\sqrt{2} \\ y = -\sqrt{2} \end{cases}$

따라서 $a + b$의 최댓값은 $\sqrt{2} + \sqrt{2} = 2\sqrt{2}$이다.

**7-3** 답 $\begin{cases} x = 2 \\ y = 3 \end{cases}$ 또는 $\begin{cases} x = 3 \\ y = 2 \end{cases}$ 또는 $\begin{cases} x = -3 \\ y = -2 \end{cases}$ 또는 $\begin{cases} x = -2 \\ y = -3 \end{cases}$

$\begin{cases} x^2 + y^2 = 13 \\ xy = 6 \end{cases}$ 에서 $\begin{cases} (x+y)^2 - 2xy = 13 \\ xy = 6 \end{cases}$ ⟵ $x+y = u,\ xy = v$로 치환하기 위해 $x+y,\ xy$에 대한 식으로 변형한다.

$x + y = u,\ xy = v$라 하면 $\begin{cases} u^2 - 2v = 13 & \cdots\cdots ㉠ \\ v = 6 & \cdots\cdots ㉡ \end{cases}$

㉡을 ㉠에 대입하면

$u^2 - 2 \times 6 = 13,\ u^2 = 25$

∴ $u = \pm 5$

(i) $u = 5,\ v = 6$, 즉 $x + y = 5,\ xy = 6$일 때

$x,\ y$는 이차방정식 $t^2 - 5t + 6 = 0$의 두 근이므로

$(t-2)(t-3) = 0$에서 $t = 2$ 또는 $t = 3$

∴ $\begin{cases} x = 2 \\ y = 3 \end{cases}$ 또는 $\begin{cases} x = 3 \\ y = 2 \end{cases}$

(ii) $u = -5,\ v = 6$, 즉 $x + y = -5,\ xy = 6$일 때

$x,\ y$는 이차방정식 $t^2 + 5t + 6 = 0$의 두 근이므로

$(t+3)(t+2) = 0$에서 $t = -3$ 또는 $t = -2$

∴ $\begin{cases} x = -3 \\ y = -2 \end{cases}$ 또는 $\begin{cases} x = -2 \\ y = -3 \end{cases}$

(i), (ii)에서 주어진 연립방정식의 해는

$\begin{cases} x = 2 \\ y = 3 \end{cases}$ 또는 $\begin{cases} x = 3 \\ y = 2 \end{cases}$ 또는 $\begin{cases} x = -3 \\ y = -2 \end{cases}$ 또는 $\begin{cases} x = -2 \\ y = -3 \end{cases}$

**실전 문제로 단원 마무리** • 본문 082~083쪽

| | | | |
|---|---|---|---|
| **01** 4 | **02** 8 | **03** ① | **04** ④ |
| **05** 2 | **06** 3 | **07** 8 | **08** 2 |
| **09** ④ | **10** ⑤ | | |

**01**

$f(x) = x^4 + 4x^3 + 9x^2 + 14x + 8$이라 하면

$f(-1) = 1 - 4 + 9 - 14 + 8 = 0$,

$f(-2) = 16 - 32 + 36 - 28 + 8 = 0$

이므로 조립제법을 이용하여 $f(x)$를 인수분해하면

| $-1$ | 1 | 4 | 9 | 14 | 8 |
|---|---|---|---|---|---|
| | | $-1$ | $-3$ | $-6$ | $-8$ |
| $-2$ | 1 | 3 | 6 | 8 | 0 |
| | | $-2$ | $-2$ | $-8$ | |
| | 1 | 1 | 4 | 0 | |

$\therefore f(x)=(x+1)(x^3+3x^2+6x+8)$
$\qquad =(x+1)(x+2)(x^2+x+4)$

즉, 주어진 방정식은

$(x+1)(x+2)(x^2+x+4)=0$

$\therefore x=-1$ 또는 $x=-2$ 또는 $x=\dfrac{-1\pm\sqrt{15}i}{2}$

따라서 모든 허근의 곱은

$\dfrac{-1+\sqrt{15}i}{2}\times\dfrac{-1-\sqrt{15}i}{2}=4$

**참고** 이차방정식 $x^2+x+4=0$의 판별식을 $D$라 하면
$D=1^2-4\times1\times4=-15<0$
이므로 이차방정식 $x^2+x+4=0$은 허근을 갖는다.
따라서 이차방정식의 근과 계수의 관계에 의하여 두 허근의 곱은 4이다.

## 02

$x-2=X$라 하면 주어진 방정식은

$X^4-13X^2+4=0$

$(X^4-4X^2+4)-9X^2=0, \ (X^2-2)^2-(3X)^2=0$

$(X^2+3X-2)(X^2-3X-2)=0$

(i) $X^2+3X-2=0$에서 $X=\dfrac{-3\pm\sqrt{17}}{2}$이므로

$\qquad x-2=\dfrac{-3\pm\sqrt{17}}{2} \quad \therefore x=\dfrac{1\pm\sqrt{17}}{2}$

(ii) $X^2-3X-2=0$에서 $X=\dfrac{3\pm\sqrt{17}}{2}$이므로

$\qquad x-2=\dfrac{3\pm\sqrt{17}}{2} \quad \therefore x=\dfrac{7\pm\sqrt{17}}{2}$

(i), (ii)에서 $x=\dfrac{1\pm\sqrt{17}}{2}$ 또는 $x=\dfrac{7\pm\sqrt{17}}{2}$

따라서 모든 실근의 합은

$\left(\dfrac{1+\sqrt{17}}{2}+\dfrac{1-\sqrt{17}}{2}\right)+\left(\dfrac{7+\sqrt{17}}{2}+\dfrac{7-\sqrt{17}}{2}\right)$

$=1+7=8$

## 03

$-1$, 2가 사차방정식 $x^4+x^3+ax^2-9x+b=0$의 두 근이므로
$x=-1$, $x=2$를 각각 방정식에 대입하면

$1-1+a+9+b=0 \quad \therefore a+b=-9 \quad\cdots\cdots\ \ominus$

$16+8+4a-18+b=0 \quad \therefore 4a+b=-6 \quad\cdots\cdots\ \oplus$

$\ominus$, $\oplus$을 연립하여 풀면

$a=1, \ b=-10$

이므로 주어진 방정식은

$x^4+x^3+x^2-9x-10=0$

$f(x)=x^4+x^3+x^2-9x-10$이라 하면

$f(-1)=0, \ f(2)=0$이므로 조립제법을 이용하여 $f(x)$를 인수분해하면

$$
\begin{array}{r|rrrrr}
-1 & 1 & 1 & 1 & -9 & -10 \\
   &   & -1 & 0 & -1 & 10 \\
\hline
2 & 1 & 0 & 1 & -10 & \boxed{0} \\
  &   & 2 & 4 & 10 & \\
\hline
  & 1 & 2 & 5 & \boxed{0} &
\end{array}
$$

$\therefore f(x)=(x+1)(x^3+x-10)$
$\qquad =(x+1)(x-2)(x^2+2x+5)$

즉, 주어진 방정식은 $(x+1)(x-2)(x^2+2x+5)=0$이고 나머지 두 근 $\alpha$, $\beta$는 이차방정식 $x^2+2x+5=0$의 근이다.
따라서 이차방정식의 근과 계수의 관계에 의하여

$\alpha+\beta=-2, \ \alpha\beta=5$

$\therefore \alpha^2+\beta^2=(\alpha+\beta)^2-2\alpha\beta$

$\qquad =(-2)^2-2\times5=-6$

## 04

$f(x)=x^3-(k+3)x^2+4kx-3k+2$라 하면

$f(1)=1-(k+3)+4k-3k+2=0$

이므로 조립제법을 이용하여 $f(x)$를 인수분해하면

$$
\begin{array}{r|rrrr}
1 & 1 & -(k+3) & 4k & -3k+2 \\
  &   & 1 & -k-2 & 3k-2 \\
\hline
  & 1 & -k-2 & 3k-2 & \boxed{0}
\end{array}
$$

$\therefore f(x)=(x-1)\{x^2-(k+2)x+3k-2\}$

이때 방정식 $f(x)=0$이 중근을 가지려면

(i) 이차방정식 $x^2-(k+2)x+3k-2=0$이 $x=1$을 근으로 갖는 경우 $\rightarrow$ $x=1$이 중근이 되는 경우

$\qquad 1-(k+2)+3k-2=0, \ 2k-3=0$

$\qquad \therefore k=\dfrac{3}{2}$

(ii) 이차방정식 $x^2-(k+2)x+3k-2=0$이 중근을 갖는 경우
이차방정식 $x^2-(k+2)x+3k-2=0$의 판별식을 $D$라 할 때
$D=\{-(k+2)\}^2-4\times1\times(3k-2)=0$
$k^2-8k+12=0, \ (k-2)(k-6)=0$
$\therefore k=2$ 또는 $k=6$

(i), (ii)에서 모든 $k$의 값의 합은

$\dfrac{3}{2}+2+6=\dfrac{19}{2}$

## 05

삼차방정식 $x^3-3x^2+x+2=0$에서 삼차방정식의 근과 계수의 관계에 의하여

$\alpha+\beta+\gamma=3, \ \alpha\beta+\beta\gamma+\gamma\alpha=1, \ \alpha\beta\gamma=-2$

이때 삼차방정식 $f(x)=0$의 세 근이 $\alpha+1$, $\beta+1$, $\gamma+1$이므로

(세 근의 합)$=(\alpha+1)+(\beta+1)+(\gamma+1)$

$\qquad =(\alpha+\beta+\gamma)+3=3+3=6$

(두 근끼리의 곱의 합)

$=(\alpha+1)(\beta+1)+(\beta+1)(\gamma+1)+(\gamma+1)(\alpha+1)$

$=(\alpha\beta+\beta\gamma+\gamma\alpha)+2(\alpha+\beta+\gamma)+3$

$=1+2\times3+3=10$

(세 근의 곱)$=(\alpha+1)(\beta+1)(\gamma+1)$

$\qquad =\alpha\beta\gamma+(\alpha\beta+\beta\gamma+\gamma\alpha)+(\alpha+\beta+\gamma)+1$

$\qquad =-2+1+3+1=3$

즉, 삼차방정식 $f(x)=0$은

$x^3-6x^2+10x-3=0$

따라서 $f(x)=x^3-6x^2+10x-3$이므로

$f(1)=1-6+10-3=2$

## 06

$f(x)=x^3-kx^2+(k+3)x-4$라 하면

$f(1)=1-k+k+3-4=0$

이므로 조립제법을 이용하여 $f(x)$를 인수분해하면

$$\begin{array}{c|cccc} 1 & 1 & -k & k+3 & -4 \\ & & 1 & -k+1 & 4 \\ \hline & 1 & -k+1 & 4 & 0 \end{array}$$

$\therefore f(x)=(x-1)\{x^2-(k-1)x+4\}$

이때 방정식 $f(x)=0$의 한 허근 $z$는

이차방정식 $x^2-(k-1)x+4=0$의 해이므로

$\bar{z}$도 이차방정식 $x^2-(k-1)x+4=0$의 해이다.

따라서 이차방정식의 근과 계수의 관계에 의하여

$z+\bar{z}=k-1=2$  $\therefore k=3$

## 07

$x^3=1$에서 $x^3-1=0$, $(x-1)(x^2+x+1)=0$

즉, 한 허근 $\omega$는 $x^3-1=0$과 $x^2+x+1=0$의 근이므로

$\omega^3=1$, $\underbrace{\omega^2+\omega+1=0}_{\omega^2=-\omega-1}$

$\therefore 1+2\omega+3\omega^2+4\omega^3+5\omega^4+6\omega^5$

$\quad =1+2\omega+3\omega^2+4\omega^3+5\omega^3\times\omega+6\omega^3\times\omega^2$

$\quad =1+2\omega+3\omega^2+4+5\omega+6\omega^2$

$\quad =5+7\omega+9\omega^2$

$\quad =5+7\omega+9(-\omega-1)$

$\quad =-2\omega-4$

따라서 $a=-2$, $b=-4$이므로

$ab=-2\times(-4)=8$

## 08

$\begin{cases} x+y=2 & \cdots\cdots\ \text{㉠} \\ x^2+y^2=a & \cdots\cdots\ \text{㉡} \end{cases}$

㉠에서 $y=2-x$  $\cdots\cdots\ $㉢

㉢을 ㉡에 대입하면

$x^2+(2-x)^2=a$, $2x^2-4x+4-a=0$

주어진 연립방정식이 실근을 가지므로 이차방정식

$2x^2-4x+4-a=0$의 판별식을 $D$라 할 때

$\dfrac{D}{4}=(-2)^2-2\times(4-a)\geq0$

$-4+2a\geq0$  $\therefore a\geq2$

따라서 실수 $a$의 최솟값은 2이다.

## 09

$\begin{cases} 2x-3y=-1 & \cdots\cdots\ \text{㉠} \\ x^2-2y^2=-1 & \cdots\cdots\ \text{㉡} \end{cases}$

㉠에서 $y=\dfrac{1}{3}(2x+1)$  $\cdots\cdots\ $㉢

㉢을 ㉡에 대입하면

$x^2-2\left\{\dfrac{1}{3}(2x+1)\right\}^2=-1$

$9x^2-2(4x^2+4x+1)=-9$

$x^2-8x+7=0$, $(x-1)(x-7)=0$

$\therefore x=1$ 또는 $x=7$

(i) $x=1$을 ㉢에 대입하면 $y=1$

(ii) $x=7$을 ㉢에 대입하면 $y=5$

(i), (ii)에서 연립방정식의 해는

$\begin{cases} x=7 \\ y=5 \end{cases}$ $(\because \alpha\neq\beta)$

$\therefore \alpha+\beta=7+5=12$

## 10

$x^3-x^2-kx+k=0$에서

$x^2(x-1)-k(x-1)=0$, $(x-1)(x^2-k)=0$

$\therefore x=1$ 또는 $x^2=k$

한편, 주어진 삼차방정식의 두 근 $\alpha$, $\beta$ 중 실수는 하나뿐이고

$\alpha^2=-2\beta$이므로 $\alpha$가 허근, $\beta$가 실근이다.

즉, $\beta=1$이고 $\alpha$는 이차방정식 $x^2=k$의 근이다.

$\alpha^2=-2\beta$에서 $\alpha^2=-2$

$\therefore k=-2$

이차방정식 $x^2=k$에서 $x=\alpha$, $x=\gamma$는 서로 켤레근이므로

$\gamma^2=-2$

따라서 $\beta=1$, $\gamma^2=-2$이므로

$\beta^2+\gamma^2=1^2+(-2)=-1$

참고 $\alpha^2=-2\beta$에서 $\alpha$가 실근이면 $\alpha^2$이 실수이므로 $\beta$도 실수이다.

즉, 주어진 조건에 모순이므로 $\alpha$는 허근이다.

---

### 개념으로 단원 마무리 · 본문 084쪽

**1** 답 (1) 삼차방정식  (2) 인수분해, $\alpha$

(3) $-\dfrac{b}{a}$, $\dfrac{c}{a}$, $-\dfrac{d}{a}$  (4) 1, 0, 1

**2** 답 (1) ○  (2) ×  (3) ○  (4) ○  (5) ×

(2) 계수가 유리수인 삼차방정식의 한 근이 $1+\sqrt{2}$일 때 다른 한 근은 $1-\sqrt{2}$이다.

계수가 유리수라는 조건이 없으면 삼차방정식

$x^3-(1+\sqrt{2})x^2+x-(1+\sqrt{2})=0$도 $x=1+\sqrt{2}$를 근으로 갖지만 나머지 두 근은 $\pm i$이고 $1-\sqrt{2}$는 근이 아니다.

(5) 미지수가 2개인 연립방정식에서 차수가 가장 높은 방정식이 이차방정식일 때, 이 연립방정식을 연립이차방정식이라 한다.

# 08 연립일차부등식

## 교과서 개념 확인하기
• 본문 087쪽

**1** 답 (1) $-1<x\leq1$ (2) $x>1$ (3) $x=1$ (4) 해는 없다.

(1) $6x+2>-4$에서 $6x>-6$ ∴ $x>-1$ ····· ㉠
$2x+1\geq3x$에서 $-x\geq-1$ ∴ $x\leq1$ ····· ㉡
㉠, ㉡의 공통부분을 구하면
$-1<x\leq1$

(2) $3x-2>1$에서 $3x>3$ ∴ $x>1$ ····· ㉠
$-4x+1\leq-3$에서 $-4x\leq-4$ ∴ $x\geq1$ ····· ㉡
㉠, ㉡의 공통부분을 구하면
$x>1$

(3) $x-2\geq-1$에서 $x\geq1$ ····· ㉠
$3x+4\leq7$에서 $3x\leq3$ ∴ $x\leq1$ ····· ㉡
㉠, ㉡의 공통부분을 구하면
$x=1$

(4) $-5x+4>9$에서 $-5x>5$ ∴ $x<-1$ ····· ㉠
$x+4\geq5$에서 $x\geq1$ ····· ㉡
㉠, ㉡의 공통부분이 없으므로
해는 없다.

**2** 답 (1) $-6<x\leq3$ (2) $-2\leq x<3$

(1) 주어진 부등식을 변형하면
$\begin{cases} 3x-5\leq2x-2 \\ 2x-2<4x+10 \end{cases}$
$3x-5\leq2x-2$에서 $x\leq3$ ····· ㉠
$2x-2<4x+10$에서 $-2x<12$ ∴ $x>-6$ ····· ㉡
㉠, ㉡의 공통부분을 구하면
$-6<x\leq3$

(2) 주어진 부등식을 변형하면
$\begin{cases} x-4<-2x+5 \\ -2x+5\leq-x+7 \end{cases}$
$x-4<-2x+5$에서 $3x<9$ ∴ $x<3$ ····· ㉠
$-2x+5\leq-x+7$에서 $-x\leq2$ ∴ $x\geq-2$ ····· ㉡
㉠, ㉡의 공통부분을 구하면
$-2\leq x<3$

**3** 답 (1) $-3<x<3$ (2) $x\leq-10$ 또는 $x\geq2$

(1) $|x|<3$에서 $-3<x<3$

(2) $|x+4|\geq6$에서
$x+4\leq-6$ 또는 $x+4\geq6$
∴ $x\leq-10$ 또는 $x\geq2$

**4** 답 $-\dfrac{1}{2}$, 0, 0, 2, 2, $\dfrac{5}{2}$, $-\dfrac{1}{2}$, $\dfrac{5}{2}$

---

## 교과서 예제로 개념 익히기
• 본문 088~091쪽

**필수 예제 1** 답 (1) $-2<x<1$ (2) $x>4$ (3) $-2<x<3$
(4) $-6\leq x<4$

(1) $3x-2<1$에서 $3x<3$ ∴ $x<1$ ····· ㉠
$4x+5>x-1$에서 $3x>-6$ ∴ $x>-2$ ····· ㉡
㉠, ㉡의 공통부분을 구하면
$-2<x<1$

(2) $2x-5>3$에서 $2x>8$ ∴ $x>4$ ····· ㉠
$-x+6\leq2x+3$에서 $-3x\leq-3$ ∴ $x\geq1$ ····· ㉡
㉠, ㉡의 공통부분을 구하면
$x>4$

(3) $3(x-1)+1<7$에서 $3x-3+1<7$
$3x<9$ ∴ $x<3$ ····· ㉠
$2(x-5)>x-12$에서
$2x-10>x-12$ ∴ $x>-2$ ····· ㉡
㉠, ㉡의 공통부분을 구하면
$-2<x<3$

(4) $\dfrac{5}{6}x+1\geq\dfrac{1}{3}x-2$의 양변에 6을 곱하면
$5x+6\geq2x-12$에서 $3x\geq-18$
∴ $x\geq-6$ ····· ㉠
$\dfrac{x+1}{5}>\dfrac{x-1}{3}$의 양변에 15를 곱하면
$3(x+1)>5(x-1)$에서 $3x+3>5x-5$
$-2x>-8$ ∴ $x<4$ ····· ㉡
㉠, ㉡의 공통부분을 구하면
$-6\leq x<4$

**1-1** 답 (1) $x\geq6$ (2) $1\leq x\leq2$ (3) $4\leq x<5$ (4) $x\leq-9$

(1) $2x-3\geq9$에서 $2x\geq12$ ∴ $x\geq6$ ····· ㉠
$5x-1>x+7$에서 $4x>8$ ∴ $x>2$ ····· ㉡
㉠, ㉡의 공통부분을 구하면
$x\geq6$

(2) $5-4x\leq-x+2$에서 $-3x\leq-3$ ∴ $x\geq1$ ····· ㉠
$5x-8\leq x$에서 $4x\leq8$ ∴ $x\leq2$ ····· ㉡
㉠, ㉡의 공통부분을 구하면
$1\leq x\leq2$

(3) $6(2x-3)\geq7x+2$에서 $12x-18\geq7x+2$
$5x\geq20$ ∴ $x\geq4$ ····· ㉠
$7x<5(x+2)$에서 $7x<5x+10$
$2x<10$ ∴ $x<5$ ····· ㉡
㉠, ㉡의 공통부분을 구하면
$4\leq x<5$

(4) $0.3(x-2)\geq0.7x+3$의 양변에 10을 곱하면
$3(x-2)\geq7x+30$에서 $3x-6\geq7x+30$
$-4x\geq36$ ∴ $x\leq-9$ ····· ㉠
$\dfrac{x+1}{2}\leq\dfrac{x-2}{5}$의 양변에 10을 곱하면

$5(x+1)\leq2(x-2)$에서 $5x+5\leq2x-4$

$3x\leq-9$ $\therefore x\leq-3$ $\cdots\cdots$ ㉡

㉠, ㉡의 공통부분을 구하면

$x\leq-9$

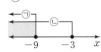

### 1-2 답 12

$0.6x-4\leq0.2x+1.2$의 양변에 10을 곱하면

$6x-40\leq2x+12$에서 $4x\leq52$

$\therefore x\leq13$ $\cdots\cdots$ ㉠

$\dfrac{5-3x}{2}<\dfrac{x+3}{4}$의 양변에 4를 곱하면

$2(5-3x)<x+3$에서 $10-6x<x+3$

$-7x<-7$ $\therefore x>1$ $\cdots\cdots$ ㉡

㉠, ㉡의 공통부분을 구하면

$1<x\leq13$

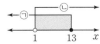

따라서 주어진 연립방정식을 만족시키는
정수 $x$의 개수는 2, 3, 4, $\cdots$, 13의 12이다.

### 1-3 답 (1) 해는 없다. (2) $x=4$

(1) $4(x+1)\geq x+7$에서 $4x+4\geq x+7$

$3x\geq3$ $\therefore x\geq1$ $\cdots\cdots$ ㉠

$x+1>3x+5$에서 $-2x>4$

$\therefore x<-2$ $\cdots\cdots$ ㉡

㉠, ㉡의 공통부분이 없으므로 해는
없다.

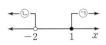

(2) $\dfrac{2x+4}{3}\leq\dfrac{x}{2}+2$의 양변에 6을 곱하면

$2(2x+4)\leq3x+12$에서 $4x+8\leq3x+12$

$\therefore x\leq4$ $\cdots\cdots$ ㉠

$0.4x-0.1\geq0.3(x+1)$의 양변에 10을 곱하면

$4x-1\geq3(x+1)$에서 $4x-1\geq3x+3$

$\therefore x\geq4$ $\cdots\cdots$ ㉡

㉠, ㉡의 공통부분을 구하면

$x=4$

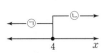

### 필수 예제 2 답 5

$5x-2\leq2x+a$에서 $3x\leq a+2$ $\therefore x\leq\dfrac{a+2}{3}$

$x+b\leq2x-1$에서 $-x\leq-1-b$ $\therefore x\geq b+1$

주어진 연립부등식의 해가 $-1\leq x\leq3$이므로

$b+1=-1$, $\dfrac{a+2}{3}=3$

따라서 $a=7$, $b=-2$이므로

$a+b=7+(-2)=5$

### 2-1 답 $-18$

$2x+a\leq3x$에서 $-x\leq-a$ $\therefore x\geq a$

$3x-b>0$에서 $3x>b$ $\therefore x>\dfrac{b}{3}$

주어진 그림에서 각 부등식의 해가 $x\geq-3$, $x>2$이므로

$a=-3$, $\dfrac{b}{3}=2$ $\therefore a=-3$, $b=6$

$\therefore ab=-3\times6=-18$

### 2-2 답 $a\leq-2$

$3(x-1)+1\leq4$에서 $3x-2\leq4$

$3x\leq6$ $\therefore x\leq2$ $\cdots\cdots$ ㉠

$4x+a>3x$에서 $x>-a$ $\cdots\cdots$ ㉡

주어진 연립부등식이 해를 갖지 않으려면 ㉠, ㉡의 공통부분이
없어야 한다.

즉, $-a\geq2$이어야 하므로

$a\leq-2$

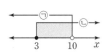

참고 $a=-2$일 때에도 주어진 연립부등식의 해는 없다. 이처럼 경계
값에서의 조건의 성립 여부를 반드시 확인하도록 한다.

### 필수 예제 3 답 (1) $3\leq x<10$ (2) $-7<x\leq13$

(1) 주어진 식을 변형하면

$$\begin{cases}3(x-2)+4<2x+8\\2x+8\leq6(x-1)+2\end{cases}$$

$3(x-2)+4<2x+8$에서 $3x-6+4<2x+8$

$\therefore x<10$ $\cdots\cdots$ ㉠

$2x+8\leq6(x-1)+2$에서 $2x+8\leq6x-6+2$

$-4x\leq-12$ $\therefore x\geq3$ $\cdots\cdots$ ㉡

㉠, ㉡의 공통부분을 구하면

$3\leq x<10$

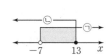

(2) 주어진 식을 변형하면

$$\begin{cases}0.3x-2<0.5x-\dfrac{3}{5}\\0.5x-\dfrac{3}{5}\leq0.3x+2\end{cases}$$

$0.3x-2<0.5x-\dfrac{3}{5}$의 양변에 10을 곱하면

$3x-20<5x-6$에서 $-2x<14$

$\therefore x>-7$ $\cdots\cdots$ ㉠

$0.5x-\dfrac{3}{5}\leq0.3x+2$의 양변에 10을 곱하면

$5x-6\leq3x+20$에서 $2x\leq26$

$\therefore x\leq13$ $\cdots\cdots$ ㉡

㉠, ㉡의 공통부분을 구하면

$-7<x\leq13$

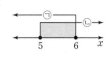

### 3-1 답 (1) $5\leq x\leq6$ (2) $-9<x\leq3$

(1) 주어진 식을 변형하면

$$\begin{cases}2(x+1)-4\leq x+4\\x+4\leq3(x-4)+6\end{cases}$$

$2(x+1)-4\leq x+4$에서 $2x+2-4\leq x+4$

$\therefore x\leq6$ $\cdots\cdots$ ㉠

$x+4\leq3(x-4)+6$에서 $x+4\leq3x-12+6$

$-2x\leq-10$ $\therefore x\geq5$ $\cdots\cdots$ ㉡

㉠, ㉡의 공통부분을 구하면

$5\leq x\leq6$

(2) 주어진 식을 변형하면

$$\begin{cases}0.2x-1<\dfrac{1}{2}x+\dfrac{17}{10}\\\dfrac{1}{2}x+\dfrac{17}{10}\leq5-0.6x\end{cases}$$

$0.2x-1<\dfrac{1}{2}x+\dfrac{17}{10}$의 양변에 10을 곱하면

$2x-10<5x+17$에서 $-3x<27$

$\therefore x>-9$ ······ ㉠

$\dfrac{1}{2}x+\dfrac{17}{10}\leq5-0.6x$의 양변에 10을 곱하면

$5x+17\leq50-6x$에서 $11x\leq33$

$\therefore x\leq3$ ······ ㉡

㉠, ㉡의 공통부분을 구하면

$-9<x\leq3$

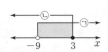

**3-2** 답 2

주어진 식을 변형하면

$\begin{cases}3(x-2)+6\leq2x+5\\2x+5<\dfrac{5}{2}x+\dfrac{7}{2}\end{cases}$

$3(x-2)+6\leq2x+5$에서

$3x-6+6\leq2x+5$ $\therefore x\leq5$ ······ ㉠

$2x+5<\dfrac{5}{2}x+\dfrac{7}{2}$의 양변에 2를 곱하면

$4x+10<5x+7$에서 $-x<-3$ $\therefore x>3$ ······ ㉡

㉠, ㉡의 공통부분을 구하면

$3<x\leq5$

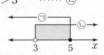

따라서 $a=3$, $b=5$이므로

$b-a=5-3=2$

**필수 예제 4** 답 27

연속하는 세 홀수를 $x-2$, $x$, $x+2$라 하고 부등식을 세우면

$72<(x-2)+x+(x+2)<81$

$72<3x<81$

$\therefore 24<x<27$

이때 $x$는 홀수이므로

$x=25$

따라서 연속하는 세 홀수는 23, 25, 27이므로 이 중에서 가장 큰 수는 27이다.

**플러스 강의**

**연속하는 세 수에 대한 문제**

① 연속하는 세 정수에 대한 문제
 ➡ 세 수를 $x-1$, $x$, $x+1$이라 하고 식을 세운다.
② 연속하는 세 짝수(또는 홀수)에 대한 문제
 ➡ 세 수를 $x-2$, $x$, $x+2$라 하고 식을 세운다.
  이때 $x$는 짝수(또는 홀수)임에 주의하여 해를 구한다.

**4-1** 답 20

연속하는 세 정수를 $x-1$, $x$, $x+1$이라 하고 연립부등식을 세우면

$\begin{cases}(x-1)+x+(x+1)>60\\(x-1)+(x+1)<x+22\end{cases}$

$(x-1)+x+(x+1)>60$에서 $3x>60$

$\therefore x>20$ ······ ㉠

$(x-1)+(x+1)<x+22$에서 $2x<x+22$

$\therefore x<22$ ······ ㉡

㉠, ㉡의 공통부분을 구하면

$20<x<22$

이때 $x$는 정수이므로 $x=21$

따라서 연속하는 세 정수는 20, 21, 22이므로 이 중에서 가장 작은 수는 20이다.

**4-2** 답 5개

초콜릿을 $x$개 산다고 하면 사탕은 $(10-x)$개 살 수 있으므로 부등식을 세우면

$5200\leq500(10-x)+700x\leq6000$

$5200\leq5000-500x+700x\leq6000$

$5200\leq5000+200x\leq6000$

$200\leq200x\leq1000$ $\therefore 1\leq x\leq5$

따라서 초콜릿은 최대 5개까지 살 수 있다.

**4-3** 답 200 g

두 식품 A, B의 1 g당 열량과 단백질의 양을 구하면 다음 표와 같다.

| 식품 　성분 | 열량(kcal) | 단백질(g) |
|---|---|---|
| A | 1.2 | 0.16 |
| B | 2.1 | 0.12 |

식품 B를 $x$ g 섭취한다고 하면 식품 A는 $(300-x)$ g 섭취할 수 있으므로 연립부등식을 세우면

$\begin{cases}1.2(300-x)+2.1x\geq540\\0.16(300-x)+0.12x\geq38\end{cases}$

$1.2(300-x)+2.1x\geq540$의 양변에 10을 곱하면

$12(300-x)+21x\geq5400$에서

$3600-12x+21x\geq5400$

$9x\geq1800$ $\therefore x\geq200$ ······ ㉠

$0.16(300-x)+0.12x\geq38$의 양변에 100을 곱하면

$16(300-x)+12x\geq3800$에서

$4800-16x+12x\geq3800$

$-4x\geq-1000$ $\therefore x\leq250$ ······ ㉡

㉠, ㉡의 공통부분을 구하면

$200\leq x\leq250$

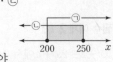

따라서 식품 B는 최소 200 g을 섭취해야 한다.

**필수 예제 5** 답 (1) $-1<x<5$ (2) $x\leq-1$ 또는 $x\geq8$

(1) $|x-2|<3$에서

$-3<x-2<3$ $\therefore -1<x<5$

(2) $|2x-7|\geq9$에서 $2x-7\leq-9$ 또는 $2x-7\geq9$

$2x\leq-2$ 또는 $2x\geq16$ $\therefore x\leq-1$ 또는 $x\geq8$

**5-1** 답 (1) $1\leq x\leq2$ (2) $x<-1$ 또는 $x>6$

(1) $|4x-6|\leq2$에서 $-2\leq4x-6\leq2$

$4\leq4x\leq8$ $\therefore 1\leq x\leq2$

(2) $|5-2x|>7$에서 $5-2x<-7$ 또는 $5-2x>7$

$-2x<-12$ 또는 $-2x>2$

$\therefore x>6$ 또는 $x<-1$

## 5-2 답 5

절댓값 기호 안의 식의 값이 0이 되는 $x$의 값은 $-3$이므로

(i) $x<-3$일 때

$-2(x+3)\leq x+6$에서 $-2x-6\leq x+6$

$-3x\leq 12$     $\therefore x\geq -4$

그런데 $x<-3$이므로 $-4\leq x<-3$

(ii) $x\geq -3$일 때

$2(x+3)\leq x+6$에서 $2x+6\leq x+6$

$\therefore x\leq 0$

그런데 $x\geq -3$이므로 $-3\leq x\leq 0$

(i), (ii)에서 주어진 부등식의 해는
$-4\leq x\leq 0$이므로 부등식을 만족시키는 정수 $x$의 개수는 $-4$, $-3$, $-2$, $-1$, $0$의 5이다.

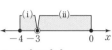

## 필수 예제 6 답 5

절댓값 기호 안의 식의 값이 0이 되는 $x$의 값은 0, 1이므로

(i) $x<0$일 때

$-(x-1)-x<5$에서 $-x+1-x<5$

$-2x<4$     $\therefore x>-2$

그런데 $x<0$이므로 $-2<x<0$

(ii) $0\leq x<1$일 때

$-(x-1)+x<5$에서 $-x+1+x<5$

즉, $1<5$이므로 주어진 부등식은 항상 성립한다.

$\therefore 0\leq x<1$

(iii) $x\geq 1$일 때

$x-1+x<5$에서 $2x<6$     $\therefore x<3$

그런데 $x\geq 1$이므로 $1\leq x<3$

(i), (ii), (iii)에서 주어진 부등식의 해는
$-2<x<3$이다.

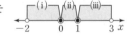

따라서 $\alpha=-2$, $\beta=3$이므로

$\beta-\alpha=3-(-2)=5$

## 6-1 답 1

절댓값 기호 안의 식의 값이 0이 되는 $x$의 값은 $-2$, 3이므로

(i) $x<-2$일 때

$-(x+2)-(x-3)\leq 7$에서 $-x-2-x+3\leq 7$

$-2x\leq 6$     $\therefore x\geq -3$

그런데 $x<-2$이므로 $-3\leq x<-2$

(ii) $-2\leq x<3$일 때

$(x+2)-(x-3)\leq 7$에서 $x+2-x+3\leq 7$

즉, $5\leq 7$이므로 주어진 부등식은 항상 성립한다.

$\therefore -2\leq x<3$

(iii) $x\geq 3$일 때

$(x+2)+(x-3)\leq 7$에서 $x+2+x-3\leq 7$

$2x\leq 8$     $\therefore x\leq 4$

그런데 $x\geq 3$이므로 $3\leq x\leq 4$

(i), (ii), (iii)에서 주어진 부등식의
해는 $-3\leq x\leq 4$이다.

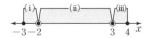

따라서 $\alpha=-3$, $\beta=4$이므로

$\alpha+\beta=-3+4=1$

## 6-2 답 30

절댓값 기호 안의 식의 값이 0이 되는 $x$의 값은 3, $\dfrac{15}{2}$이므로

(i) $x<3$일 때

$-(x-3)-(2x-15)<9$에서 $-x+3-2x+15<9$

$-3x<-9$     $\therefore x>3$

그런데 $x<3$이므로 해는 없다.

(ii) $3\leq x<\dfrac{15}{2}$일 때

$(x-3)-(2x-15)<9$에서 $x-3-2x+15<9$

$-x<-3$     $\therefore x>3$

그런데 $3\leq x<\dfrac{15}{2}$이므로 $3<x<\dfrac{15}{2}$

(iii) $x\geq \dfrac{15}{2}$일 때

$(x-3)+(2x-15)<9$에서

$3x<27$     $\therefore x<9$

그런데 $x\geq \dfrac{15}{2}$이므로 $\dfrac{15}{2}\leq x<9$

(i), (ii), (iii)에서 주어진 부등식의 해는
$3<x<9$이므로 부등식을 만족시키는
자연수 $x$는 4, 5, 6, 7, 8이다.

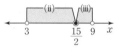

따라서 그 합은

$4+5+6+7+8=30$

### 실전 문제로 단원 마무리   • 본문 092~093쪽

| **01** ⑤ | **02** ⑤ | **03** ③ | **04** 3 |
| **05** 7 | **06** ① | **07** $a\leq -2$ | **08** ② |
| **09** ② | **10** ⑤ | | |

## 01

$2(x-4)\geq 1-x$에서 $2x-8\geq 1-x$

$3x\geq 9$     $\therefore x\geq 3$     …… ㉠

$\dfrac{x-3}{2}<\dfrac{x-1}{3}$의 양변에 6을 곱하면

$3(x-3)<2(x-1)$에서 $3x-9<2x-2$

$\therefore x<7$     …… ㉡

㉠, ㉡의 공통부분을 구하면

$3\leq x<7$

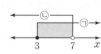

따라서 주어진 연립방정식을 만족시키는
$x$의 값이 될 수 없는 것은 ⑤이다.

## 02

① $2x<3x+4$에서 $-x<4$

$\therefore x>-4$     …… ㉠

$3-4x\geq 2x-3$에서 $-6x\geq -6$

$\therefore x\leq 1$     …… ㉡

㉠, ㉡의 공통부분을 구하면

$-4<x\leq 1$

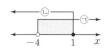

② $5x-3<2x+6$에서 $3x<9$

  $\therefore x<3$ ...... ㉠

  $x+6\leq 2x+10$에서 $-x\leq 4$

  $\therefore x\geq -4$ ...... ㉡

  ㉠, ㉡의 공통부분을 구하면

  $-4\leq x<3$

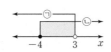

③ $2(x+1)>x-6$에서 $2x+2>x-6$

  $\therefore x>-8$ ...... ㉠

  $2x-4<5(x-2)$에서 $2x-4<5x-10$

  $-3x<-6$

  $\therefore x>2$ ...... ㉡

  ㉠, ㉡의 공통부분을 구하면

  $x>2$

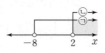

④ $0.3x+0.1\leq 0.4x$의 양변에 10을 곱하면

  $3x+1\leq 4x$에서 $-x\leq -1$

  $\therefore x\geq 1$ ...... ㉠

  $0.05x+0.1>0.2x-0.15$의 양변에 100을 곱하면

  $5x+10>20x-15$에서 $-15x>-25$

  $\therefore x<\dfrac{5}{3}$ ...... ㉡

  ㉠, ㉡의 공통부분을 구하면

  $1\leq x<\dfrac{5}{3}$

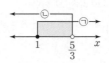

⑤ $6x-2\leq 4x-12$에서 $2x\leq -10$

  $\therefore x\leq -5$ ...... ㉠

  $\dfrac{x}{5}-2<\dfrac{x-4}{3}$의 양변에 15를 곱하면

  $3x-30<5(x-4)$에서

  $3x-30<5x-20,\ -2x<10$

  $\therefore x>-5$ ...... ㉡

  ㉠, ㉡의 공통부분이 없으므로 해는 없다.

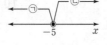

따라서 해가 없는 것은 ⑤이다.

## 03

$3(x-1)>5x+3$에서 $3x-3>5x+3$

$-2x>6$   $\therefore x<-3$ ...... ㉠

$x-a\geq -3$에서

$x\geq -3+a$ ...... ㉡

주어진 연립부등식이 해를 가지려면 오른쪽 그림과 같이 ㉠, ㉡의 공통부분이 있어야 한다.

즉, $-3+a<-3$이므로

$a<0$

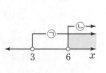

참고 $-3+a=-3$이면 오른쪽 그림과 같이 공통부분이 없으므로 해가 없다.

따라서 $-3+a<-3$이어야 한다.

## 04

주어진 부등식을 변형하면

$\begin{cases} x+12<3x+6 \\ 3x+6<2x+5a \end{cases}$

$x+12<3x+6$에서 $-2x<-6$   $\therefore x>3$ ...... ㉠

$3x+6<2x+5a$에서 $x<5a-6$ ...... ㉡

주어진 연립부등식을 만족시키는 정수가 존재하려면 ㉠, ㉡의 공통부분이 오른쪽 그림과 같아야 한다.

즉, $4<5a-6$이어야 하므로

$-5a<-10$   $\therefore a>2$

따라서 구하는 정수 $a$의 최솟값은 3이다.

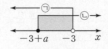

## 05

삼각형의 세 변의 길이에 대하여

(가장 짧은 변의 길이)$>0$,

(가장 긴 변의 길이)$<$(나머지 두 변의 길이의 합)

이 성립한다.

이를 이용하여 연립부등식을 세우면

$\begin{cases} x-3>0 \\ x+2<(x-3)+(x-1) \end{cases}$

$x-3>0$에서 $x>3$ ...... ㉠

$x+2<(x-3)+(x-1)$에서 $x+2<2x-4$

$-x<-6$   $\therefore x>6$ ...... ㉡

㉠, ㉡의 공통부분을 구하면

$x>6$

따라서 구하는 자연수 $x$의 최솟값은 7이다.

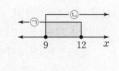

## 06

의자를 $x$개라 하면 한 의자에 3명씩 앉았을 때 학생 5명이 남으므로 전체 학생 수는 $(3x+5)$명이다.

또한, 4명씩 앉았을 때 의자가 1개가 남는다는 것은 $(x-2)$개의 의자에는 4명씩 앉고, 남은 2개의 의자 중 한 의자에는 1명 이상 4명 이하가 앉는다는 뜻이므로 학생 수를 이용하여 부등식을 세우면

$4(x-2)+1\leq 3x+5\leq 4(x-2)+4$

이 식을 변형하면

$\begin{cases} 4(x-2)+1\leq 3x+5 \\ 3x+5\leq 4(x-2)+4 \end{cases}$

$4(x-2)+1\leq 3x+5$에서 $4x-8+1\leq 3x+5$

$\therefore x\leq 12$ ...... ㉠

$3x+5\leq 4(x-2)+4$에서 $3x+5\leq 4x-8+4$

$-x\leq -9$   $\therefore x\geq 9$ ...... ㉡

㉠, ㉡의 공통부분을 구하면

$9\leq x\leq 12$

따라서 의자의 개수가 될 수 있는 것은

①이다.

## 07

절댓값 기호 안의 식의 값이 0이 되는 $x$의 값은 1이므로

(i) $x<1$일 때

  $-2(x-1)+x<4$에서 $-2x+2+x<4$

  $-x<2$   $\therefore x>-2$

  그런데 $x<1$이므로

  $-2<x<1$

(ii) $x \geq 1$일 때

$2(x-1)+x < 4$에서 $2x-2+x < 4$

$3x < 6$ ∴ $x < 2$

그런데 $x \geq 1$이므로

$1 \leq x < 2$

(i), (ii)에서 주어진 부등식의 해는

$-2 < x < 2$이므로 이 해가 $x > a$에 포함

되려면 오른쪽 그림과 같아야 한다.

∴ $a \leq -2$

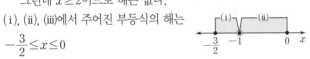

## 08

절댓값 기호 안의 식의 값이 0이 되는 $x$의 값은 $-1$, 2이므로

(i) $x < -1$일 때

$-3(x+1)-(x-2) \leq 5$에서 $-3x-3-x+2 \leq 5$

$-4x \leq 6$ ∴ $x \geq -\dfrac{3}{2}$

그런데 $x < -1$이므로

$-\dfrac{3}{2} \leq x < -1$

(ii) $-1 \leq x < 2$일 때

$3(x+1)-(x-2) \leq 5$에서 $3x+3-x+2 \leq 5$

$2x \leq 0$ ∴ $x \leq 0$

그런데 $-1 \leq x < 2$이므로

$-1 \leq x \leq 0$

(iii) $x \geq 2$일 때

$3(x+1)+(x-2) \leq 5$에서 $3x+3+x-2 \leq 5$

$4x \leq 4$ ∴ $x \leq 1$

그런데 $x \geq 2$이므로 해는 없다.

(i), (ii), (iii)에서 주어진 부등식의 해는

$-\dfrac{3}{2} \leq x \leq 0$

따라서 주어진 부등식을 만족시키는 모든 정수 $x$는 $-1$, 0이므

로 그 합은

$-1+0 = -1$

## 09

$3x-5 < 4$에서 $3x < 9$ ∴ $x < 3$ ······ ㉠

또한, $x \geq a$ ······ ㉡

주어진 연립부등식을 만족시키는 정수 $x$가
2개이려면 ㉠, ㉡의 공통부분은 오른쪽
그림과 같아야 한다.

∴ $0 < a \leq 1$

참고 $a=1$이어도 오른쪽 그림과 같이 연립부
등식을 만족시키는 정수 $x$는 1, 2의 2개이므로
$a$의 값의 범위에 포함된다.

이와 같이 정수인 해의 개수가 주어진 연립부등식에서 미지수의 값의 범
위를 구할 때는 반드시 양 끝 값의 포함 여부를 확인하도록 한다.

## 10

절댓값 기호 안의 식의 값이 0이 되는 $x$의 값은 $\dfrac{1}{3}$이므로

(i) $x < \dfrac{1}{3}$일 때

$-(3x-1) < x+a$에서 $-3x+1 < x+a$

$-4x < a-1$ ∴ $x > \dfrac{1-a}{4}$

그런데 $a$가 양수이고 $x < \dfrac{1}{3}$이므로

$\dfrac{1-a}{4} < x < \dfrac{1}{3}$

(ii) $x \geq \dfrac{1}{3}$일 때

$3x-1 < x+a$에서 $2x < a+1$ ∴ $x < \dfrac{a+1}{2}$

그런데 $a$가 양수이고 $x \geq \dfrac{1}{3}$이므로

$\dfrac{1}{3} \leq x < \dfrac{a+1}{2}$

(i), (ii)에서 주어진 부등식의 해는

$\dfrac{1-a}{4} < x < \dfrac{a+1}{2}$이므로

$\dfrac{1-a}{4} = -1$, $\dfrac{a+1}{2} = 3$ ∴ $a=5$

개념으로 **단원 마무리** • 본문 094쪽

**1** 답 (1) 연립부등식, 공통 (2) 공통부분 (3) $b$, $a$ (4) 없다, 하나

(5) $-a$, $a$

**2** 답 (1) × (2) ○ (3) ○ (4) ×

(1) 부등식의 해는 없거나 하나의 수가 되는 경우도 있다.

(4) $x$의 값의 범위를 $x < a$, $a \leq x < b$, $x \geq b$인 경우로 나누어

푼다.

# 09 이차부등식

본문 097쪽

**교과서 개념 확인하기**

**1** 답 (1) $x<-1$ 또는 $x>4$  (2) $x\leq-1$ 또는 $x\geq4$
　　(3) $-1<x<4$  (4) $-1\leq x\leq4$

(1) 이차부등식 $f(x)>0$의 해는 이차함수 $y=f(x)$의 그래프가 $x$축보다 위쪽에 있는 부분의 $x$의 값의 범위이므로 $x<-1$ 또는 $x>4$

(2) 이차부등식 $f(x)\geq0$의 해는 이차함수 $y=f(x)$의 그래프가 $x$축보다 위쪽에 있거나 $x$축과 만나는 부분의 $x$의 값의 범위이므로 $x\leq-1$ 또는 $x\geq4$

(3) 이차부등식 $f(x)<0$의 해는 이차함수 $y=f(x)$의 그래프가 $x$축보다 아래쪽에 있는 부분의 $x$의 값의 범위이므로 $-1<x<4$

(4) 이차부등식 $f(x)\leq0$의 해는 이차함수 $y=f(x)$의 그래프가 $x$축보다 아래쪽에 있거나 $x$축과 만나는 부분의 $x$의 값의 범위이므로 $-1\leq x\leq4$

**2** 답 (1) $1\leq x\leq5$  (2) $x<-4$ 또는 $x>3$  (3) 모든 실수
　　(4) 해는 없다.

(1) 이차함수 $y=(x-1)(x-5)$의 그래프는 오른쪽 그림과 같이 $x$축과 두 점 $(1, 0)$, $(5, 0)$에서 만난다. 이차부등식 $(x-1)(x-5)\leq0$의 해는 오른쪽 그림에서 $y\leq0$인 부분의 $x$의 값의 범위이다. 따라서 구하는 해는 $1\leq x\leq5$이다.
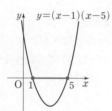

(2) 이차함수 $y=(x+4)(x-3)$의 그래프는 오른쪽 그림과 같이 $x$축과 두 점 $(-4, 0)$, $(3, 0)$에서 만난다. 이차부등식 $(x+4)(x-3)>0$의 해는 오른쪽 그림에서 $y>0$인 부분의 $x$의 값의 범위이다. 따라서 구하는 해는 $x<-4$ 또는 $x>3$이다.
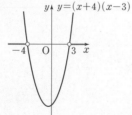

(3) 이차함수 $y=(x-2)^2$의 그래프는 오른쪽 그림과 같이 $x$축과 점 $(2, 0)$에서 접한다. 이차부등식 $(x-2)^2\geq0$의 해는 오른쪽 그림에서 $y\geq0$인 부분의 $x$의 값의 범위이다. 따라서 구하는 해는 모든 실수이다.
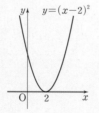

(4) 이차함수 $y=(x+1)^2+4$의 그래프는 오른쪽 그림과 같이 $x$축과 만나지 않는다. 이차부등식 $(x+1)^2+4<0$의 해는 오른쪽 그림에서 $y<0$인 부분의 $x$의 값의 범위이다. 따라서 구하는 해는 없다.
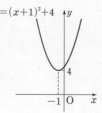

**3** 답 (1) $x^2+3x-4<0$  (2) $x^2-10x+9>0$
　　(3) $x^2-13x+40\leq0$  (4) $x^2-4x-21\geq0$

(1) 해가 $-4<x<1$이고 $x^2$의 계수가 1인 이차부등식은 $(x+4)(x-1)<0$ ∴ $x^2+3x-4<0$

(2) 해가 $x<1$ 또는 $x>9$이고 $x^2$의 계수가 1인 이차부등식은 $(x-1)(x-9)>0$ ∴ $x^2-10x+9>0$

(3) 해가 $5\leq x\leq8$이고 $x^2$의 계수가 1인 이차부등식은 $(x-5)(x-8)\leq0$ ∴ $x^2-13x+40\leq0$

(4) 해가 $x\leq-3$ 또는 $x\geq7$이고 $x^2$의 계수가 1인 이차부등식은 $(x+3)(x-7)\geq0$ ∴ $x^2-4x-21\geq0$

**4** 답 (위에서부터) 2, 3, 2, 3

**교과서 예제로 개념 익히기**

• 본문 098~101쪽

**필수 예제 1** 답 (1) $x<-1$ 또는 $x>4$  (2) $2\leq x\leq3$
　　(3) 해는 없다.  (4) $x\neq2$인 모든 실수

(1) 이차함수 $y=x^2-3x-4=(x+1)(x-4)$의 그래프는 오른쪽 그림과 같이 $x$축과 두 점 $(-1, 0)$, $(4, 0)$에서 만난다. 이차부등식 $x^2-3x-4>0$의 해는 위의 그림에서 $y>0$인 부분의 $x$의 값의 범위이다. 따라서 구하는 해는 $x<-1$ 또는 $x>4$이다.
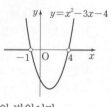

(2) 주어진 부등식의 양변에 $-1$을 곱하면 $x^2-5x+6\leq0$ 이차함수 $y=x^2-5x+6=(x-2)(x-3)$의 그래프는 오른쪽 그림과 같이 $x$축과 두 점 $(2, 0)$, $(3, 0)$에서 만난다. 이차부등식 $x^2-5x+6\leq0$의 해는 오른쪽 그림에서 $y\leq0$인 부분의 $x$의 값의 범위이다. 따라서 구하는 해는 $2\leq x\leq3$이다.
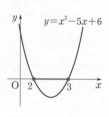

(3) 이차함수 $y=x^2+6x+9=(x+3)^2$의 그래프는 오른쪽 그림과 같이 $x$축과 점 $(-3, 0)$에서 접한다. 이차부등식 $x^2+6x+9<0$의 해는 오른쪽 그림에서 $y<0$인 부분의 $x$의 값의 범위이다. 따라서 구하는 해는 없다.
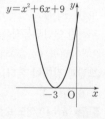

(4) 주어진 부등식의 양변에 $-1$을 곱하면 $x^2-4x+4>0$ 이차함수 $y=x^2-4x+4=(x-2)^2$의 그래프는 오른쪽 그림과 같이 $x$축과 점 $(2, 0)$에서 접한다. 이차부등식 $x^2-4x+4>0$의 해는 오른쪽 그림에서 $y>0$인 부분의 $x$의 값의 범위이다. 따라서 구하는 해는 $x\neq2$인 모든 실수이다.
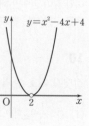

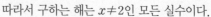

**1-1** 답 (1) $-3 < x < 5$  (2) $x < -3$ 또는 $x > \dfrac{1}{2}$

(3) 모든 실수  (4) $x = -\dfrac{1}{5}$

(1) 이차함수

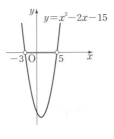

$y = x^2 - 2x - 15 = (x+3)(x-5)$

의 그래프는 오른쪽 그림과 같이 $x$축과

두 점 $(-3, 0)$, $(5, 0)$에서 만난다.

이차부등식 $x^2 - 2x - 15 < 0$의 해는

오른쪽 그림에서 $y < 0$인 부분의 $x$의

값의 범위이다.

따라서 구하는 해는 $-3 < x < 5$이다.

(2) 주어진 부등식의 양변에 $-1$을 곱하면 $2x^2 + 5x - 3 > 0$

이차함수

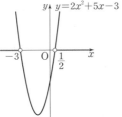

$y = 2x^2 + 5x - 3 = (x+3)(2x-1)$

의 그래프는 오른쪽 그림과 같이

$x$축과 두 점 $(-3, 0)$, $\left(\dfrac{1}{2}, 0\right)$에

서 만난다.

이차부등식 $2x^2 + 5x - 3 > 0$의

해는 위의 그림에서 $y > 0$인 부분의 $x$의 값의 범위이다.

따라서 구하는 해는 $x < -3$ 또는 $x > \dfrac{1}{2}$이다.

(3) 이차함수

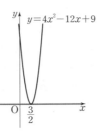

$y = 4x^2 - 12x + 9 = (2x-3)^2$의 그

래프는 오른쪽 그림과 같이 $x$축과

점 $\left(\dfrac{3}{2}, 0\right)$에서 접한다.

이차부등식 $4x^2 - 12x + 9 \geq 0$의 해는

오른쪽 그림에서 $y \geq 0$인 부분의 $x$의

값의 범위이다.

따라서 구하는 해는 모든 실수이다.

(4) 주어진 부등식의 양변에 $-1$을 곱하면 $25x^2 + 10x + 1 \leq 0$

이차함수

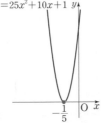

$y = 25x^2 + 10x + 1 = (5x+1)^2$의

그래프는 오른쪽 그림과 같이 $x$축과

점 $\left(-\dfrac{1}{5}, 0\right)$에서 접한다.

이차부등식 $25x^2 + 10x + 1 \leq 0$의

해는 오른쪽 그림에서 $y \leq 0$인 부분

의 $x$의 값의 범위이다.

따라서 구하는 해는 $x = -\dfrac{1}{5}$이다.

**1-2** 답 ㄴ, ㄷ

ㄱ. 이차함수

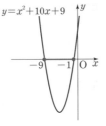

$y = x^2 + 10x + 9 = (x+9)(x+1)$

의 그래프는 오른쪽 그림과 같이 $x$축

과 두 점 $(-9, 0)$, $(-1, 0)$에서

만난다.

즉, 이차부등식 $x^2 + 10x + 9 \leq 0$의

해는 오른쪽 그림에서 $y \leq 0$인 부분의

$x$의 값의 범위이므로

$-9 \leq x \leq -1$

ㄴ. 주어진 부등식의 양변에 $-1$을 곱하면

$5x^2 - 5x + 2 \leq 0$

이차함수

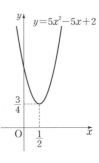

$y = 5x^2 - 5x + 2 = 5\left(x - \dfrac{1}{2}\right)^2 + \dfrac{3}{4}$의

그래프는 오른쪽 그림과 같이 $x$축과

만나지 않는다.

즉, 이차부등식 $5x^2 - 5x + 2 \leq 0$의

해는 오른쪽 그림에서 $y \leq 0$인 부분의

$x$의 값의 범위이므로 이차부등식의

해는 없다.

ㄷ. 이차함수

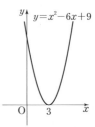

$y = x^2 - 6x + 9 = (x-3)^2$의 그래프는

오른쪽 그림과 같이 $x$축과 점 $(3, 0)$

에서 접한다.

즉, 이차부등식 $x^2 - 6x + 9 < 0$의 해는

오른쪽 그림에서 $y < 0$인 부분의 $x$의 값

의 범위이므로 이차부등식의 해는 없다.

ㄹ. 주어진 부등식의 양변에 $-1$을 곱하면

$3x^2 - x - 2 < 0$

이차함수

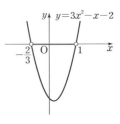

$y = 3x^2 - x - 2 = (3x+2)(x-1)$

의 그래프는 오른쪽 그림과 같이

$x$축과 두 점 $\left(-\dfrac{2}{3}, 0\right)$, $(1, 0)$에

서 만난다.

즉, 이차부등식 $3x^2 - x - 2 < 0$의

해는 위의 그림에서 $y < 0$인 부분의 $x$의 값의 범위이므로

$-\dfrac{2}{3} < x < 1$

따라서 해가 존재하지 않는 것은 ㄴ, ㄷ이다.

**1-3** 답 $-5 < x < 5$

부등식 $x^2 - 4|x| - 5 < 0$에서

(i) $x < 0$일 때, $x^2 + 4x - 5 < 0$

이차함수

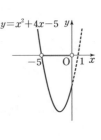

$y = x^2 + 4x - 5 = (x+5)(x-1)$

의 그래프는 오른쪽 그림과 같이 $x$축과

두 점 $(-5, 0)$, $(1, 0)$에서 만난다.

이차부등식 $x^2 + 4x - 5 < 0$의 해는 오

른쪽 그림에서 $y < 0$인 부분의 $x$의 값

의 범위이다.

이때 $x < 0$이므로 이차부등식의 해는 $-5 < x < 0$이다.

(ii) $x \geq 0$일 때, $x^2 - 4x - 5 < 0$

이차함수

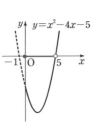

$y = x^2 - 4x - 5 = (x+1)(x-5)$

의 그래프는 오른쪽 그림과 같이 $x$축과

두 점 $(-1, 0)$, $(5, 0)$에서 만난다.

이차부등식 $x^2 - 4x - 5 < 0$의 해는 오

른쪽 그림에서 $y < 0$인 부분의 $x$의 값

의 범위이다.

이때 $x \geq 0$이므로 이차부등식의 해는 $0 \leq x < 5$이다.

(i), (ii)에서 주어진 부등식의 해는
$-5 < x < 5$

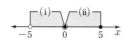

**다른 풀이**

$x^2 = |x|^2$이므로 $x^2 - 4|x| - 5 < 0$에서
$|x|^2 - 4|x| - 5 < 0$
$(|x| - 5)(|x| + 1) < 0$
$\therefore -1 < |x| < 5$
이때 $|x| \geq 0$이므로 $0 \leq |x| < 5$
$\therefore -5 < x < 5$

**필수 예제 2** 답 $-15$

해가 $-3 \leq x \leq 5$이고 $x^2$의 계수가 1인 이차부등식은
$(x+3)(x-5) \leq 0$
$\therefore x^2 - 2x - 15 \leq 0$
이 부등식이 $x^2 - 2x + k \leq 0$과 같으므로
$k = -15$

**다른 풀이**

이차방정식 $x^2 - 2x + k = 0$의 두 근이 $-3$, 5이므로 이차방정식의 근과 계수의 관계에 의하여
$k = -3 \times 5 = -15$

**2-1** 답 $-13$

해가 $x < 1$ 또는 $x > b$이고 $x^2$의 계수가 1인 이차부등식은
$(x-1)(x-b) > 0$
$\therefore x^2 - (b+1)x + b > 0$
이 부등식이 $x^2 + ax + 6 > 0$과 같으므로
$a = -(b+1)$, $b = 6$   $\therefore a = -7$, $b = 6$
$\therefore a - b = -7 - 6 = -13$

**다른 풀이**

이차방정식 $x^2 + ax + 6 = 0$의 두 근이 1, $b$이므로 이차방정식의 근과 계수의 관계에 의하여
$-a = 1 + b$, $6 = 1 \times b$   $\therefore a = -7$, $b = 6$
$\therefore a - b = -7 - 6 = -1$

**2-2** 답 $x < -\dfrac{1}{3}$ 또는 $x > 1$

이차부등식 $ax^2 + bx + c < 0$의 해가 $-3 < x < 1$이므로
$a > 0$
해가 $-3 < x < 1$이고 $x^2$의 계수가 1인 이차부등식은
$(x+3)(x-1) < 0$
$\therefore x^2 + 2x - 3 < 0$
양변에 $a$를 곱하면 ← $a > 0$이므로 부등호 방향이 바뀌지 않음
$ax^2 + 2ax - 3a < 0$   $\cdots\cdots$ ㉠
이차부등식 ㉠이 이차부등식 $ax^2 + bx + c < 0$과 같으므로
$b = 2a$, $c = -3a$
이것을 $cx^2 + bx + a < 0$에 대입하면
$-3ax^2 + 2ax + a < 0$
양변을 $-a$로 나누면 ← $-a < 0$이므로 부등호 방향이 바뀜
$3x^2 - 2x - 1 > 0$, $(3x+1)(x-1) > 0$
$\therefore x < -\dfrac{1}{3}$ 또는 $x > 1$

**2-3** 답 $x < -5$ 또는 $x > -1$

이차부등식 $f(x) < 0$의 해가 $1 < x < 5$이므로 양수 $a$에 대하여
$f(x) = a(x-1)(x-5)$라 할 수 있다.
$\therefore f(-x) = a\{(-x)-1\}\{(-x)-5\}$
$\qquad\qquad = a(x+1)(x+5)$
따라서 $f(-x) > 0$, 즉 $a(x+5)(x+1) > 0$의 해는
$x < -5$ 또는 $x > -1$

**필수 예제 3** 답 $-3 < k < 0$

모든 실수 $x$에 대하여 이차부등식
$x^2 - 2kx - 3k > 0$이 성립하려면 오른쪽 그림과 같이 이차함수
$y = x^2 - 2kx - 3k$의 그래프가 항상 $x$축보다 위쪽에 있어야 한다.
즉, 이차방정식 $x^2 - 2kx - 3k = 0$의 판별식을 $D$라 할 때 $D < 0$이어야 하므로
$\dfrac{D}{4} = (-k)^2 - 1 \times (-3k) < 0$
$k^2 + 3k < 0$, $k(k+3) < 0$
$\therefore -3 < k < 0$

**3-1** 답 $0 < m < 4$

$-4x^2 + 2mx - m < 0$에서
$4x^2 - 2mx + m > 0$   $\cdots\cdots$ ㉠
모든 실수 $x$에 대하여 이차부등식 ㉠이 성립하려면 이차함수
$y = 4x^2 - 2mx + m$의 그래프가 항상 $x$축보다 위쪽에 있어야 한다.
즉, 이차방정식 $4x^2 - 2mx + m = 0$의 판별식을 $D$라 할 때
$D < 0$이어야 하므로
$\dfrac{D}{4} = (-m)^2 - 4 \times m < 0$
$m^2 - 4m < 0$, $m(m-4) < 0$
$\therefore 0 < m < 4$

**3-2** 답 2

이차부등식 $x^2 + 2(n-4)x + 3(n-4) \leq 0$의 해가 없으려면 모든 실수 $x$에 대하여 부등식 $x^2 + 2(n-4)x + 3(n-4) > 0$이 성립해야 하므로 이차함수 $y = x^2 + 2(n-4)x + 3(n-4)$의 그래프가 항상 $x$축보다 위쪽에 있어야 한다.
즉, 이차방정식 $x^2 + 2(n-4)x + 3(n-4) = 0$의 판별식을 $D$라 할 때 $D < 0$이어야 하므로
$\dfrac{D}{4} = (n-4)^2 - 1 \times 3(n-4) < 0$
$n^2 - 11n + 28 < 0$, $(n-4)(n-7) < 0$
$\therefore 4 < n < 7$
따라서 정수 $n$의 개수는 5, 6의 2이다.

**3-3** 답 4

주어진 부등식의 해가 모든 실수가 되려면 모든 실수 $x$에 대하여 부등식 $x^2 + 2(a-3)x + 3a^2 - 9a > 0$이 성립해야 하므로 이차함수 $y = x^2 + 2(a-3)x + 3a^2 - 9a$의 그래프가 항상 $x$축보다 위쪽에 있어야 한다.

즉, $x$에 대한 이차방정식 $x^2+2(a-3)x+3a^2-9a=0$의 판별식을 $D$라 할 때 $D<0$이어야 하므로
$$\frac{D}{4}=(a-3)^2-1\times(3a^2-9a)<0$$
$$-2a^2+3a+9<0,\ 2a^2-3a-9>0$$
$$(2a+3)(a-3)>0$$
$$\therefore a<-\frac{3}{2}\ \text{또는}\ a>3$$
따라서 구하는 자연수 $a$의 최솟값은 4이다.

### 필수 예제 4 답 (1) $-6<x<-3$
(2) $-3\le x\le -2$ 또는 $2\le x\le 4$

(1) $x+3<0$에서 $x<-3$ ...... ㉠
$x^2+5x-6<0$에서 $(x+6)(x-1)<0$
$\therefore -6<x<1$ ...... ㉡
㉠, ㉡의 공통부분을 구하면
$-6<x<-3$
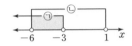

(2) $x^2-4\ge 0$에서 $(x+2)(x-2)\ge 0$
$\therefore x\le -2$ 또는 $x\ge 2$ ...... ㉠
$x^2-x-12\le 0$에서 $(x+3)(x-4)\le 0$
$\therefore -3\le x\le 4$ ...... ㉡
㉠, ㉡의 공통부분을 구하면
$-3\le x\le -2$ 또는 $2\le x\le 4$
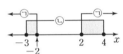

### 4-1 답 (1) $1<x<3$ (2) $-1\le x<1$
(1) $x^2-1>0$에서 $(x+1)(x-1)>0$
$\therefore x<-1$ 또는 $x>1$ ...... ㉠
$x^2-2x-3<0$에서 $(x+1)(x-3)<0$
$\therefore -1<x<3$ ...... ㉡
㉠, ㉡의 공통부분을 구하면
$1<x<3$
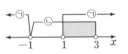

(2) $x^2-6x+5>0$에서 $(x-1)(x-5)>0$
$\therefore x<1$ 또는 $x>5$ ...... ㉠
$x^2-3x-4\le 0$에서 $(x+1)(x-4)\le 0$
$\therefore -1\le x\le 4$ ...... ㉡
㉠, ㉡의 공통부분을 구하면
$-1\le x<1$
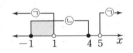

### 4-2 답 7
$|x-2|\le 4$에서 $-4\le x-2\le 4$
$\therefore -2\le x\le 6$ ...... ㉠
$x^2-7x+12>0$에서 $(x-3)(x-4)>0$
$\therefore x<3$ 또는 $x>4$ ...... ㉡
㉠, ㉡의 공통부분을 구하면
$-2\le x<3$ 또는 $4<x\le 6$
따라서 정수 $x$의 개수는 $-2$, $-1$,
$0$, $1$, $2$, $5$, $6$의 7이다.
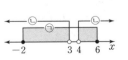

### 필수 예제 5 답 4
$x^2+x-6\ge 0$에서 $(x+3)(x-2)\ge 0$
$\therefore x\le -3$ 또는 $x\ge 2$ ...... ㉠

$x^2-(a+1)x+a<0$에서
$(x-1)(x-a)<0$ ...... ㉡
이때 ㉠, ㉡의 공통부분이 $2\le x<4$
이려면 $a$의 위치는 오른쪽 그림과 같
아야 한다.
$\therefore a=4$
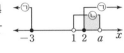

### 5-1 답 1
$x^2-x-12<0$에서 $(x+3)(x-4)<0$
$\therefore -3<x<4$ ...... ㉠
$x^2-(a+6)x+6a\le 0$에서
$(x-a)(x-6)\le 0$ ...... ㉡
이때 ㉠, ㉡의 공통부분이 $1\le x<4$
이려면 $a$의 위치는 오른쪽 그림과 같
아야 한다.
$\therefore a=1$
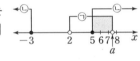

### 5-2 답 $7<a\le 8$
$x^2-(a+2)x+2a<0$에서 $(x-2)(x-a)<0$
$\therefore 2<x<a$ ...... ㉠
$x^2-2x-15\ge 0$에서 $(x+3)(x-5)\ge 0$
$\therefore x\le -3$ 또는 $x\ge 5$ ...... ㉡
이때 ㉠, ㉡의 공통부분에 속하는
정수 $x$의 개수가 3이려면 $a$의 위
치는 오른쪽 그림과 같아야 한다.
$\therefore 7<a\le 8$

| 실전 문제로 **단원 마무리** | | | • 본문 102~103쪽 |
| --- | --- | --- | --- |
| **01** ④ | **02** ③ | **03** 3 | **04** 12 |
| **05** -1 | **06** ③ | **07** 1 | **08** ① |
| **09** ⑤ | **10** ④ | | |

### 01
$x^2-2x-8<0$에서 $(x+2)(x-4)<0$ $\therefore -2<x<4$
① $|x+3|<1$에서 $-1<x+3<1$ $\therefore -4<x<-2$
② $|x+2|<1$에서 $-1<x+2<1$ $\therefore -3<x<-1$
③ $|x+1|<3$에서 $-3<x+1<3$ $\therefore -4<x<2$
④ $|x-1|<3$에서 $-3<x-1<3$ $\therefore -2<x<4$
⑤ $|x-3|<5$에서 $-5<x-3<5$ $\therefore -2<x<8$
따라서 이차부등식 $x^2-2x-8<0$과 해가 같은 것은 ④이다.

**다른 풀이**

구하는 부등식을 $|x+a|<b$($a$, $b$는 상수)라 하자.
$|x+a|<b$에서 $-b<x+a<b$ $\therefore -a-b<x<-a+b$
주어진 두 부등식의 해가 같으므로
$-a-b=-2$, $-a+b=4$
위의 두 식을 연립하여 풀면
$a=-1$, $b=3$
따라서 주어진 이차부등식과 해가 같은 것은 부등식
④ $|x-1|<3$이다.

## 02

이차함수 $y=x^2-6x+9$의 그래프가 직선 $y=x-1$보다 위쪽에 있으려면 부등식 $x^2-6x+9>x-1$이 성립해야 한다.

즉, $x^2-6x+9>x-1$에서 $x^2-7x+10>0$

$(x-2)(x-5)>0$

$\therefore x<2$ 또는 $x>5$

## 03

이차부등식 $f(x)\leq0$의 해가 $1\leq x\leq5$이므로 양수 $a$에 대하여 $f(x)=a(x-1)(x-5)$라 할 수 있다.

$\therefore f(2x-1)=a(2x-1-1)(2x-1-5)$
$=4a(x-1)(x-3)$

즉, 부등식 $f(2x-1)\geq0$의 해는

$4a(x-1)(x-3)\geq0$에서

$(x-1)(x-3)\geq0$ $(\because a>0)$

$\therefore x\leq1$ 또는 $x\geq3$

따라서 $\alpha=1$, $\beta=3$이므로

$\alpha\beta=1\times3=3$

## 04

이차부등식 $-x^2+2(k-2)x-4(k-2)\geq0$의 해가 오직 한 개 존재하려면 이차방정식 $-x^2+2(k-2)x-4(k-2)=0$이 중근을 가져야 하므로 이 이차방정식의 판별식을 $D$라 할 때 $D=0$이어야 한다.

$\dfrac{D}{4}=(k-2)^2-(-1)\times\{-4(k-2)\}=0$

$k^2-8k+12=0$, $(k-2)(k-6)=0$

$\therefore k=2$ 또는 $k=6$

따라서 모든 실수 $k$의 값의 곱은

$2\times6=12$

## 05

$ax^2-3\leq4x-a$에서

$ax^2-4x+a-3\leq0$

이 부등식은 이차부등식이므로

$a\neq0$

이 부등식이 모든 실수 $x$에 대하여 성립하려면 이차함수 $y=ax^2-4x+a-3$의 그래프가 항상 $x$축보다 아래쪽에 있거나 $x$축과 만나야 한다.

즉, 이차함수의 그래프가 위로 볼록해야 하므로

$a<0$ ...... ㉠

또한, 이차방정식 $ax^2-4x+a-3=0$의 판별식을 $D$라 할 때 $D\leq0$이어야 하므로

$\dfrac{D}{4}=(-2)^2-a(a-3)\leq0$

$a^2-3a-4\geq0$, $(a+1)(a-4)\geq0$

$\therefore a\leq-1$ 또는 $a\geq4$ ...... ㉡

㉠, ㉡의 공통부분을 구하면

$a\leq-1$

따라서 실수 $a$의 최댓값은 $-1$이다.

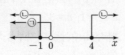

## 06

$x^2+3x-4\geq0$에서 $(x+4)(x-1)\geq0$

$\therefore x\leq-4$ 또는 $x\geq1$ ...... ㉠

부등식 $|x+1|+|x-2|<5$의 해를 구하면

(i) $x<-1$일 때

$-(x+1)-(x-2)<5$에서

$-x-1-x+2<5$

$-2x<4$ $\therefore x>-2$

그런데 $x<-1$이므로

$-2<x<-1$

(ii) $-1\leq x<2$일 때

$(x+1)-(x-2)<5$에서

$x+1-x+2<5$

즉, $3<5$이므로 부등식은 항상 성립한다.

$\therefore -1\leq x<2$

(iii) $x\geq2$일 때

$(x+1)+(x-2)<5$에서

$x+1+x-2<5$

$2x<6$ $\therefore x<3$

그런데 $x\geq2$이므로

$2\leq x<3$

(i), (ii), (iii)에서 부등식 $|x+1|+|x-2|<5$의 해는

$-2<x<3$ ...... ㉡

㉠, ㉡의 공통부분을 구하면

$1\leq x<3$

따라서 정수 $x$의 최댓값은 2이다.

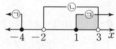

## 07

삼각형의 가장 짧은 변의 길이가 양수이어야 하므로

$x>0$ ...... ㉠

세 변 중 가장 긴 변의 길이는 $x+2$이고 가장 긴 변의 길이는 나머지 두 변의 길이의 합보다 작아야 하므로

$x+2<x+(x+1)$

$\therefore x>1$ ...... ㉡

이때 삼각형이 둔각삼각형이려면

$(x+2)^2>x^2+(x+1)^2$에서

$x^2+4x+4>x^2+(x^2+2x+1)$

$x^2-2x-3<0$, $(x+1)(x-3)<0$

$\therefore -1<x<3$ ...... ㉢

㉠, ㉡, ㉢의 공통부분을 구하면

$1<x<3$

따라서 정수 $x$의 개수는 2의 1이다.

## 08

$x^2-3x<0$에서 $x(x-3)<0$

$\therefore 0<x<3$ ...... ㉠

$x^2+(1-a)x-a\geq0$에서

$(x+1)(x-a)\geq0$ ...... ㉡

이때 ㉠, ㉡의 공통부분에 속하는 정수 $x$의 값이 2뿐이려면 $a$의 위치는 오른쪽 그림과 같아야 한다.

$\therefore 1<a\leq2$

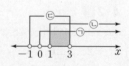

## 09

$y=x+1$에서

$y=3$일 때 $x=2$이고,

$y=8$일 때 $x=7$이다.

즉, 직선 $y=x+1$과 이차항의 계수가 음수인 이차함수 $y=f(x)$의 그래프는 다음 그림과 같이 두 점 $(2, 3)$, $(7, 8)$에서 만난다.

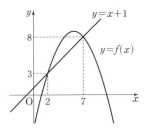

이때 이차부등식 $f(x)-x-1>0$, 즉 $f(x)>x+1$의 해는 이차함수 $y=f(x)$의 그래프가 직선 $y=x+1$보다 위쪽에 있는 $x$의 값의 범위와 같으므로

$2<x<7$

따라서 이차부등식 $f(x)-x-1>0$을 만족시키는 정수 $x$는 3, 4, 5, 6이므로 그 합은

$3+4+5+6=18$

## 10

$x^2-2x-3\geq0$에서 $(x+1)(x-3)\geq0$

$\therefore x\leq-1$ 또는 $x\geq3$ ······ ㉠

$x^2-(5+k)x+5k\leq0$에서

$(x-5)(x-k)\leq0$ ······ ㉡

( i ) $k<5$일 때

㉡의 해는 $k\leq x\leq5$ ······ ㉢

이때 ㉠, ㉢의 공통부분에 속하는 정수 $x$의 개수가 5이려면 $k$의 위치는 오른쪽 그림과 같아야 한다.

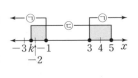

즉, $-3<k\leq-2$이므로 정수 $k$는 $-2$이다.

(ii) $k\geq5$일 때

㉡의 해는 $5\leq x\leq k$ ······ ㉣

이때 ㉠, ㉣의 공통부분에 속하는 정수 $x$의 개수가 5이려면 $k$의 위치는 오른쪽 그림과 같아야 한다.

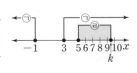

즉, $9\leq k<10$이므로 정수 $k$는 9이다.

( i ), (ii)에서 연립부등식을 만족시키는 정수 $x$의 개수가 5가 되도록 하는 모든 정수 $k$의 값의 곱은

$-2\times9=-18$

### 개념으로 단원 마무리

• 본문 104쪽

**1** 답 (1) 이차부등식  (2) $>$, 위, $<$, 아래

　　(3) (위에서부터) 모든 실수, $\alpha<x<\beta$, $x=\alpha$

　　(4) $>$, $\leq$

**2** 답 (1) $\times$  (2) $\bigcirc$  (3) $\times$  (4) $\bigcirc$

(1) 주어진 이차부등식의 해는 $-2\leq x\leq-1$이다.

(3) 이차부등식 $a(x-\alpha)(x-\beta)<0$의 해는

$a>0$이면 $\alpha<x<\beta$이고, $a<0$이면 $x<\alpha$ 또는 $x>\beta$이다.

(4) 이차부등식 $-2x^2+4x-3<0$에서

$2x^2-4x+3>0$ ······ ㉠

이때

$2x^2-4x+3=2(x^2-2x+1)+1$

$\qquad\qquad\quad=2(x-1)^2+1\geq1$

이므로 ㉠은 모든 실수 $x$에 대하여 성립한다.

# 10 경우의 수

● 본문 106쪽

## 교과서 개념 확인하기

**1 답** 4

서로 다른 두 개의 주사위에서 나오는 눈의 수를 순서쌍으로 나타내면 눈의 수의 합이 5인 경우의 수는

$(1, 4), (2, 3), (3, 2), (4, 1)$의 4

**2 답** 9

과자를 선택하는 경우의 수는 3, 음료를 선택하는 경우의 수는 6이다. 이때 과자와 음료를 동시에 선택할 수 없으므로 구하는 경우의 수는

$3+6=9$

**3 답** 12

상의 중 하나를 선택하는 경우의 수는 4, 그 각각에 대하여 하의 중 하나를 선택하는 경우의 수는 3이므로 구하는 경우의 수는

$4×3=12$

## 교과서 예제로 개념 익히기

● 본문 107~111쪽

**필수 예제 1 답** 8

20장의 카드 중에서 한 장의 카드를 선택할 때

(ⅰ) 3의 배수가 적힌 카드를 선택하는 경우

3, 6, 9, 12, 15, 18의 6가지

(ⅱ) 7의 배수가 적힌 카드를 선택하는 경우

7, 14의 2가지

(ⅰ), (ⅱ)에서 구하는 경우의 수는

$6+2=8$

**1-1 답** 11

서로 다른 두 개의 주사위에서 나오는 눈의 수를 순서쌍으로 나타내면

(ⅰ) 눈의 수의 합이 7이 되는 경우

$(1, 6), (2, 5), (3, 4), (4, 3), (5, 2), (6, 1)$의 6가지

(ⅱ) 눈의 수의 합이 8이 되는 경우

$(2, 6), (3, 5), (4, 4), (5, 3), (6, 2)$의 5가지

(ⅰ), (ⅱ)에서 구하는 경우의 수는

$6+5=11$

**1-2 답** 10

$x, y$가 자연수이므로 $x≥1, y≥1$

(ⅰ) $x=1$일 때

$1+y≤5$, 즉 $1≤y≤4$이므로 순서쌍 $(x, y)$는

$(1, 1), (1, 2), (1, 3), (1, 4)$의 4개

(ⅱ) $x=2$일 때

$2+y≤5$, 즉 $1≤y≤3$이므로 순서쌍 $(x, y)$는

$(2, 1), (2, 2), (2, 3)$의 3개

(ⅲ) $x=3$일 때

$3+y≤5$, 즉 $1≤y≤2$이므로 순서쌍 $(x, y)$는

$(3, 1), (3, 2)$의 2개

(ⅳ) $x=4$일 때

$4+y≤5$, 즉 $y=1$이므로 순서쌍 $(x, y)$는

$(4, 1)$의 1개

(ⅰ)~(ⅳ)에서 구하는 순서쌍 $(x, y)$의 개수는

$4+3+2+1=10$

**1-3 답** 12

25개의 공이 들어 있는 상자에서 한 개의 공을 꺼냈을 때

(ⅰ) 꺼낸 공에 적힌 수가 3의 배수인 경우

3, 6, 9, …, 24의 8가지

(ⅱ) 꺼낸 공에 적힌 수가 4의 배수인 경우

4, 8, 12, 16, 20, 24의 6가지

(ⅲ) 꺼낸 공에 적힌 수가 3의 배수이면서 4의 배수인 경우

12, 24의 2가지 ⟶ 3과 4의 최소공배수인 12의 배수인 경우

(ⅰ), (ⅱ), (ⅲ)에서 구하는 경우의 수는

$8+6-2=12$

**필수 예제 2 답** 20

십의 자리에 올 수 있는 숫자는

2, 4, 6, 8의 4개

일의 자리에 올 수 있는 숫자는

1, 3, 5, 7, 9의 5개

따라서 구하는 두 자리의 자연수의 개수는

$4×5=20$

**2-1 답** 9

A 주사위를 던질 때 소수의 눈이 나오는 경우는

2, 3, 5의 3가지

B 주사위를 던질 때 홀수의 눈이 나오는 경우는

1, 3, 5의 3가지

따라서 구하는 경우의 수는

$3×3=9$

**2-2 답** 24

초코우유를 고르는 경우의 수는 3, 딸기우유를 고르는 경우의 수는 4, 바나나우유를 고르는 경우의 수는 2이다.

따라서 구하는 경우의 수는

$3×4×2=24$

**2-3 답** (1) 9  (2) 12

(1) $a, b, c$ 중 어느 하나를 택하면 그 각각에 대하여 $x, y, z$ 중 하나가 곱해지므로 구하는 항의 개수는

$3×3=9$

(2) $a, b$ 중 어느 하나를 택하면 그 각각에 대하여 $p, q$ 중 하나가 곱해지고, 또 이들 각각에 대하여 $x, y, z$ 중 하나가 곱해지므로 구하는 항의 개수는

$2×2×3=12$

**참고** 주어진 다항식의 전개식에서 곱해지는 각 항이 모두 서로 다른 문자이므로 동류항이 생기지 않는다.

**필수 예제 3** 답 (1) 8 (2) 12

(1) 54를 소인수분해하면
$$54 = 2 \times 3^3$$
이때 2의 약수는 1, 2의 2개, $3^3$의 약수는 1, 3, $3^2$, $3^3$의 4개이고, 2의 약수와 $3^3$의 약수 중에서 각각 하나씩 택하여 곱한 수는 모두 54의 약수이다.
따라서 54의 약수의 개수는
$$2 \times 4 = 8$$

(2) 126을 소인수분해하면
$$126 = 2 \times 3^2 \times 7$$
이때 2의 약수는 1, 2의 2개, $3^2$의 약수는 1, 3, $3^2$의 3개, 7의 약수는 1, 7의 2개이고, 2의 약수와 $3^2$의 약수와 7의 약수 중에서 각각 하나씩 택하여 곱한 수는 모두 126의 약수이다.
따라서 126의 약수의 개수는
$$2 \times 3 \times 2 = 12$$

**다른 풀이**

(1) $54 = 2 \times 3^3$의 약수의 개수는
$$(1+1) \times (3+1) = 8$$

(2) $126 = 2 \times 3^2 \times 7$의 약수의 개수는
$$(1+1) \times (2+1) \times (1+1) = 12$$

**3-1** 답 (1) 15 (2) 12

(1) 144를 소인수분해하면
$$144 = 2^4 \times 3^2$$
이때 $2^4$의 약수는 1, 2, $2^2$, $2^3$, $2^4$의 5개, $3^2$의 약수는 1, 3, $3^2$의 3개이고, $2^4$의 약수와 $3^2$의 약수 중에서 각각 하나씩 택하여 곱한 수는 모두 144의 약수이다.
따라서 144의 약수의 개수는
$$5 \times 3 = 15$$

(2) 204를 소인수분해하면
$$204 = 2^2 \times 3 \times 17$$
이때 $2^2$의 약수는 1, 2, $2^2$의 3개, 3의 약수는 1, 3의 2개, 17의 약수는 1, 17의 2개이고, $2^2$의 약수와 3의 약수와 17의 약수 중에서 각각 하나씩 택하여 곱한 수는 모두 204의 약수이다.
따라서 204의 약수의 개수는
$$3 \times 2 \times 2 = 12$$

**다른 풀이**

(1) $144 = 2^4 \times 3^2$의 약수의 개수는
$$(4+1) \times (2+1) = 15$$

(2) $204 = 2^2 \times 3 \times 17$의 약수의 개수는
$$(2+1) \times (1+1) \times (1+1) = 12$$

**3-2** 답 5

$2^3 \times 3^2 \times 7^a$의 약수의 개수는
$$(3+1) \times (2+1) \times (a+1) = 12(a+1)$$
즉, $12(a+1) = 72$에서
$$a+1 = 6$$
$$\therefore a = 5$$

**3-3** 답 6

308과 792의 공약수의 개수는 308과 792의 최대공약수의 약수의 개수와 같다.
308과 792를 각각 소인수분해하면
$$308 = 2^2 \times 7 \times 11, \quad 792 = 2^3 \times 3^2 \times 11$$
이므로 308과 792의 최대공약수는
$$2^2 \times 11 = 44$$
이때 $2^2$의 약수는 1, 2, $2^2$의 3개, 11의 약수는 1, 11의 2개이고, $2^2$의 약수와 11의 약수 중에서 각각 하나씩 택하여 곱한 수는 모두 44의 약수이다.
따라서 구하는 공약수의 개수는
$$3 \times 2 = 6$$

**필수 예제 4** 답 7

A 지점에서 출발하여 C 지점으로 가는 경로는 A → B → C, A → C의 2가지가 있다.

(i) A → B → C로 가는 방법의 수
A 지점에서 B 지점으로 가는 방법의 수는 2이고, 그 각각에 대하여 B 지점에서 C 지점으로 가는 방법의 수는 3이므로
$$2 \times 3 = 6$$

(ii) A → C로 가는 방법의 수
A 지점에서 출발하여 B 지점을 지나지 않고 C 지점으로 가는 방법의 수는 1

(i), (ii)에서 구하는 방법의 수는
$$6 + 1 = 7$$

**4-1** 답 8

A 지점에서 출발하여 C 지점으로 가는 경로는 A → B → C, A → C의 2가지가 있다.

(i) A → B → C로 가는 방법의 수
A 지점에서 B 지점으로 가는 방법의 수는 3이고, 그 각각에 대하여 B 지점에서 C 지점으로 가는 방법의 수는 2이므로
$$3 \times 2 = 6$$

(ii) A → C로 가는 방법의 수
A 지점에서 출발하여 B 지점을 지나지 않고 C 지점으로 가는 방법의 수는 2

(i), (ii)에서 구하는 방법의 수는
$$6 + 2 = 8$$

**4-2** 답 10

집에서 출발하여 학교로 가는 경로는
집 → 서점 → 학교, 집 → 도서관 → 학교의 2가지가 있다.

(i) 집 → 서점 → 학교로 가는 방법의 수
집에서 서점으로 가는 방법의 수는 2이고, 그 각각에 대하여 서점에서 학교로 가는 방법의 수는 2이므로
$$2 \times 2 = 4$$

(ii) 집 → 도서관 → 학교로 가는 방법의 수
집에서 도서관으로 가는 방법의 수는 2이고, 그 각각에 대하여 도서관에서 학교로 가는 방법의 수는 3이므로
$$2 \times 3 = 6$$

(i), (ii)에서 구하는 방법의 수는
$$4 + 6 = 10$$

**4-3** 답 45

A 도시에서 출발하여 D 도시로 가는 경로는

A → B → D, A → C → D, A → B → C → D,

A → C → B → D의 4가지가 있다.

(i) A → B → D로 가는 방법의 수

A 도시에서 B 도시로 가는 방법의 수는 2이고, 그 각각에 대하여 B 도시에서 D 도시로 가는 방법의 수는 3이므로

$2 \times 3 = 6$

(ii) A → C → D로 가는 방법의 수

A 도시에서 C 도시로 가는 방법의 수는 3이고, 그 각각에 대하여 C 도시에서 D 도시로 가는 방법의 수는 3이므로

$3 \times 3 = 9$

(iii) A → B → C → D로 가는 방법의 수

A 도시에서 B 도시로 가는 방법의 수는 2이고, 그 각각에 대하여 B 도시에서 C 도시로 가는 방법의 수는 2, 또 그 각각에 대하여 C 도시에서 D 도시로 가는 방법의 수는 3이므로

$2 \times 2 \times 3 = 12$

(iv) A → C → B → D로 가는 방법의 수

A 도시에서 C 도시로 가는 방법의 수는 3이고, 그 각각에 대하여 C 도시에서 B 도시로 가는 방법의 수는 2, 또 그 각각에 대하여 B 도시에서 D 도시로 가는 방법의 수는 3이므로

$3 \times 2 \times 3 = 18$

(i)~(iv)에서 구하는 방법의 수는

$6 + 9 + 12 + 18 = 45$

**필수 예제 5** 답 48

A 영역에 칠할 수 있는 색은 4가지

C 영역에 칠할 수 있는 색은 A 영역에 칠한 색을 제외한 3가지

B 영역에 칠할 수 있는 색은 A 영역과 C 영역에 칠한 색을 제외한 2가지

D 영역에 칠할 수 있는 색은 A 영역과 C 영역에 칠한 색을 제외한 2가지

따라서 구하는 방법의 수는

$4 \times 3 \times 2 \times 2 = 48$

참고 A 영역, C 영역 모두 인접한 영역이 가장 많으므로 C 영역 먼저 칠해도 같은 방법의 수를 구할 수 있다.

**5-1** 답 540

A 영역에 칠할 수 있는 색은 5가지

C 영역에 칠할 수 있는 색은 A 영역에 칠한 색을 제외한 4가지

B 영역에 칠할 수 있는 색은 A 영역과 C 영역에 칠한 색을 제외한 3가지

D 영역에 칠할 수 있는 색은 A 영역과 C 영역에 칠한 색을 제외한 3가지

E 영역에 칠할 수 있는 색은 A 영역과 D 영역에 칠한 색을 제외한 3가지

따라서 구하는 방법의 수는

$5 \times 4 \times 3 \times 3 \times 3 = 540$

**5-2** 답 180

A 영역에 칠할 수 있는 색은 5가지

C 영역에 칠할 수 있는 색은 A 영역에 칠한 색을 제외한 4가지

B 영역에 칠할 수 있는 색은 A 영역과 C 영역에 칠한 색을 제외한 3가지

D 영역에 칠할 수 있는 색은 A 영역과 C 영역에 칠한 색을 제외한 3가지

따라서 구하는 방법의 수는

$5 \times 4 \times 3 \times 3 = 180$

**5-3** 답 540

D 영역에 칠할 수 있는 색은 5가지

A 영역에 칠할 수 있는 색은 D 영역에 칠한 색을 제외한 4가지

B 영역에 칠할 수 있는 색은 A 영역과 D 영역에 칠한 색을 제외한 3가지

C 영역에 칠할 수 있는 색은 A 영역과 D 영역에 칠한 색을 제외한 3가지

E 영역에 칠할 수 있는 색은 B 영역과 D 영역에 칠한 색을 제외한 3가지

따라서 구하는 방법의 수는

$5 \times 4 \times 3 \times 3 \times 3 = 540$

---

### 실전 문제로 단원 마무리 · 본문 112~113쪽

| 01 17 | 02 60 | 03 41 | 04 16 |
| 05 27 | 06 12 | 07 48 | 08 420 |
| 09 6 | 10 ② | | |

**01**

$x$, $y$가 음이 아닌 정수이므로

$x \geq 0$, $y \geq 0$

주어진 부등식에서 $y$가 될 수 있는 음이 아닌 정수는

$0 \leq 5y \leq 18$에서 $0 \leq y \leq \dfrac{18}{5}$

$\therefore y=0$ 또는 $y=1$ 또는 $y=2$ 또는 $y=3$

(i) $y=0$일 때

$3x \leq 18$, 즉 $x \leq 6$이므로 순서쌍 $(x, y)$는

$(0, 0)$, $(1, 0)$, $(2, 0)$, $\cdots$, $(6, 0)$의 7개

(ii) $y=1$일 때

$3x+5 \leq 18$, 즉 $x \leq \dfrac{13}{3}$이므로 순서쌍 $(x, y)$는

$(0, 1)$, $(1, 1)$, $(2, 1)$, $(3, 1)$, $(4, 1)$의 5개

(iii) $y=2$일 때

$3x+10 \leq 18$, 즉 $x \leq \dfrac{8}{3}$이므로 순서쌍 $(x, y)$는

$(0, 2)$, $(1, 2)$, $(2, 2)$의 3개

(iv) $y=3$일 때

$3x+15 \leq 18$, 즉 $x \leq 1$이므로 순서쌍 $(x, y)$는

$(0, 3)$, $(1, 3)$의 2개

(i)~(iv)에서 구하는 순서쌍 $(x, y)$의 개수는

$7+5+3+2=17$

## 02

백의 자리에 올 수 있는 숫자는

3, 6, 9의 3개

십의 자리에 올 수 있는 숫자는

1, 3, 5, 7, 9의 5개

일의 자리에 올 수 있는 숫자는

2, 3, 5, 7의 4개

따라서 구하는 세 자리의 자연수의 개수는

$3 \times 5 \times 4 = 60$

## 03

두 수의 합이 짝수가 되는 경우는 두 수가 모두 짝수이거나 홀수일 때이다.

즉, 두 주머니 A, B에서 홀수가 적힌 카드를 각각 한 장씩 뽑거나 짝수가 적힌 카드를 각각 한 장씩 뽑아야 한다.

(i) 두 주머니 A, B에서 모두 홀수가 적힌 카드를 뽑는 경우

9장의 카드 중에서 홀수가 적힌 카드를 뽑는 경우의 수는

1, 3, 5, 7, 9의 5

이므로 이 경우의 수는

$5 \times 5 = 25$

(ii) 두 주머니 A, B에서 모두 짝수가 적힌 카드를 뽑는 경우

9장의 카드 중에서 짝수가 적힌 카드를 뽑는 경우의 수는

2, 4, 6, 8의 4

이므로 이 경우의 수는

$4 \times 4 = 16$

(i), (ii)에서 구하는 경우의 수는

$25 + 16 = 41$

## 04

$(a+b)(x+y)(p-q+r)$에서 $a$, $b$ 중 어느 하나를 택하면 그 각각에 대하여 $x$, $y$ 중 하나가 곱해지고, 또 그 각각에 대하여 $p$, $-q$, $r$ 중 하나가 곱해지므로 이 전개식의 항의 개수는

$2 \times 2 \times 3 = 12$

또한, $(c-d)(s+t)$에서 $c$, $-d$ 중 어느 하나를 택하면 그 각각에 대하여 $s$, $t$ 중 하나가 곱해지므로 이 전개식의 항의 개수는

$2 \times 2 = 4$

이때 주어진 다항식의 전개식에서 곱해지는 각 항이 모두 서로 다른 문자이므로 동류항이 생기지 않는다.

따라서 구하는 항의 개수는

$12 + 4 = 16$

## 05

100원짜리 동전 6개로 지불할 수 있는 방법은

0원, 100원, 200원, …, 600원의 7가지

1000원짜리 지폐 3장으로 지불할 수 있는 방법은

0원, 1000원, 2000원, 3000원의 4가지

이때 0원을 지불하는 경우는 제외해야 하므로 지불할 수 있는 방법의 수는

$7 \times 4 - 1 = 27$

## 06

280을 소인수분해하면

$280 = 2^3 \times 5 \times 7$ ──▶ $2^2 \times 5 \times 7$의 약수에 2를 곱하면 280의 짝수인 약수

이때 짝수는 반드시 2를 소인수로 가지므로 280의 약수 중 짝수의 개수는 $2^2 \times 5 \times 7$의 약수의 개수와 같다.

$2^2$의 약수는 1, 2, $2^2$의 3개, 5의 약수는 1, 5의 2개, 7의 약수는 1, 7의 2개이고, $2^2$의 약수와 5의 약수와 7의 약수 중에서 각각 하나씩 택하여 곱한 수는 모두 $2^2 \times 5 \times 7$의 약수이다.

따라서 280의 약수 중 짝수의 개수는

$3 \times 2 \times 2 = 12$

**다른 풀이**

280의 약수 중 짝수의 개수는 280의 약수의 개수에서 280의 약수 중 홀수의 개수를 뺀 것과 같다.

280을 소인수분해하면

$280 = 2^3 \times 5 \times 7$

이므로 약수의 개수는

$(3+1) \times (1+1) \times (1+1) = 16$

이때 280의 약수 중 홀수의 개수는 $5 \times 7 = 35$의 약수의 개수와 같으므로

$(1+1) \times (1+1) = 4$

따라서 280의 약수 중 짝수의 개수는

$16 - 4 = 12$

## 07

A 지점에서 출발하여 다른 지점을 모두 한 번씩 지난 후 다시 A 지점으로 돌아오는 경로는 A → B → C → A,

A → C → B → A의 2가지가 있다.

(i) A → B → C → A로 가는 방법의 수

A 지점에서 B 지점으로 가는 방법의 수는 2이고, 그 각각에 대하여 B 지점에서 C 지점으로 가는 방법의 수는 3, 또 그 각각에 대하여 C 지점에서 A 지점으로 가는 방법의 수는 4이므로

$2 \times 3 \times 4 = 24$

(ii) A → C → B → A로 가는 방법의 수

A 지점에서 C 지점으로 가는 방법의 수는 4이고, 그 각각에 대하여 C 지점에서 B 지점으로 가는 방법의 수는 3, 또 그 각각에 대하여 B 지점에서 A 지점으로 가는 방법의 수는 2이므로

$4 \times 3 \times 2 = 24$

(i), (ii)에서 구하는 방법의 수는

$24 + 24 = 48$

## 08

(i) 두 영역 B, E에 같은 색을 칠하는 경우

A 영역에 칠할 수 있는 색은 5가지

B 영역에 칠할 수 있는 색은 A 영역에 칠한 색을 제외한 4가지

E 영역에 칠할 수 있는 색은 B 영역에 칠한 색 1가지

C 영역에 칠할 수 있는 색은 A 영역과 B 영역에 칠한 색을 제외한 3가지

D 영역에 칠할 수 있는 색은 A 영역과 B 영역에 칠한 색을 제외한 3가지

즉, 이 경우의 방법의 수는

$5 \times 4 \times 1 \times 3 \times 3 = 180$

(ii) 두 영역 B, E에 다른 색을 칠하는 경우

A 영역에 칠할 수 있는 색은 5가지

B 영역에 칠할 수 있는 색은 A 영역에 칠한 색을 제외한 4가지

E 영역에 칠할 수 있는 색은 A 영역과 B 영역에 칠한 색을 제외한 3가지

C 영역에 칠할 수 있는 색은 A 영역과 B 영역과 E 영역에 칠한 색을 제외한 2가지

D 영역에 칠할 수 있는 색은 A 영역과 B 영역과 E 영역에 칠한 색을 제외한 2가지

즉, 이 경우의 방법의 수는

$5 \times 4 \times 3 \times 2 \times 2 = 240$

(i), (ii)에서 구하는 방법의 수는

$180 + 240 = 420$

참고 특정 영역(A 영역)에 대한 인접한 두 영역(B 영역과 E 영역)이 서로 맞닿아 있지 않을 때는 두 영역(B 영역과 E 영역)에 칠해진 색에 따라 남은 두 영역(C 영역과 D 영역)에 칠하는 방법의 수가 달라지므로 경우를 나누어 구한다.


## 09

(i) $a = 2$일 때

$a < b$를 만족시키는 $b$의 값이 나오는 경우는

3, 5, 8의 3가지

(ii) $a = 4$일 때

$a < b$를 만족시키는 $b$의 값이 나오는 경우는

5, 8의 2가지

(iii) $a = 7$일 때

$a < b$를 만족시키는 $b$의 값이 나오는 경우는

8의 1가지

(i), (ii), (iii)에서 구하는 경우의 수는

$3 + 2 + 1 = 6$


## 10

조건 ㈎에서 일의 자리에 올 수 있는 숫자는

0, 2, 4, 6, 8의 5개

조건 ㈏에서 십의 자리에 올 수 있는 숫자는

1, 2, 3, 6의 4개

따라서 구하는 두 자리의 자연수의 개수는

$4 \times 5 = 20$


개념으로 단원 마무리    • 본문 114쪽

**1** 답 (1) 사건, 경우의 수  (2) $m+n$  (3) 곱의 법칙  (4) 합의 법칙

**2** 답 (1) ○  (2) ×  (3) ○  (4) ×  (5) ×

(1) 6은 2의 배수이면서 3의 배수이므로 1에서 10까지의 자연수 중에서 2의 배수 또는 3의 배수인 경우의 수는 7이다.

(2) $(x-2)(x^2+x+5)$를 전개할 때 항의 개수는 4, $(p+q)(x+y+z)$를 전개할 때 항의 개수는 6이다.

(4) $80 = 2^4 \times 5$이므로 80의 약수의 개수는

$5 \times 2 = 10$

> 동류항이 생기므로 $2 \times 3 = 6$(개)으로 생각해서는 안 된다.

(5) 1000원짜리 지폐 2장으로 지불할 수 있는 방법은

0원, 1000원, 2000원의 3가지

500원짜리 동전 2개로 지불할 수 있는 방법은

0원, 500원, 1000원의 3가지

이때 0원을 지불하는 경우는 제외해야 하므로 지불할 수 있는 방법의 수는 $3 \times 3 - 1 = 8$이다.

한편, 1000원짜리 지폐 2장과 500원짜리 동전 2개로 지불할 수 있는 금액은

500원, 1000원, 1500원, 2000원, 2500원, 3000원의 6가지

따라서 1000원짜리 지폐 2장과 500원짜리 동전 2개로 지불할 수 있는 방법의 수와 금액의 수는 다르다.

# 11 순열

본문 116쪽

**교과서 개념 확인하기**

**1** 답 $_7P_2=42$
서로 다른 7개에서 2개를 택하는 순열의 수는 기호로 $_7P_2$이고
$_7P_2=7\times6=42$

**2** 답 (1) 60  (2) 30  (3) 720
(1) $_5P_3=5\times4\times3=60$
(2) $_6P_2=6\times5=30$
(3) $_{10}P_3=10\times9\times8=720$

**3** 답 (1) 120  (2) 1  (3) 12
(1) $5!=5\times4\times3\times2\times1=120$
(2) $1!=1$
(3) $2!\times3!=(2\times1)\times(3\times2\times1)=12$

**4** 답 (1) 3  (2) 1  (3) 12
(1) $_3P_1=3$
(2) $_9P_0=1$
(3) $_4P_2\times0!=(4\times3)\times1=12$

**교과서 예제로 개념 익히기**

• 본문 117~121쪽

**필수 예제 1** 답 (1) $n=5$  (2) $r=3$
(1) $_nP_2=n(n-1)=20=5\times4$이므로
$n=5$
(2) $_6P_r=120=6\times5\times4$이므로
$r=3$

**1-1** 답 (1) $n=7$  (2) $r=4$  (3) $n=8$  (4) $n=6$
(1) $_nP_3=n(n-1)(n-2)=210=7\times6\times5$이므로
$n=7$
(2) $_6P_r=360=6\times5\times4\times3$이므로
$r=4$
(3) $_nP_2=8(n-1)$에서 $_nP_2=n(n-1)$이므로
$n(n-1)=8(n-1)$
이때 $n\geq2$이므로 양변을 $n-1$로 나누면
$n=8$ $\quad\longrightarrow n-1\neq0$
(4) $_nP_3=4n(n-1)$에서 $_nP_3=n(n-1)(n-2)$이므로
$n(n-1)(n-2)=4n(n-1)$
이때 $n\geq3$이므로 양변을 $n(n-1)$로 나누면
$n-2=4$ $\quad\longrightarrow n(n-1)\neq0$
$\therefore n=6$

**1-2** 답 4
$_{n+1}P_2=(n+1)n$, $_nP_2=n(n-1)$이므로
$2\times_{n+1}P_2-_nP_2=28$에서 $2n(n+1)-n(n-1)=28$

$2n^2+2n-n^2+n=28$
$n^2+3n-28=0$
$(n+7)(n-4)=0$
$\therefore n=4\ (\because n\geq2)$

**1-3** 답 해설 참조
$_nP_r=\dfrac{n!}{(n-r)!}$
$\quad=n\times\dfrac{(n-1)!}{(n-r)!}$
$\quad=n\times\dfrac{(n-1)!}{\{(n-1)-(r-1)\}!}$
$\quad=n\times_{n-1}P_{r-1}$
따라서 $_nP_r=n\times_{n-1}P_{r-1}$이다.

참고 $_nP_r$는 서로 다른 $n$개에서 $r$개를 택하여 일렬로 나열하는 경우의 수이다.
$n$개에서 한 개를 택하는 경우는 $n$가지이고, 그 각각에 대하여 하나를 택하고 남은 $(n-1)$개에서 $(r-1)$개를 택하여 일렬로 나열하는 경우의 수는 $_{n-1}P_{r-1}$이다.
따라서 곱의 법칙에 의하여 $_nP_r=n\times_{n-1}P_{r-1}$이 성립한다.

**필수 예제 2** 답 (1) 120  (2) 20  (3) 60
(1) 서로 다른 5개에서 5개를 택하는 순열의 수와 같으므로
$_5P_5=5!=5\times4\times3\times2\times1=120$
(2) 서로 다른 5개에서 2개를 택하는 순열의 수와 같으므로
$_5P_2=5\times4=20$
(3) 서로 다른 5개에서 3개를 택하는 순열의 수와 같으므로
$_5P_3=5\times4\times3=60$

**2-1** 답 (1) 720  (2) 120  (3) 30
(1) 서로 다른 6개에서 6개를 택하는 순열의 수와 같으므로
$_6P_6=6!=6\times5\times4\times3\times2\times1=720$
(2) 서로 다른 6개에서 3개를 택하는 순열의 수와 같으므로
$_6P_3=6\times5\times4=120$
(3) 서로 다른 6개에서 2개를 택하는 순열의 수와 같으므로
$_6P_2=6\times5=30$

**2-2** 답 8
서로 다른 $n$권의 책 중에서 3권을 뽑아 책꽂이에 일렬로 세우는 경우의 수는 서로 다른 $n$개에서 3개를 택하는 순열의 수와 같으므로
$_nP_3=336=8\times7\times6$
$\therefore n=8$

**2-3** 답 3
5곳의 여행지 중에서 $r$곳을 선택한 후 순서를 정하여 관광하는 경우의 수는 서로 다른 5개에서 $r$개를 택하는 순열의 수와 같으므로
$_5P_r=60=5\times4\times3$
$\therefore r=3$

**필수 예제 3** 답 (1) 48 (2) 72

(1) $a$, $b$를 한 문자로 생각하여 4개의 문자를 일렬로 나열하는
경우의 수는
$$4!=4\times3\times2\times1=24$$
그 각각에 대하여 $a$와 $b$가 서로 자리를 바꾸는 경우의 수는
$$2!=2\times1=2$$
따라서 구하는 경우의 수는
$$24\times2=48$$

(2) 3개의 문자 $a$, $b$, $e$를 일렬로 나열하는 경우의 수는
$$3!=3\times2\times1=6$$
그 각각에 대하여 3개의 문자 $a$, $b$, $e$의 사이사이와 양 끝의
4개의 자리에 2개의 문자 $c$, $d$를 나열하는 경우의 수는
$$_4P_2=4\times3=12$$
따라서 구하는 경우의 수는
$$6\times12=72$$

**3-1** 답 (1) 144 (2) 144

(1) 여학생 3명을 한 사람으로 생각하여 4명을 일렬로 세우는
경우의 수는
$$4!=4\times3\times2\times1=24$$
그 각각에 대하여 여학생 3명이 서로 자리를 바꾸는 경우의
수는
$$3!=3\times2\times1=6$$
따라서 구하는 경우의 수는
$$24\times6=144$$

(2) 여학생 3명을 일렬로 세우는 경우의 수는
$$3!=3\times2\times1=6$$
그 각각에 대하여 여학생 3명의 사이사이와 양 끝의 4개의
자리에 남학생 3명을 세우는 경우의 수는
$$_4P_3=4\times3\times2=24$$
따라서 구하는 경우의 수는
$$6\times24=144$$

**3-2** 답 480

이어달리기에 참가한 학생 4명을 일렬로 세우는 경우의 수는
$$4!=4\times3\times2\times1=24$$
그 각각에 대하여 학생 4명의 사이사이와 양 끝의 5개의 자리
에 선생님 2명을 세우는 경우의 수는
$$_5P_2=5\times4=20$$
따라서 구하는 경우의 수는
$$24\times20=480$$

**3-3** 답 5

중학생 2명을 한 사람으로 생각하여 $(n+1)$명을 일렬로 세우
는 경우의 수는
$$(n+1)!$$
그 각각에 대하여 중학생 2명이 서로 자리를 바꾸는 경우의 수는
$$2!=2\times1=2$$
따라서 중학생끼리 이웃하도록 세우는 경우의 수는
$$(n+1)!\times2=1440에서$$

$$(n+1)!=720=6\times5\times4\times3\times2\times1=6!$$
$$n+1=6$$
$$\therefore n=5$$

**필수 예제 4** 답 (1) 48 (2) 18

(1) 백의 자리에는 0이 올 수 없으므로 백의 자리에 올 수 있는
숫자는
1, 2, 3, 4의 4개
그 각각에 대하여 십의 자리, 일의 자리에 숫자를 나열하는
경우의 수는 백의 자리에 온 숫자를 제외한 4개의 숫자 중에
서 2개를 택하여 일렬로 나열하는 경우의 수와 같으므로
$$_4P_2=4\times3=12$$
따라서 구하는 세 자리의 자연수의 개수는
$$4\times12=48$$

(2) 홀수이려면 일의 자리의 숫자가 1 또는 3이어야 한다.
백의 자리에 숫자를 나열하는 경우의 수는 0과 일의 자리에
온 숫자를 제외한 3개
그 각각에 대하여 십의 자리에 숫자를 나열하는 경우의 수는
백의 자리와 일의 자리에 온 숫자를 제외한 3개
따라서 구하는 홀수의 개수는
$$2\times3\times3=18$$

**4-1** 답 (1) 300 (2) 156

(1) 천의 자리에는 0이 올 수 없으므로 천의 자리에 올 수 있는
숫자는
1, 2, 3, 4, 5의 5개
그 각각에 대하여 백의 자리, 십의 자리, 일의 자리에 숫자를
나열하는 경우의 수는 천의 자리에 온 숫자를 제외한 5개의
숫자 중에서 3개를 택하여 일렬로 나열하는 경우의 수와 같
으므로
$$_5P_3=5\times4\times3=60$$
따라서 구하는 네 자리의 자연수의 개수는
$$5\times60=300$$

(2) 짝수이려면 일의 자리의 숫자가 0 또는 2 또는 4이어야 한다.

(i) 일의 자리의 숫자가 0인 짝수의 개수
천의 자리, 백의 자리, 십의 자리에 숫자를 나열하는 경
우의 수는 1, 2, 3, 4, 5의 5개의 숫자 중에서 3개를 택하
여 일렬로 나열하는 경우의 수와 같으므로
$$_5P_3=5\times4\times3=60$$

(ii) 일의 자리의 숫자가 2 또는 4인 짝수의 개수
천의 자리에 숫자를 나열하는 경우의 수는 0과 일의 자리
에 온 숫자를 제외한 4개
그 각각에 대하여 백의 자리, 십의 자리에 숫자를 나열하
는 경우의 수는 천의 자리와 일의 자리에 온 숫자를 제외
한 4개의 숫자 중에서 2개를 택하여 일렬로 나열하는 경
우의 수와 같으므로
$$_4P_2=4\times3=12$$
즉, 조건을 만족시키는 짝수의 개수는
$$2\times(4\times12)=96$$

(i), (ii)에서 구하는 짝수의 개수는
$$60+96=156$$

**4-2 답** 32

두 자리의 자연수 중 각 자리의 숫자의 합이 짝수가 되려면 각 자리의 숫자가 모두 홀수이거나 짝수이어야 한다.

1부터 9까지의 숫자 중에서 홀수는 1, 3, 5, 7, 9의 5개, 짝수는 2, 4, 6, 8의 4개이다.

각 자리의 숫자가 홀수인 자연수의 개수는 5개의 홀수 중에서 2개를 택하여 일렬로 나열하는 경우의 수와 같으므로

$_5\mathrm{P}_2 = 5 \times 4 = 20$

각 자리의 숫자가 짝수인 자연수의 개수는 4개의 짝수 중에서 2개를 택하여 일렬로 나열하는 경우의 수와 같으므로

$_4\mathrm{P}_2 = 4 \times 3 = 12$

따라서 구하는 자연수의 개수는

$20 + 12 = 32$

**4-3 답** 24

3의 배수이려면 각 자리의 숫자의 합이 3의 배수이어야 한다.

5개의 숫자 1, 2, 3, 4, 5에서 서로 다른 3개의 숫자를 택할 때 그 숫자들의 합이 3의 배수인 경우를 순서쌍으로 나타내면

$(1, 2, 3), (1, 3, 5), (2, 3, 4), (3, 4, 5)$의 4가지

그 각각에 대하여 3의 배수인 자연수의 개수는 택한 3개의 숫자를 일렬로 나열하는 경우의 수와 같으므로

$3! = 3 \times 2 \times 1 = 6$

따라서 구하는 자연수의 개수는

$4 \times 6 = 24$

**필수 예제 5 답** (1) 9번째 (2) $cbad$

(1) $a\square\square\square$ 꼴인 문자열의 개수는

$3! = 3 \times 2 \times 1 = 6$

$ba\square\square$ 꼴인 문자열의 개수는

$2! = 2 \times 1 = 2$

이때 $bc\square\square$ 꼴의 문자열을 사전식으로 배열하면 $bcad$, $bcda$이므로 $bcad$는 $bc\square\square$ 꼴에서 첫 번째에 오는 문자열이다.

따라서 $6 + 2 + 1 = 9$이므로 $bcad$는 9번째에 오는 문자열이다.

(2) $a\square\square\square$ 꼴인 문자열의 개수는

$3! = 3 \times 2 \times 1 = 6$

$b\square\square\square$ 꼴인 문자열의 개수는

$3! = 3 \times 2 \times 1 = 6$

이때 $6 + 6 = 12$이므로 15번째에 오는 문자열은 $c\square\square\square$ 꼴에서 세 번째에 오는 문자열이다.

$c\square\square\square$ 꼴의 문자열을 사전식으로 배열하면 $cabd$, $cadb$, $cbad$, $\cdots$이므로 15번째에 오는 문자열은 $cbad$이다.

**5-1 답** (1) 80번째 (2) $cdbae$

(1) $a\square\square\square\square$ 꼴인 문자열의 개수는

$4! = 4 \times 3 \times 2 \times 1 = 24$

$b\square\square\square\square$ 꼴인 문자열의 개수는

$4! = 4 \times 3 \times 2 \times 1 = 24$

$c\square\square\square\square$ 꼴인 문자열의 개수는

$4! = 4 \times 3 \times 2 \times 1 = 24$

$da\square\square\square$ 꼴인 문자열의 개수는

$3! = 3 \times 2 \times 1 = 6$

이때 $db\square\square\square$ 꼴의 문자열을 사전식으로 배열하면 $dbace$, $dbaec$, $\cdots$이므로 $dbaec$는 $db\square\square\square$ 꼴에서 두 번째에 오는 문자열이다.

따라서 $24 + 24 + 24 + 6 + 2 = 80$이므로 $dbaec$는 80번째에 오는 문자열이다.

(2) $a\square\square\square\square$ 꼴인 문자열의 개수는

$4! = 4 \times 3 \times 2 \times 1 = 24$

$b\square\square\square\square$ 꼴인 문자열의 개수는

$4! = 4 \times 3 \times 2 \times 1 = 24$

$ca\square\square\square$ 꼴인 문자열의 개수는

$3! = 3 \times 2 \times 1 = 6$

$cb\square\square\square$ 꼴인 문자열의 개수는

$3! = 3 \times 2 \times 1 = 6$

이때 $24 + 24 + 6 + 6 = 60$이므로 63번째에 오는 문자열은 $cd\square\square\square$ 꼴에서 세 번째에 오는 문자열이다.

$cd\square\square\square$ 꼴의 문자열을 사전식으로 배열하면 $cdabe$, $cdaeb$, $cdbae$, $\cdots$이므로 63번째에 오는 문자열은 $cdbae$이다.

**5-2 답** 60

3400보다 큰 자연수는 $34\square\square$, $35\square\square$, $4\square\square\square$, $5\square\square\square$ 꼴이다.

$34\square\square$ 꼴인 자연수의 개수는

$_3\mathrm{P}_2 = 3 \times 2 = 6$ → 1, 2, 5 중에서 2개를 택하여 일렬로 나열한다.

$35\square\square$ 꼴인 자연수의 개수는

$_3\mathrm{P}_2 = 3 \times 2 = 6$

$4\square\square\square$ 꼴인 자연수의 개수는

$_4\mathrm{P}_3 = 4 \times 3 \times 2 = 24$

$5\square\square\square$ 꼴인 자연수의 개수는

$_4\mathrm{P}_3 = 4 \times 3 \times 2 = 24$

따라서 구하는 자연수의 개수는

$6 + 6 + 24 + 24 = 60$

**5-3 답** 31240

$1\square\square\square\square$ 꼴인 자연수의 개수는

$4! = 4 \times 3 \times 2 \times 1 = 24$

$2\square\square\square\square$ 꼴인 자연수의 개수는

$4! = 4 \times 3 \times 2 \times 1 = 24$

$30\square\square\square$ 꼴인 자연수의 개수는

$3! = 3 \times 2 \times 1 = 6$

즉, 10234부터 30421까지의 다섯 자리의 자연수의 개수는

$24 + 24 + 6 = 54$

이므로 58번째에 오는 자연수는 $31\square\square\square$ 꼴에서 네 번째에 오는 자연수이다.

따라서 구하는 자연수는 31024, 31042, 31204, 31240, $\cdots$에서 31240이다.

| | | | |
|---|---|---|---|
| **01** 4 | **02** ① | **03** 14 | **04** ② |
| **05** 960 | **06** 24 | **07** 220 | **08** 18 |
| **09** ③ | **10** ② | | |

## 01

$_n\mathrm{P}_2+12\leq6\times{}_n\mathrm{P}_1$에서

$n(n-1)+12\leq6n$이므로

$n^2-n+12\leq6n$, $n^2-7n+12\leq0$

$(n-3)(n-4)\leq0$   ∴ $3\leq n\leq4$

따라서 조건을 만족시키는 자연수 $n$의 최댓값은 4이다.

## 02

남학생 4명과 여학생 3명을 교대로 세우려면 남학생 4명을 일렬로 세우고 그 사이사이에 여학생 3명을 세워야 한다.

남학생 4명을 일렬로 세우는 경우의 수는

$4!=4\times3\times2\times1=24$

그 각각에 대하여 남학생 4명의 사이사이의 3개의 자리에 여학생 3명을 세우는 경우의 수는

$3!=3\times2\times1=6$

따라서 구하는 경우의 수는

$24\times6=144$

## 03

남학생 3명, 여학생 2명 중에서 대표 1명, 부대표 1명을 뽑을 때, 대표와 부대표 중 적어도 한 명은 여학생을 뽑는 경우의 수는 전체 경우의 수에서 여학생을 한 명도 뽑지 않는 경우의 수를 뺀 것과 같다.

학생 5명 중에서 대표 1명, 부대표 1명을 뽑는 경우의 수는 서로 다른 5개에서 2개를 택하는 순열의 수와 같으므로

$_5\mathrm{P}_2=5\times4=20$

이때 남학생 3명 중에서 대표 1명, 부대표 1명을 뽑는 경우의 수는 서로 다른 3개에서 2개를 택하는 순열의 수와 같으므로

$_3\mathrm{P}_2=3\times2=6$

따라서 구하는 경우의 수는

$20-6=14$

## 04

9개의 문자에서 자음은 m, g, s, t, d, y의 6개, 모음은 e, a, u의 3개이다.

( i ) 맨 앞에 자음, 맨 뒤에 모음이 오는 경우의 수는

　$_6\mathrm{P}_1\times{}_3\mathrm{P}_1=6\times3=18$

(ii) 맨 앞에 모음, 맨 뒤에 자음이 오는 경우의 수는

　$_3\mathrm{P}_1\times{}_6\mathrm{P}_1=3\times6=18$

( i ), (ii)에서 한쪽 끝에는 자음, 다른 한쪽 끝에는 모음이 오는 경우의 수는

$18+18=36$

그 각각에 대하여 나머지 7개의 문자를 일렬로 나열하는 경우의 수는 7!

따라서 구하는 경우의 수는 $36\times7!$이다.

## 05

$a$, $b$를 한 문자 $X$로 생각하여 $e$, $f$를 제외한 4개의 문자 $X$, $c$, $d$, $g$를 일렬로 나열하는 경우의 수는

$4!=4\times3\times2\times1=24$

그 각각에 대하여 $a$와 $b$가 서로 자리를 바꾸는 경우의 수는

$2!=2\times1=2$

또 그 각각에 대하여 나열한 4개의 문자 $X$, $c$, $d$, $g$의 사이사이와 양 끝의 5개의 자리에 2개의 문자 $e$, $f$를 나열하는 경우의 수는

$_5\mathrm{P}_2=5\times4=20$

따라서 구하는 경우의 수는

$24\times2\times20=960$

✑ **플러스 강의**

$a$, $b$가 이웃해야 하므로 이웃하지 않아야 하는 두 문자 $e$, $f$를 나열할 때, $a$와 $b$의 사이에 놓는 경우까지 세는 실수를 하지 않도록 주의한다.

## 06

세 자리의 자연수 중 백의 자리의 숫자와 일의 자리의 숫자의 곱이 홀수가 되려면 백의 자리의 숫자와 일의 자리의 숫자가 모두 홀수이어야 한다.

1부터 6까지의 숫자 중에서 홀수는 1, 3, 5의 3개이다.

즉, 백의 자리의 숫자와 일의 자리의 숫자가 모두 홀수인 경우의 수는 3개의 홀수 중에서 2개를 택하여 일렬로 나열하는 경우의 수와 같으므로

$_3\mathrm{P}_2=3\times2=6$

그 각각에 대하여 십의 자리에 올 수 있는 숫자는 백의 자리와 일의 자리에 온 숫자를 제외한 4개

따라서 구하는 자연수의 개수는

$6\times4=24$

## 07

5의 배수이려면 일의 자리의 숫자가 0 또는 5이어야 한다.

( i ) 일의 자리의 숫자가 0인 자연수의 개수

　천의 자리, 백의 자리, 십의 자리에 숫자를 나열하는 경우의 수는 일의 자리의 숫자 0을 제외한 6개의 숫자 중에서 3개를 택하여 일렬로 나열하는 순열의 수와 같으므로

　$_6\mathrm{P}_3=6\times5\times4=120$

(ii) 일의 자리의 숫자가 5인 자연수의 개수

　천의 자리에 올 수 있는 숫자는 0과 5를 제외한 1, 2, 3, 4, 6의 5개

　그 각각에 대하여 백의 자리, 십의 자리에 숫자를 나열하는 경우의 수는 일의 자리와 천의 자리에 온 숫자를 제외한 5개의 숫자 중에서 2개를 택하여 일렬로 나열하는 순열의 수와 같으므로

　$_5\mathrm{P}_2=5\times4=20$

　즉, 조건을 만족시키는 자연수의 개수는

　$5\times20=100$

( i ), (ii)에서 구하는 자연수의 개수는

$120+100=220$

**08**

(ⅰ) 천의 자리의 숫자가 1인 짝수의 개수

일의 자리에 올 수 있는 숫자는 2, 4의 2개

그 각각에 대하여 백의 자리, 십의 자리에 숫자를 나열하는 경우의 수는 1과 일의 자리에 온 숫자를 제외한 3개의 숫자 중에서 2개를 택하여 일렬로 나열하는 경우의 수와 같으므로

$_3P_2 = 3 \times 2 = 6$

즉, 조건을 만족시키는 짝수의 개수는

$2 \times 6 = 12$

(ⅱ) 천의 자리의 숫자가 2인 짝수의 개수

일의 자리에 올 수 있는 숫자는 4뿐이다.

백의 자리, 십의 자리에 숫자를 나열하는 경우의 수는 2와 4를 제외한 3개의 숫자 중에서 2개를 택하여 일렬로 나열하는 경우의 수와 같으므로

$_3P_2 = 3 \times 2 = 6$

(ⅰ), (ⅱ)에서 구하는 짝수의 개수는

$12 + 6 = 18$

**09**

학생 6명이 주어진 조건을 만족시키도록 의자에 앉는 경우의 수는 주어진 조건을 만족시키도록 학생 6명을 일렬로 세우는 경우의 수와 같다.

두 조건 ㈎, ㈏를 모두 만족시키려면 2학년 학생 4명을 먼저 일렬로 세운 후, 그 사이사이에 1학년 학생 2명을 세우면 된다.

2학년 학생 4명을 일렬로 세우는 경우의 수는

$4! = 4 \times 3 \times 2 \times 1 = 24$

2학년 학생 4명의 사이사이의 3개의 자리에 1학년 학생 2명을 세우는 경우의 수는

$_3P_2 = 3 \times 2 = 6$

따라서 구하는 경우의 수는

$24 \times 6 = 144$

**10**

짝수이려면 일의 자리의 숫자가 0, 2, 4, 6, 8이어야 한다.

(ⅰ) 일의 자리의 숫자가 0 또는 8일 때

천의 자리에 올 수 있는 숫자는

2, 3, 4, 5, 6의 5개

그 각각에 대하여 백의 자리, 십의 자리에 나열할 수 있는 숫자의 개수는 천의 자리와 일의 자리에 온 숫자를 제외한 8개의 숫자 중에서 2개를 택하여 일렬로 나열하는 경우의 수와 같으므로

$_8P_2 = 8 \times 7 = 56$

즉, 이 경우의 자연수의 개수는

$2 \times 5 \times 56 = 560$

(ⅱ) 일의 자리의 숫자가 2 또는 4 또는 6일 때

천의 자리에 올 수 있는 숫자는 일의 자리에 온 숫자를 제외한 4개

그 각각에 대하여 백의 자리, 십의 자리에 올 수 있는 숫자의 개수는 천의 자리와 일의 자리에 온 숫자를 제외한 8개의 숫자 중에서 2개를 택하여 일렬로 나열하는 경우의 수와

같으므로

$_8P_2 = 8 \times 7 = 56$

즉, 이 경우의 자연수의 개수는

$3 \times 4 \times 56 = 672$

(ⅰ), (ⅱ)에서 구하는 자연수의 개수는

$560 + 672 = 1232$

---

### 개념으로 단원 마무리 • 본문 124쪽

**1** 답 (1) 순열, $_nP_r$  (2) 1  (3) $n!$  (4) $n!$, 1, 1, $(n-r)!$

**2** 답 (1) ○  (2) ×  (3) ○  (4) ○  (5) ○  (6) ×

(2) $_9P_4 = \dfrac{9!}{(9-4)!} = \dfrac{9!}{5!}$

(4) $_{n-1}P_r + r \times {}_{n-1}P_{r-1} = \dfrac{(n-1)!}{(n-1-r)!} + r \times \dfrac{(n-1)!}{(n-r)!}$

$= \dfrac{(n-r)(n-1)! + r(n-1)!}{(n-r)!}$

$= \dfrac{n(n-1)!}{(n-r)!}$

$= \dfrac{n!}{(n-r)!}$

$= {}_nP_r$

따라서 $_{n-1}P_r + r \times {}_{n-1}P_{r-1} = {}_nP_r$이므로

위의 식에 $n=6$, $r=3$을 각각 대입하면

$_6P_3 = {}_5P_3 + 3 \times {}_5P_2$가 성립한다.

(6) 백의 자리에는 0이 올 수 없으므로 백의 자리에 올 수 있는 숫자는

1, 2, 3의 3개

그 각각에 대하여 십의 자리, 일의 자리에 숫자를 나열하는 경우의 수는 백의 자리에 온 숫자를 제외한 3개의 숫자 중에서 2개를 택하여 일렬로 나열하는 경우의 수와 같으므로

$_3P_2 = 3 \times 2 = 6$

따라서 구하는 세 자리의 자연수의 개수는

$3 \times 6 = 18$

# 12 조합

교과서 개념 **확인하기** ●── 본문 126쪽

**1** 답 $_8C_4=70$

서로 다른 8개에서 4개를 택하는 조합의 수는 기호로 $_8C_4$이고

$_8C_4=\dfrac{8\times7\times6\times5}{4\times3\times2\times1}=70$

**2** 답 (1) 35　(2) 10　(3) 126

(1) $_7C_3=\dfrac{_7P_3}{3!}=\dfrac{7\times6\times5}{3\times2\times1}=35$

(2) $_5C_2=\dfrac{_5P_2}{2!}=\dfrac{5\times4}{2\times1}=10$

(3) $_9C_4=\dfrac{_9P_4}{4!}=\dfrac{9\times8\times7\times6}{4\times3\times2\times1}=126$

**3** 답 (1) 1　(2) 1

(1) $_{20}C_{20}=1$

(2) $_4C_0=1$

**4** 답 (1) 50　(2) 20

(1) $_{50}C_{49}=_{50}C_1=50$

(2) $_5C_2+_5C_3=_6C_3=\dfrac{_6P_3}{3!}=\dfrac{6\times5\times4}{3\times2\times1}=20$

교과서 예제로 **개념 익히기** ● 본문 127~131쪽

**필수 예제 1** 답 (1) $n=8$　(2) $r=3$

(1) $_nC_3=\dfrac{_nP_3}{3!}=\dfrac{n(n-1)(n-2)}{3\times2\times1}=56$에서

$n(n-1)(n-2)=336=8\times7\times6$

$\therefore n=8$

(2) $_{11}C_3\times r!=_{11}P_3$에서 $\dfrac{_{11}P_3}{3!}\times r!=_{11}P_3$이므로

$r=3$

**1-1** 답 (1) $n=7$　(2) $r=5$　(3) $n=9$　(4) $n=16$

(1) $_nC_2=_nC_{n-2}$이므로 $_nC_2=_nC_5$에서

$_nC_{n-2}=_nC_5$, $n-2=5$

$\therefore n=7$

(2) ( i ) $_9C_r=_9C_{r-1}$, 즉 $r=r-1$일 때 $r=r-1$을 만족시키는 $r$의

　　값은 존재하지 않는다.

　( ii ) $_9C_r=_9C_{9-r}$이므로 $_9C_r=_9C_{r-1}$에서 $_9C_{9-r}=_9C_{r-1}$

　　즉, $9-r=r-1$

　　$2r=10$　$\therefore r=5$

　( i ), ( ii )에서 $r=5$

(3) $_{n+1}C_2=\dfrac{(n+1)n}{2\times1}=45$에서

$n(n+1)=90=9\times10$

$\therefore n=9$

(4) $_{n-1}C_{r-1}+_{n-1}C_r=_nC_r$이므로

$_{15}C_3+_{15}C_4=_{16}C_4=_{16}C_{12}$

$\therefore n=16$

**1-2** 답 7

$_nC_2=_{n+2}C_2-_{n-1}C_2$에서

$\dfrac{n(n-1)}{2!}=\dfrac{(n+2)(n+1)}{2!}-\dfrac{(n-1)(n-2)}{2!}$

$n(n-1)=(n+2)(n+1)-(n-1)(n-2)$

$n^2-n=(n^2+3n+2)-(n^2-3n+2)$

$n^2-7n=0$, $n(n-7)=0$

$\therefore n=7$ $(\because n\geq3)$

$\quad\longmapsto$ $_nC_2,\ _{n+2}C_2,\ _{n-1}C_2$에서 $n\geq3$

**1-3** 답 해설 참조

$n\times{}_{n-1}C_{r-1}=n\times\dfrac{(n-1)!}{(r-1)!\{(n-1)-(r-1)\}!}$

$\qquad\qquad\qquad=\dfrac{n!}{(r-1)!(n-r)!}$

$\qquad\qquad\qquad=r\times\dfrac{n!}{r!(n-r)!}$

$\qquad\qquad\qquad=r\times{}_nC_r$

참고　학생 $n$명 중에서 회장 1명을 포함하여 임원 $r$명을 뽑는 경우의

수는 다음과 같이 두 가지 방법으로 구할 수 있다.

( i ) $n$명 중에서 임원 $r$명을 뽑는 경우의 수는 $_nC_r$이고, 뽑힌 임원 $r$명 중

　에서 회장 1명을 뽑는 경우의 수는 $r$이므로 구하는 경우의 수는

　$r\times{}_nC_r$

( ii ) $n$명 중에서 회장 1명을 뽑는 경우의 수는 $n$이고, 나머지 $(n-1)$명

　중에서 임원 $(r-1)$명 뽑는 경우의 수는 $_{n-1}C_{r-1}$이므로 구하는 경

　우의 수는

　$n\times{}_{n-1}C_{r-1}$

( i ), ( ii )에서 $r\times{}_nC_r=n\times{}_{n-1}C_{r-1}$

**필수 예제 2** 답 (1) 28　(2) 13　(3) 30

(1) 8명의 학생 중에서 2명을 뽑는 경우의 수는

$_8C_2=\dfrac{8\times7}{2\times1}=28$

(2) 남학생 5명 중에서 2명을 뽑는 경우의 수는

$_5C_2=\dfrac{5\times4}{2\times1}=10$

여학생 3명 중에서 2명을 뽑는 경우의 수는

$_3C_2=_3C_1=3$

따라서 구하는 경우의 수는

$10+3=13$

(3) 남학생 5명 중에서 2명을 뽑는 경우의 수는

$_5C_2=\dfrac{5\times4}{2\times1}=10$

여학생 3명 중에서 1명을 뽑는 경우의 수는

$_3C_1=3$

따라서 구하는 경우의 수는

$10\times3=30$

**2-1** 답 (1) 84　(2) 14　(3) 60

(1) 9개의 공 중에서 3개를 꺼내는 경우의 수는

$_9C_3=\dfrac{9\times8\times7}{3\times2\times1}=84$

(2) 흰 공 4개 중에서 3개를 꺼내는 경우의 수는

$$_4C_3 = {_4}C_1 = 4$$

검은 공 5개 중에서 3개를 꺼내는 경우의 수는

$$_5C_3 = {_5}C_2 = \frac{5 \times 4}{2 \times 1} = 10$$

따라서 구하는 경우의 수는

$$4 + 10 = 14$$

(3) 흰 공 4개 중에서 2개를 꺼내는 경우의 수는

$$_4C_2 = \frac{4 \times 3}{2 \times 1} = 6$$

검은 공 5개 중에서 2개를 꺼내는 경우의 수는

$$_5C_2 = \frac{5 \times 4}{2 \times 1} = 10$$

따라서 구하는 경우의 수는

$$6 \times 10 = 60$$

## 2-2 답 11

모임에 참가한 회원 수를 $n$이라 하면 회원들끼리 악수한 총횟수는 $_nC_2$이다.

→ 악수를 하기 위해서 2명이 필요하다.

즉, $_nC_2 = 55$에서

$$\frac{n(n-1)}{2 \times 1} = 55$$

$$n(n-1) = 110 = 11 \times 10$$

$$\therefore n = 11$$

따라서 모임에 참가한 회원 수는 11이다.

## 2-3 답 315

검은 공을 적어도 1개 꺼내는 경우의 수는 전체 경우의 수에서 검은 공을 1개도 꺼내지 않는 경우의 수를 뺀 것과 같다.

11개의 공 중에서 4개의 공을 꺼내는 경우의 수는

$$_{11}C_4 = \frac{11 \times 10 \times 9 \times 8}{4 \times 3 \times 2 \times 1} = 330$$

흰 공 4개를 꺼내는 경우의 수는

$$_6C_4 = {_6}C_2 = \frac{6 \times 5}{2 \times 1} = 15$$

따라서 구하는 경우의 수는

$$330 - 15 = 315$$

## 필수 예제 3 답 (1) 20 (2) 5

(1) 특정한 1명을 이미 대표로 뽑았다고 생각하고 나머지 6명 중에서 3명을 뽑는 경우의 수와 같으므로

$$_6C_3 = \frac{6 \times 5 \times 4}{3 \times 2 \times 1} = 20$$

(2) 특정한 2명을 제외한 나머지 5명 중에서 4명을 뽑는 경우의 수와 같으므로

$$_5C_4 = {_5}C_1 = 5$$

## 3-1 답 (1) 6 (2) 21

(1) 1부터 10까지의 자연수 중에서 소수는 2, 3, 5, 7의 4개이므로 10개의 공 중에서 4개의 공을 이미 꺼냈다고 생각하고 나머지 6개의 공 중에서 1개를 꺼내는 경우의 수와 같다.

$$\therefore {_6}C_1 = 6$$

(2) 1부터 10까지의 자연수 중에서 3의 배수는 3, 6, 9의 3개이므로 10개의 공 중에서 3개의 공을 제외한 나머지 7개의 공 중

에서 5개를 꺼내는 경우의 수와 같다.

$$\therefore {_7}C_5 = {_7}C_2 = \frac{7 \times 6}{2 \times 1} = 21$$

## 3-2 답 35

현수를 제외한 8명 중에서 재원이는 이미 포함되었다고 생각하고 나머지 7명 중에서 3명을 뽑는 경우의 수와 같으므로

$$_7C_3 = \frac{7 \times 6 \times 5}{3 \times 2 \times 1} = 35$$

## 3-3 답 40

(i) 2가 적힌 카드를 뽑는 경우

5가 적힌 카드를 제외한 7장의 카드 중에서 이미 2가 적힌 카드를 뽑았다고 생각하고 나머지 6장의 카드 중에서 3장을 뽑는 경우의 수와 같으므로

$$_6C_3 = \frac{6 \times 5 \times 4}{3 \times 2 \times 1} = 20$$

(ii) 5가 적힌 카드를 뽑는 경우

2가 적힌 카드를 제외한 7장의 카드 중에서 이미 5가 적힌 카드를 뽑았다고 생각하고 나머지 6장의 카드 중에서 3장을 뽑는 경우의 수와 같으므로

$$_6C_3 = 20$$

(i), (ii)에서 구하는 경우의 수는

$$20 + 20 = 40$$

## 필수 예제 4 답 108

남학생 3명 중에서 1명, 여학생 4명 중에서 2명을 뽑는 경우의 수는

$$_3C_1 \times {_4}C_2 = 3 \times \frac{4 \times 3}{2 \times 1} = 18$$

그 각각에 대하여 뽑힌 3명을 일렬로 세우는 경우의 수는

$$3! = 3 \times 2 \times 1 = 6$$

따라서 구하는 경우의 수는

$$18 \times 6 = 108$$

## 4-1 답 960

어른 5명 중에서 3명, 어린이 4명 중에서 1명을 뽑는 경우의 수는

$$_5C_3 \times {_4}C_1 = {_5}C_2 \times {_4}C_1 = \frac{5 \times 4}{2 \times 1} \times 4 = 40$$

그 각각에 대하여 뽑힌 4명을 일렬로 세우는 경우의 수는

$$4! = 4 \times 3 \times 2 \times 1 = 24$$

따라서 구하는 경우의 수는

$$40 \times 24 = 960$$

## 4-2 답 54

1부터 6까지의 자연수 중에서 홀수는 1, 3, 5의 3개, 짝수는 2, 4, 6의 3개이므로 서로 다른 홀수 2개와 짝수 1개를 택하는 경우의 수는

$$_3C_2 \times {_3}C_1 = {_3}C_1 \times {_3}C_1 = 3 \times 3 = 9$$

그 각각에 대하여 택한 3개의 숫자를 일렬로 나열하는 경우의 수는

$$3! = 3 \times 2 \times 1 = 6$$

따라서 구하는 자연수의 개수는

$$9 \times 6 = 54$$

**4-3** 답 72

선생님 4명 중에서 2명을 뽑는 경우의 수는

$$_4C_2 = \frac{4 \times 3}{2 \times 1} = 6$$

그 각각에 대하여 뽑힌 선생님 2명을 양 끝에 세우는 경우의 수는

$$2! = 2 \times 1 = 2$$

학생 3명 중에서 2명을 뽑는 경우의 수는

$$_3C_2 = {}_3C_1 = 3$$

그 각각에 대하여 뽑힌 학생 2명을 일렬로 세우는 경우의 수는

$$2! = 2$$

따라서 구하는 경우의 수는

$$6 \times 2 \times 3 \times 2 = 72$$

**필수 예제 5** 답 (1) 16  (2) 31

(1) 7개의 점 중에서 2개를 택하는 경우의 수는

$$_7C_2 = \frac{7 \times 6}{2 \times 1} = 21$$

일직선 위에 있는 4개의 점 중에서 2개를 택하는 경우의 수는

$$_4C_2 = \frac{4 \times 3}{2 \times 1} = 6$$

이때 일직선 위에 있는 점으로 만들 수 있는 직선은 1개이므로 구하는 직선의 개수는

$$21 - 6 + 1 = 16$$

(2) 7개의 점 중에서 3개를 택하는 경우의 수는

$$_7C_3 = \frac{7 \times 6 \times 5}{3 \times 2 \times 1} = 35$$

일직선 위에 있는 4개의 점 중에서 3개를 택하는 경우의 수는

$$_4C_3 = {}_4C_1 = 4$$

이때 일직선 위에 있는 점으로는 삼각형을 만들 수 없으므로 구하는 삼각형의 개수는 $35 - 4 = 31$이다.

**5-1** 답 (1) 22  (2) 70

(1) 9개의 점 중에서 2개를 택하는 경우의 수는

$$_9C_2 = \frac{9 \times 8}{2 \times 1} = 36$$

직선 $l$ 위에 있는 4개의 점 중에서 2개를 택하는 경우의 수는

$$_4C_2 = \frac{4 \times 3}{2 \times 1} = 6$$

직선 $m$ 위에 있는 5개의 점 중에서 2개를 택하는 경우의 수는

$$_5C_2 = \frac{5 \times 4}{2 \times 1} = 10$$

이때 두 직선 $l$, $m$ 위에 있는 점으로 만들 수 있는 직선은 각각 1개이므로 구하는 직선의 개수는

$$36 - (6 + 10) + 2 = 22$$

(2) 9개의 점 중에서 3개를 택하는 경우의 수는

$$_9C_3 = \frac{9 \times 8 \times 7}{3 \times 2 \times 1} = 84$$

직선 $l$ 위에 있는 4개의 점 중에서 3개를 택하는 경우의 수는

$$_4C_3 = {}_4C_1 = 4$$

직선 $m$ 위에 있는 5개의 점 중에서 3개를 택하는 경우의 수는

$$_5C_3 = {}_5C_2 = \frac{5 \times 4}{2 \times 1} = 10$$

이때 일직선 위에 있는 점으로는 삼각형을 만들 수 없으므로 구하는 삼각형의 개수는

$$84 - (4 + 10) = 70$$

**5-2** 답 20

8개의 꼭짓점 중에서 2개를 택하는 경우의 수는

$$_8C_2 = \frac{8 \times 7}{2 \times 1} = 28$$

이때 정팔각형의 변의 개수가 8이므로 구하는 대각선의 개수는

$$28 - 8 = 20$$

참고 $n$각형의 $n$개의 꼭짓점 중에서 2개를 택하여 만들 수 있는 선분은 대각선 또는 변이 되므로 $n$각형의 대각선의 개수는 $n$개의 꼭짓점에서 2개를 택하여 만들 수 있는 선분의 개수에서 변의 개수인 $n$을 빼면 된다.

$$\therefore (n각형의 대각선의 개수) = {}_nC_2 - n$$

**5-3** 답 30

가로로 나열된 5개의 평행선 중에서 2개를 택하는 경우의 수는

$$_5C_2 = \frac{5 \times 4}{2 \times 1} = 10$$

세로로 나열된 3개의 평행선 중에서 2개를 택하는 경우의 수는

$$_3C_2 = {}_3C_1 = 3$$

따라서 구하는 평행사변형의 개수는

$$10 \times 3 = 30$$

---

### 실전 문제로 단원 마무리   • 본문 132~133쪽

| | | | |
|---|---|---|---|
| **01** 13 | **02** 4 | **03** ⑤ | **04** 7 |
| **05** 72 | **06** 7 | **07** 76 | **08** 40 |
| **09** ③ | **10** ④ | | |

**01**

$_nP_r = 720$, $_nC_r = 120$에서

$_nC_r = \dfrac{_nP_r}{r!}$이므로 $120 = \dfrac{720}{r!}$

$$r! = 6 = 3 \times 2 \times 1$$

$$\therefore r = 3$$

$_nP_3 = 720 = 10 \times 9 \times 8$에서

$$n = 10$$

$$\therefore n + r = 10 + 3 = 13$$

**02**

주머니 안에 빨간색 구슬과 파란색 구슬이 각각 $n$개씩 들어 있으므로 주머니 안에 들어 있는 구슬의 개수는 $2n$이다.

즉, 이 주머니에서 3개의 구슬을 동시에 꺼내는 경우의 수는

$$_{2n}C_3 = 56$$

$$\frac{2n(2n-1)(2n-2)}{3 \times 2 \times 1} = 56$$

$$2n(2n-1)(2n-2) = 336 = 8 \times 7 \times 6$$

$$2n = 8$$

$$\therefore n = 4$$

**03**

$x_1 > x_2 > x_3$을 만족시키도록 나열하는 경우의 수는 6개의 숫자 중에서 서로 다른 3개를 택하여 큰 수부터 차례로 $x_1$, $x_2$, $x_3$의 위치에 나열하는 경우의 수와 같으므로 ← 순서가 정해져 있으므로 이 경우의 수는 1이다.

$$_6C_3=\frac{6\times5\times4}{3\times2\times1}=20$$

그 각각에 대하여 나머지 3개의 숫자를 $x_4$, $x_5$, $x_6$의 위치에 나열하는 경우의 수는

$$3!=3\times2\times1=6$$

따라서 구하는 경우의 수는

$$20\times6=120$$

## 04

3명의 대표 중 적어도 한 명은 남학생을 뽑는 경우의 수는 전체 경우의 수에서 3명을 모두 여학생으로 뽑는 경우의 수를 뺀 것과 같다.

12명 중에서 3명을 뽑는 경우의 수는

$$_{12}C_3=\frac{12\times11\times10}{3\times2\times1}=220$$

여학생의 수를 $n$ $(n\geq3)$이라 하면 3명 모두 여학생만 뽑는 경우의 수는

$$_nC_3$$

이때 적어도 한 명은 남학생을 뽑는 경우의 수가 185이므로

$220-{_nC_3}=185$에서 $_nC_3=35$

즉, $\dfrac{n(n-1)(n-2)}{3\times2\times1}=35$

$n(n-1)(n-2)=210=7\times6\times5$

$\therefore n=7$

따라서 구하는 여학생의 수는 7이다.

## 05

2, 4를 포함하고 3, 5를 포함하지 않도록 4개의 숫자를 택하는 경우의 수는 2, 4를 먼저 택하였다고 생각하고 3, 5를 제외한 나머지 4개의 숫자 중에서 2개의 숫자를 택하는 경우의 수와 같으므로

$$_4C_2=\frac{4\times3}{2\times1}=6$$

그 각각에 대하여 택한 4개의 숫자를 2, 4가 이웃하지 않도록 하여 일렬로 나열하는 경우의 수는 2개의 숫자 2, 4를 제외한 나머지 2개의 수를 나열한 후 이 2개의 숫자의 사이사이와 양 끝의 3개의 자리에 2개의 숫자 2, 4를 나열하는 경우의 수와 같으므로

$$2!\times_3P_2=(2\times1)\times(3\times2)=12$$

따라서 구하는 경우의 수는

$$6\times12=72$$

## 06

$n$명의 학생 중에서 영표와 상백이를 포함한 4명을 뽑는 경우의 수는 영표와 상백이는 이미 뽑혔다고 생각하고 나머지 $(n-2)$명의 학생 중에서 2명을 뽑는 경우의 수와 같으므로

$$_{n-2}C_2$$

그 각각에 대하여 영표와 상백이를 한 사람으로 생각하여 3명의 학생을 일렬로 세우는 경우의 수는

$$3!=3\times2\times1=6$$

또 그 각각에 대하여 영표와 상백이가 서로 자리를 바꾸는 경우의 수는

$$2!=2\times1=2$$

즉, $_{n-2}C_2\times6\times2=120$에서

$$\frac{(n-2)(n-3)}{2\times1}\times12=120$$

$$(n-2)(n-3)=20=5\times4$$

$$n-2=5 \qquad \therefore n=7$$

## 07

9개의 점 중에서 3개를 택하는 경우의 수는

$$_9C_3=\frac{9\times8\times7}{3\times2\times1}=84$$

이때 3개의 점을 지나는 일직선의 개수는 오른쪽 그림과 같이 가로 방향으로 3개, 세로 방향으로 3개, 대각선 방향으로 2개, 즉 모두 8개이다.

일직선 위에 있는 점으로는 삼각형을 만들 수 없으므로 구하는 삼각형의 개수는

$$84-8=76$$

## 08

가로 방향의 선분 4개 중에서 2개, 세로 방향의 선분 5개 중에서 2개를 택하면 한 개의 직사각형이 만들어지므로 만들 수 있는 직사각형의 개수는

$$_4C_2\times_5C_2=\frac{4\times3}{2\times1}\times\frac{5\times4}{2\times1}=60$$

이때 가로 방향과 세로 방향의 선분 중에서 간격이 같도록 각각 2개씩 택하면 한 개의 정사각형이 만들어진다.

(i) 가장 작은 정사각형 1개로 이루어진 정사각형의 개수
   간격이 가장 작은 정사각형 1개가 되도록 택할 수 있는 가로 방향의 선분이 3쌍, 세로 방향의 선분이 4쌍이므로
   $$3\times4=12$$

(ii) 가장 작은 정사각형 4개로 이루어진 정사각형의 개수
   간격이 가장 작은 정사각형 2개가 되도록 택할 수 있는 가로 방향의 선분이 2쌍, 세로 방향의 선분이 3쌍이므로
   $$2\times3=6$$

(iii) 가장 작은 정사각형 9개로 이루어진 정사각형의 개수
   간격이 가장 작은 정사각형 3개가 되도록 택할 수 있는 가로 방향의 선분이 1쌍, 세로 방향의 선분이 2쌍이므로
   $$1\times2=2$$

(i), (ii), (iii)에서 정사각형의 개수는

$$12+6+2=20$$

따라서 구하는 직사각형의 개수는

$$60-20=40$$

## 09

세 자리의 자연수가 500보다 크고 700보다 작으므로

$$a=5 \text{ 또는 } a=6$$

(i) $a=5$일 때
   $c<b<5$이므로 $b$, $c$의 값을 정하는 경우의 수는 1부터 4까지의 숫자 중에서 2개의 숫자를 택하는 경우의 수와 같다.
   $$\therefore {_4C_2}=\frac{4\times3}{2\times1}=6$$

(ii) $a=6$일 때

    $c<b<6$이므로 $b$, $c$의 값을 정하는 경우의 수는 1부터 5까지의 숫자 중에서 2개의 숫자를 택하는 경우의 수와 같다.

    $\therefore {}_5C_2=\dfrac{5\times4}{2\times1}=10$

(i), (ii)에서 구하는 자연수의 개수는

$6+10=16$

## 10

꼭짓점 A와 선분 BC 위의 네 점을 연결하는 4개의 선분과 두 선분 AB, AC, 즉 6개의 선분 중에서 2개의 선분을 택하는 경우의 수는

${}_6C_2=\dfrac{6\times5}{2\times1}=15$

선분 AB 위의 세 점과 선분 AC 위의 세 점을 연결하는 3개의 선분과 선분 BC, 즉 4개의 선분 중에서 1개의 선분을 택하는 경우의 수는

${}_4C_1=4$

따라서 구하는 삼각형의 개수는

$15\times4=60$

---

### 개념으로 단원 마무리

• 본문 134쪽

**1** 답 (1) ${}_nC_r$　(2) ${}_nP_r$, $r!(n-r)!$, $1$, $1$

    (3) $n-r$, ${}_{n-1}C_{r-1}$

**2** 답 (1) ○　(2) ×　(3) ×　(4) ○　(5) ○

(2) 서로 다른 $n$개에서 $r$개를 택하는 경우의 수는 조합의 수이고, 택한 $r$개를 일렬로 나열까지 하는 경우의 수는 순열의 수이다.

(3) 한 동아리에서 회장, 부회장을 뽑는 경우의 수는 순열, 한 동아리에서 대표 2명을 뽑는 경우의 수는 조합을 이용하여 구한다.

(4) ${}_4C_2+{}_4C_3={}_5C_3={}_5C_2$

---

**1** 답 (1) $1\times3$ 행렬　(2) $3\times1$ 행렬

    (3) $2\times2$ 행렬, 이차정사각행렬　(4) $3\times2$ 행렬

(3) 정사각행렬은 행의 개수와 열의 개수가 같은 행렬이다.

**2** 답 (1) 5　(2) 1　(3) 4　(4) 2

$(i, j)$ 성분, 즉 $a_{ij}$는 제$i$행과 제$j$열이 만나는 곳에 위치한 성분이다.

**3** 답 $a=-5$, $b=4$, $c=1$, $d=2$

두 행렬의 대응하는 성분이 각각 같아야 하므로

$3=2c+1$, $a+2b=3$, $-2a=10$, $8=4d$

$\therefore a=-5$, $b=4$, $c=1$, $d=2$

**4** 답 (1) $\begin{pmatrix}5&1\\1&1\end{pmatrix}$ (2) $\begin{pmatrix}-3&10&-1\\5&5&-4\end{pmatrix}$ (3) $\begin{pmatrix}8&-3\\-3&4\end{pmatrix}$

    (4) $\begin{pmatrix}4&1\\-2&-3\\-1&3\end{pmatrix}$

(1) $\begin{pmatrix}3&-4\\2&1\end{pmatrix}+\begin{pmatrix}2&5\\-1&0\end{pmatrix}=\begin{pmatrix}3+2&-4+5\\2+(-1)&1+0\end{pmatrix}$

        $=\begin{pmatrix}5&1\\1&1\end{pmatrix}$

(2) $\begin{pmatrix}-1&4&3\\0&3&-5\end{pmatrix}+\begin{pmatrix}-2&6&-4\\5&2&1\end{pmatrix}$

    $=\begin{pmatrix}-1+(-2)&4+6&3+(-4)\\0+5&3+2&-5+1\end{pmatrix}$

    $=\begin{pmatrix}-3&10&-1\\5&5&-4\end{pmatrix}$

(3) $\begin{pmatrix}6&0\\-2&3\end{pmatrix}-\begin{pmatrix}-2&3\\1&-1\end{pmatrix}=\begin{pmatrix}6-(-2)&0-3\\-2-1&3-(-1)\end{pmatrix}$

        $=\begin{pmatrix}8&-3\\-3&4\end{pmatrix}$

(4) $\begin{pmatrix}3&-1\\-2&0\\1&4\end{pmatrix}-\begin{pmatrix}-1&-2\\0&3\\2&1\end{pmatrix}$

    $=\begin{pmatrix}3-(-1)&-1-(-2)\\-2-0&0-3\\1-2&4-1\end{pmatrix}$

    $=\begin{pmatrix}4&1\\-2&-3\\-1&3\end{pmatrix}$

**5** 답 (1) $(6)$　(2) $\begin{pmatrix}1&2\\2&10\end{pmatrix}$

(1) $(4\quad2)\begin{pmatrix}2\\-1\end{pmatrix}=(4\times2+2\times(-1))$

        $=(6)$

(2) $\begin{pmatrix} 0 & 1 \\ -2 & 4 \end{pmatrix}\begin{pmatrix} 1 & -1 \\ 1 & 2 \end{pmatrix}$

$= \begin{pmatrix} 0\times1+1\times1 & 0\times(-1)+1\times2 \\ -2\times1+4\times1 & -2\times(-1)+4\times2 \end{pmatrix}$

$= \begin{pmatrix} 1 & 2 \\ 2 & 10 \end{pmatrix}$

**교과서 예제로 개념 익히기** • 본문 138~143쪽

**필수 예제 1** 답 48

$a_{11}=5^1-2^1=3$, $a_{12}=5^1-2^2=1$

$a_{21}=5^2-2^1=23$, $a_{22}=5^2-2^2=21$

$\therefore A = \begin{pmatrix} 3 & 1 \\ 23 & 21 \end{pmatrix}$

따라서 행렬 $A$의 모든 성분의 합은

$3+1+23+21=48$

**1-1** 답 15

$a_{11}=1+2\times1-3=0$, $a_{12}=1+2\times2-3=2$,

$a_{13}=1+2\times3-3=4$

$a_{21}=2+2\times1-3=1$, $a_{22}=2+2\times2-3=3$,

$a_{23}=2+2\times3-3=5$

$\therefore A = \begin{pmatrix} 0 & 2 & 4 \\ 1 & 3 & 5 \end{pmatrix}$

따라서 행렬 $A$의 모든 성분의 합은

$0+2+4+1+3+5=15$

**1-2** 답 2

행렬 $A$의 성분 $a_{ij}$를 구하면

$a_{11}=1+1-2=0$, $a_{12}=1+2-2=1$

$a_{21}=2+1-2=1$, $a_{22}=2+2-2=2$

$a_{31}=3+1-2=2$, $a_{32}=3+2-2=3$

$\therefore A = \begin{pmatrix} 0 & 1 \\ 1 & 2 \\ 2 & 3 \end{pmatrix}$

행렬 $B$의 성분 $b_{ij}$를 구하면

$b_{11}=1^2-1=0$, $b_{12}=1^2-2=-1$

$b_{21}=2^2-1=3$, $b_{22}=2^2-2=2$

$b_{31}=3^2-1=8$, $b_{32}=3^2-2=7$

$\therefore B = \begin{pmatrix} 0 & -1 \\ 3 & 2 \\ 8 & 7 \end{pmatrix}$

따라서 $a_{ij}=b_{ij}$인 성분의 개수는 $(1, 1)$ 성분, $(2, 2)$ 성분의 2 이다.

**1-3** 답 $\begin{pmatrix} 0 & 1 & 0 \\ 2 & 0 & 1 \\ 2 & 1 & 1 \end{pmatrix}$

$a_{ij}$는 $i$ 지점에서 $j$ 지점으로 직접 가는 길의 개수이므로

$a_{11}=0$, $a_{12}=1$, $a_{13}=0$

$a_{21}=2$, $a_{22}=0$, $a_{23}=1$

$a_{31}=2$, $a_{32}=1$, $a_{33}=1$

$\therefore A = \begin{pmatrix} 0 & 1 & 0 \\ 2 & 0 & 1 \\ 2 & 1 & 1 \end{pmatrix}$

**필수 예제 2** 답 5

$\begin{pmatrix} a & -1 \\ 3 & b+2 \end{pmatrix} = \begin{pmatrix} 2a-3 & -1 \\ 3 & 6-b \end{pmatrix}$

이므로 두 행렬이 서로 같을 조건에 의하여

$a=2a-3$에서 $a=3$

$b+2=6-b$에서 $2b=4$ $\therefore b=2$

$\therefore a+b=3+2=5$

**2-1** 답 5

$\begin{pmatrix} x-1 & -4 \\ 6 & z+w \end{pmatrix} = \begin{pmatrix} -2 & x-y \\ w+2 & 5 \end{pmatrix}$

이므로 두 행렬이 서로 같을 조건에 의하여

$x-1=-2$ ……㉠, $-4=x-y$ ……㉡

$6=w+2$ ……㉢, $z+w=5$ ……㉣

㉠, ㉢에서 $x=-1$, $w=4$

$x=-1$을 ㉡에 대입하면 $y=3$

$w=4$를 ㉣에 대입하면 $z=1$

$\therefore x+y-z+w=-1+3-1+4=5$

**2-2** 답 63

$\begin{pmatrix} a+b & 1+ab \\ 1+ab & a+b \end{pmatrix} = \begin{pmatrix} 3 & -3 \\ -3 & 3 \end{pmatrix}$

이므로 두 행렬이 서로 같을 조건에 의하여

$a+b=3$, $1+ab=-3$ $\therefore ab=-4$

$\therefore a^3+b^3=(a+b)^3-3ab(a+b)$

$=3^3-3\times(-4)\times3=63$

**2-3** 답 $\sqrt{5}$

$\begin{pmatrix} a \\ a^3+b^3 \end{pmatrix} = \begin{pmatrix} 3-b \\ a+b+15 \end{pmatrix}$

이므로 두 행렬이 서로 같을 조건에 의하여

$a=3-b$ $\therefore a+b=3$

$a^3+b^3=a+b+15=18$ ($\because a+b=3$)

이때 $a^3+b^3=(a+b)^3-3ab(a+b)$이므로

$18=3^3-3ab\times3$, $9ab=9$ $\therefore ab=1$

이때 $(a-b)^2=(a+b)^2-4ab$이므로

$(a-b)^2=3^2-4\times1=5$

$\therefore a-b=\sqrt{5}$ ($\because a>b$)

**필수 예제 3** 답 $\begin{pmatrix} 5 & 2 \\ -6 & 16 \end{pmatrix}$

$A+B-2(A-B)=A+B-2A+2B$

$=-A+3B$

$=-\begin{pmatrix} 1 & -2 \\ 3 & -4 \end{pmatrix}+3\begin{pmatrix} 2 & 0 \\ -1 & 4 \end{pmatrix}$

$=\begin{pmatrix} -1 & 2 \\ -3 & 4 \end{pmatrix}+\begin{pmatrix} 6 & 0 \\ -3 & 12 \end{pmatrix}$

$=\begin{pmatrix} 5 & 2 \\ -6 & 16 \end{pmatrix}$

**3-1** 답 $\begin{pmatrix} -7 & -5 \\ 21 & 10 \end{pmatrix}$

$$4(A+2B)-3(A+B)=4A+8B-3A-3B$$
$$=A+5B$$
$$=\begin{pmatrix} 3 & 0 \\ 1 & 5 \end{pmatrix}+5\begin{pmatrix} -2 & -1 \\ 4 & 1 \end{pmatrix}$$
$$=\begin{pmatrix} 3 & 0 \\ 1 & 5 \end{pmatrix}+\begin{pmatrix} -10 & -5 \\ 20 & 5 \end{pmatrix}$$
$$=\begin{pmatrix} -7 & -5 \\ 21 & 10 \end{pmatrix}$$

**3-2** 답 3

$3X+A=X+2B$에서 $2X=-A+2B$

$$\therefore X=\frac{1}{2}(-A+2B)$$
$$=\frac{1}{2}\left\{-\begin{pmatrix} 4 & -6 \\ 2 & 4 \end{pmatrix}+2\begin{pmatrix} 1 & 5 \\ -2 & 1 \end{pmatrix}\right\}$$
$$=\frac{1}{2}\left\{\begin{pmatrix} -4 & 6 \\ -2 & -4 \end{pmatrix}+\begin{pmatrix} 2 & 10 \\ -4 & 2 \end{pmatrix}\right\}$$
$$=\frac{1}{2}\begin{pmatrix} -2 & 16 \\ -6 & -2 \end{pmatrix}=\begin{pmatrix} -1 & 8 \\ -3 & -1 \end{pmatrix}$$

따라서 행렬 $X$의 모든 성분의 합은
$-1+8+(-3)+(-1)=3$

**3-3** 답 1

$C=xA+yB$에서

$$\begin{pmatrix} 8 & 3 \\ 5 & 6 \end{pmatrix}=x\begin{pmatrix} 2 & 1 \\ 3 & 4 \end{pmatrix}+y\begin{pmatrix} -1 & 0 \\ 2 & 3 \end{pmatrix}$$
$$=\begin{pmatrix} 2x & x \\ 3x & 4x \end{pmatrix}+\begin{pmatrix} -y & 0 \\ 2y & 3y \end{pmatrix}$$
$$=\begin{pmatrix} 2x-y & x \\ 3x+2y & 4x+3y \end{pmatrix}$$

이므로 두 행렬이 서로 같을 조건에 의하여
$8=2x-y$ ...... ㉠, $3=x$ ...... ㉡
$5=3x+2y$ ...... ㉢, $6=4x+3y$ ...... ㉣
㉡에서 $x=3$
$x=3$을 ㉠에 대입하여 정리하면
$y=-2$
이때 $x=3$, $y=-2$는 ㉢, ㉣을 만족시킨다.
$\therefore x+y=3+(-2)=1$

**필수 예제 4** 답 $\begin{pmatrix} 2 & 3 \\ -5 & -2 \end{pmatrix}$

$$AB=\begin{pmatrix} 2 & 1 \\ 3 & 4 \end{pmatrix}\begin{pmatrix} 1 & -1 \\ -1 & 2 \end{pmatrix}$$
$$=\begin{pmatrix} 2\times1+1\times(-1) & 2\times(-1)+1\times2 \\ 3\times1+4\times(-1) & 3\times(-1)+4\times2 \end{pmatrix}$$
$$=\begin{pmatrix} 1 & 0 \\ -1 & 5 \end{pmatrix}$$

$$BA=\begin{pmatrix} 1 & -1 \\ -1 & 2 \end{pmatrix}\begin{pmatrix} 2 & 1 \\ 3 & 4 \end{pmatrix}$$
$$=\begin{pmatrix} 1\times2+(-1)\times3 & 1\times1+(-1)\times4 \\ -1\times2+2\times3 & -1\times1+2\times4 \end{pmatrix}$$
$$=\begin{pmatrix} -1 & -3 \\ 4 & 7 \end{pmatrix}$$

$$\therefore AB-BA=\begin{pmatrix} 1 & 0 \\ -1 & 5 \end{pmatrix}-\begin{pmatrix} -1 & -3 \\ 4 & 7 \end{pmatrix}$$
$$=\begin{pmatrix} 2 & 3 \\ -5 & -2 \end{pmatrix}$$

참고 임의의 두 실수 $a$, $b$에 대하여 $ab=ba$가 성립하므로 항상 $ab-ba=0$이다.
그러나 행렬에서는 두 행렬 $A$, $B$에 대하여 $AB\neq BA$인 경우가 존재하므로 $AB-BA\neq O$인 경우도 존재한다.

**4-1** 답 3

$$AB=\begin{pmatrix} 2 & 1 \\ 1 & 4 \end{pmatrix}\begin{pmatrix} -1 & -2 \\ 1 & 3 \end{pmatrix}$$
$$=\begin{pmatrix} 2\times(-1)+1\times1 & 2\times(-2)+1\times3 \\ 1\times(-1)+4\times1 & 1\times(-2)+4\times3 \end{pmatrix}$$
$$=\begin{pmatrix} -1 & -1 \\ 3 & 10 \end{pmatrix}$$

$$\therefore \frac{1}{3}(AB-2B)=\frac{1}{3}\left\{\begin{pmatrix} -1 & -1 \\ 3 & 10 \end{pmatrix}-2\begin{pmatrix} -1 & -2 \\ 1 & 3 \end{pmatrix}\right\}$$
$$=\frac{1}{3}\left\{\begin{pmatrix} -1 & -1 \\ 3 & 10 \end{pmatrix}-\begin{pmatrix} -2 & -4 \\ 2 & 6 \end{pmatrix}\right\}$$
$$=\frac{1}{3}\begin{pmatrix} 1 & 3 \\ 1 & 4 \end{pmatrix}$$
$$=\begin{pmatrix} \frac{1}{3} & 1 \\ \frac{1}{3} & \frac{4}{3} \end{pmatrix}$$

따라서 행렬 $\frac{1}{3}(AB-2B)$의 모든 성분의 합은
$$\frac{1}{3}+1+\frac{1}{3}+\frac{4}{3}=3$$

**4-2** 답 1

$$AB=\begin{pmatrix} -2 & x \\ 3 & y \end{pmatrix}\begin{pmatrix} x & -1 \\ 2 & 1 \end{pmatrix}$$
$$=\begin{pmatrix} -2\times x+x\times2 & -2\times(-1)+x\times1 \\ 3\times x+y\times2 & 3\times(-1)+y\times1 \end{pmatrix}$$
$$=\begin{pmatrix} 0 & x+2 \\ 3x+2y & y-3 \end{pmatrix}$$

$AB=O$에서

$$\begin{pmatrix} 0 & x+2 \\ 3x+2y & y-3 \end{pmatrix}=\begin{pmatrix} 0 & 0 \\ 0 & 0 \end{pmatrix}$$

이므로 두 행렬이 서로 같을 조건에 의하여
$x+2=0$ ...... ㉠, $3x+2y=0$ ...... ㉡
$y-3=0$ ...... ㉢
㉠, ㉢에서 $x=-2$, $y=3$
이때 $x=-2$, $y=3$은 ㉡을 만족시킨다.
$\therefore x+y=-2+3=1$

**4-3** 답 2

$$AB=\begin{pmatrix} 2 & 0 \\ 4 & x \end{pmatrix}\begin{pmatrix} 1 & y \\ 3 & 1 \end{pmatrix}$$
$$=\begin{pmatrix} 2\times1+0\times3 & 2\times y+0\times1 \\ 4\times1+x\times3 & 4\times y+x\times1 \end{pmatrix}$$
$$=\begin{pmatrix} 2 & 2y \\ 3x+4 & x+4y \end{pmatrix}$$

$$BA=\begin{pmatrix} 1 & y \\ 3 & 1 \end{pmatrix}\begin{pmatrix} 2 & 0 \\ 4 & x \end{pmatrix}$$
$$=\begin{pmatrix} 1\times2+y\times4 & 1\times0+y\times x \\ 3\times2+1\times4 & 3\times0+1\times x \end{pmatrix}$$
$$=\begin{pmatrix} 4y+2 & xy \\ 10 & x \end{pmatrix}$$

이때 $AB=BA$이므로 두 행렬이 서로 같을 조건에 의하여

$2=4y+2$ ...... ㉠, $2y=xy$ ...... ㉡

$3x+4=10$ ...... ㉢, $x+4y=x$ ...... ㉣

㉠, ㉢에서 $x=2$, $y=0$

이때 $x=2$, $y=0$은 ㉡, ㉣을 만족시킨다.

∴ $x-y=2-0=2$

**필수 예제 5** 답 35

이차방정식의 근과 계수의 관계에 의하여

$\alpha+\beta=5$, $\alpha\beta=-1$

$$A^2=\begin{pmatrix} \alpha & 2 \\ 2 & \beta \end{pmatrix}\begin{pmatrix} \alpha & 2 \\ 2 & \beta \end{pmatrix}$$
$$=\begin{pmatrix} \alpha\times\alpha+2\times2 & \alpha\times2+2\times\beta \\ 2\times\alpha+\beta\times2 & 2\times2+\beta\times\beta \end{pmatrix}$$
$$=\begin{pmatrix} \alpha^2+4 & 2\alpha+2\beta \\ 2\alpha+2\beta & \beta^2+4 \end{pmatrix}$$

따라서 행렬 $A^2$의 $(1, 1)$ 성분과 $(2, 2)$ 성분의 합은

$$(\alpha^2+4)+(\beta^2+4)=\alpha^2+\beta^2+8$$
$$=(\alpha+\beta)^2-2\alpha\beta+8$$
$$=5^2-2\times(-1)+8=35$$

**5-1** 답 12

이차방정식의 근과 계수의 관계에 의하여

$\alpha+\beta=2$, $\alpha\beta=-5$

$$A^2-2A=\begin{pmatrix} \alpha & 1 \\ 1 & \beta \end{pmatrix}\begin{pmatrix} \alpha & 1 \\ 1 & \beta \end{pmatrix}-2\begin{pmatrix} \alpha & 1 \\ 1 & \beta \end{pmatrix}$$
$$=\begin{pmatrix} \alpha\times\alpha+1\times1 & \alpha\times1+1\times\beta \\ 1\times\alpha+\beta\times1 & 1\times1+\beta\times\beta \end{pmatrix}-\begin{pmatrix} 2\alpha & 2 \\ 2 & 2\beta \end{pmatrix}$$
$$=\begin{pmatrix} \alpha^2+1 & \alpha+\beta \\ \alpha+\beta & 1+\beta^2 \end{pmatrix}-\begin{pmatrix} 2\alpha & 2 \\ 2 & 2\beta \end{pmatrix}$$
$$=\begin{pmatrix} \alpha^2-2\alpha+1 & \alpha+\beta-2 \\ \alpha+\beta-2 & \beta^2-2\beta+1 \end{pmatrix}$$

따라서 행렬 $A^2-2A$의 모든 성분의 합은

$$(\alpha^2-2\alpha+1)+2(\alpha+\beta-2)+(\beta^2-2\beta+1)$$
$$=\alpha^2+\beta^2-2$$
$$=(\alpha+\beta)^2-2\alpha\beta-2$$
$$=2^2-2\times(-5)-2=12$$

**5-2** 답 100

$A=\begin{pmatrix} 1 & 0 \\ -1 & 1 \end{pmatrix}$에서

$$A^2=\begin{pmatrix} 1 & 0 \\ -1 & 1 \end{pmatrix}\begin{pmatrix} 1 & 0 \\ -1 & 1 \end{pmatrix}=\begin{pmatrix} 1 & 0 \\ -2 & 1 \end{pmatrix}$$
$$A^3=A^2A=\begin{pmatrix} 1 & 0 \\ -2 & 1 \end{pmatrix}\begin{pmatrix} 1 & 0 \\ -1 & 1 \end{pmatrix}=\begin{pmatrix} 1 & 0 \\ -3 & 1 \end{pmatrix}$$

$$\vdots$$

$$\therefore A^n=\begin{pmatrix} 1 & 0 \\ -n & 1 \end{pmatrix}$$

따라서 $\begin{pmatrix} 1 & 0 \\ -n & 1 \end{pmatrix}=\begin{pmatrix} 1 & 0 \\ -100 & 1 \end{pmatrix}$에서 $-n=-100$이므로

$n=100$

**5-3** 답 6

$A=\begin{pmatrix} 1 & 1 \\ -1 & 0 \end{pmatrix}$에서

$$A^2=\begin{pmatrix} 1 & 1 \\ -1 & 0 \end{pmatrix}\begin{pmatrix} 1 & 1 \\ -1 & 0 \end{pmatrix}=\begin{pmatrix} 0 & 1 \\ -1 & -1 \end{pmatrix}$$
$$A^3=A^2A=\begin{pmatrix} 0 & 1 \\ -1 & -1 \end{pmatrix}\begin{pmatrix} 1 & 1 \\ -1 & 0 \end{pmatrix}=\begin{pmatrix} -1 & 0 \\ 0 & -1 \end{pmatrix}=-E$$
$$A^4=A^3A=(-E)A=-A$$
$$A^5=A^4A=-AA=-A^2$$
$$A^6=(A^3)^2=(-E)^2=E$$

따라서 $A^n=E$를 만족시키는 자연수 $n$의 최솟값은 6이다.

**필수 예제 6** 답 (가) B (나) P

$$CD=\begin{pmatrix} 90 & 20 \\ 100 & 30 \end{pmatrix}\begin{pmatrix} 5 & 3 \\ 6 & 2 \end{pmatrix}$$
$$=\begin{pmatrix} 90\times5+20\times6 & 90\times3+20\times2 \\ 100\times5+30\times6 & 100\times3+30\times2 \end{pmatrix}$$

즉, 행렬 $CD$의 $(1, 2)$ 성분은 $90\times3+20\times2$이고,

$90\times3=$(P회사의 컴퓨터 가격)

$\times$(B학교가 구입하려는 컴퓨터의 수)

$20\times2=$(P회사의 프린터 가격)

$\times$(B학교가 구입하려는 프린터의 수)

따라서 행렬 $CD$의 $(1, 2)$ 성분은 (가) $\boxed{\text{B}}$ 학교가 (나) $\boxed{\text{P}}$ 회사에서 컴퓨터와 프린터를 구입할 때 지불해야 할 금액이다.

**6-1** 답 ⑤

$$AB=\begin{pmatrix} 120 & 150 \\ 200 & 130 \end{pmatrix}\begin{pmatrix} 0.13 & 0.10 \\ 0.11 & 0.15 \end{pmatrix}$$
$$=\begin{pmatrix} 120\times0.13+150\times0.11 & 120\times0.10+150\times0.15 \\ 200\times0.13+130\times0.11 & 200\times0.10+130\times0.15 \end{pmatrix}$$

즉, 행렬 $AB$의 $(1, 2)$ 성분은 $120\times0.10+150\times0.15$이고,

$120\times0.10=$(3 kg 백설탕의 생산량)

$\times$(Q 지역의 백설탕의 판매율)

$150\times0.15=$(3 kg 흑설탕의 생산량)

$\times$(Q 지역의 흑설탕의 판매율)

따라서 행렬 $AB$의 $(1, 2)$ 성분은 Q 지역에서 판매된 3 kg 설탕의 총수량을 의미한다.

**6-2** 답 (가) $NM$ (나) $(1, 1)$

A 과수원에서 사과나무와 복숭아나무에 맺는 열매의 총개수는

$19\times20+15\times17$이고

$$NM=\begin{pmatrix} 19 & 15 \\ 22 & 14 \end{pmatrix}\begin{pmatrix} 20 & 16 \\ 17 & 21 \end{pmatrix}$$
$$=\begin{pmatrix} 19\times20+15\times17 & 19\times16+15\times21 \\ 22\times20+14\times17 & 22\times16+14\times21 \end{pmatrix}$$

이므로 행렬 (가) $\boxed{NM}$ 의 (나) $\boxed{(1, 1)}$ 성분이다.

| | | | |
|---|---|---|---|
| **01** ⑤ | **02** 10 | **03** ③ | **04** $-2$ |
| **05** ② | **06** ③ | **07** 1000 | **08** 3 |
| **09** 13 | **10** ③ | | |

## 01

행렬 $A$의 제2행의 성분은 $a_{21}$, $a_{22}$, $a_{23}$이고

$a_{21}=2+1=3$, $a_{22}=2\times2-1=3$, $a_{23}=2-3=-1$

이므로 구하는 합은

$3+3+(-1)=5$

## 02

$$\begin{pmatrix} x^2+ax & 6 \\ 3y & 0 \end{pmatrix} = \begin{pmatrix} 10 & 2a \\ y^2+5b & b+2 \end{pmatrix}$$

이므로 두 행렬이 서로 같을 조건에 의하여

$x^2+ax=10$ ······ ㉠, $6=2a$ ······ ㉡

$3y=y^2+5b$ ······ ㉢, $0=b+2$ ······ ㉣

㉡에서 $a=3$

$a=3$을 ㉠에 대입하면

$x^2+3x=10$, $x^2+3x-10=0$

$(x+5)(x-2)=0$ ∴ $x=-5$ 또는 $x=2$

㉣에서 $b=-2$

$b=-2$를 ㉢에 대입하면

$3y=y^2-10$, $y^2-3y-10=0$

$(y+2)(y-5)=0$ ∴ $y=-2$ 또는 $y=5$

그런데 $x>0$, $y>0$이므로 $x=2$, $y=5$

∴ $xy=2\times5=10$

## 03

$3A+2B=\begin{pmatrix} 3 & 2 \\ -2 & 7 \end{pmatrix}$ ······ ㉠

$2A-B=\begin{pmatrix} 2 & -1 \\ 1 & 7 \end{pmatrix}$ ······ ㉡

㉠$+2\times$㉡을 하면

$7A=\begin{pmatrix} 3 & 2 \\ -2 & 7 \end{pmatrix}+2\begin{pmatrix} 2 & -1 \\ 1 & 7 \end{pmatrix}$

$=\begin{pmatrix} 3 & 2 \\ -2 & 7 \end{pmatrix}+\begin{pmatrix} 4 & -2 \\ 2 & 14 \end{pmatrix}=\begin{pmatrix} 7 & 0 \\ 0 & 21 \end{pmatrix}$

∴ $A=\begin{pmatrix} 1 & 0 \\ 0 & 3 \end{pmatrix}$

$A=\begin{pmatrix} 1 & 0 \\ 0 & 3 \end{pmatrix}$을 ㉡에 대입하여 정리하면

$B=2A-\begin{pmatrix} 2 & -1 \\ 1 & 7 \end{pmatrix}=2\begin{pmatrix} 1 & 0 \\ 0 & 3 \end{pmatrix}-\begin{pmatrix} 2 & -1 \\ 1 & 7 \end{pmatrix}$

$=\begin{pmatrix} 2 & 0 \\ 0 & 6 \end{pmatrix}-\begin{pmatrix} 2 & -1 \\ 1 & 7 \end{pmatrix}=\begin{pmatrix} 0 & 1 \\ -1 & -1 \end{pmatrix}$

∴ $A+B=\begin{pmatrix} 1 & 0 \\ 0 & 3 \end{pmatrix}+\begin{pmatrix} 0 & 1 \\ -1 & -1 \end{pmatrix}$

$=\begin{pmatrix} 1 & 1 \\ -1 & 2 \end{pmatrix}$

## 04

$$\begin{pmatrix} -4 & -3 \\ -2 & -4 \end{pmatrix}=p\begin{pmatrix} 1 & -1 \\ 0 & 3 \end{pmatrix}+q\begin{pmatrix} 2 & 5 \\ 2 & a \end{pmatrix}$$

$$=\begin{pmatrix} p & -p \\ 0 & 3p \end{pmatrix}+\begin{pmatrix} 2q & 5q \\ 2q & aq \end{pmatrix}$$

$$=\begin{pmatrix} p+2q & -p+5q \\ 2q & 3p+aq \end{pmatrix}$$

이므로 두 행렬이 서로 같을 조건에 의하여

$-4=p+2q$ ······ ㉠, $-3=-p+5q$ ······ ㉡

$-2=2q$ ······ ㉢, $-4=3p+aq$ ······ ㉣

㉢에서 $q=-1$

$q=-1$을 ㉠에 대입하여 정리하면

$p=-2$

이때 $p=-2$, $q=-1$은 ㉡을 만족시킨다.

$p=-2$, $q=-1$을 ㉣에 대입하면

$3\times(-2)+a\times(-1)=-4$ ∴ $a=-2$

## 05

$A$: $1\times2$ 행렬, $B$: $2\times2$ 행렬, $C$: $2\times1$행렬

① 행렬 $A$의 열의 개수와 행렬 $B$의 행의 개수가 2로 같으므로 행렬의 곱 $AB$는 정의된다.

② 행렬 $B$의 열의 개수 2와 행렬 $A$의 행의 개수 1은 서로 같지 않으므로 행렬의 곱 $BA$는 정의할 수 없다.

③ 행렬 $A$의 열의 개수와 행렬 $C$의 행의 개수가 2로 같으므로 행렬의 곱 $AC$는 정의된다.

④ 행렬 $C$의 열의 개수와 행렬 $A$의 행의 개수가 1로 같으므로 행렬의 곱 $CA$는 정의된다.

⑤ 행렬 $B$의 열의 개수와 행렬 $C$의 행의 개수가 2로 같으므로 행렬의 곱 $BC$는 정의된다.

따라서 행렬의 곱을 정의할 수 없는 것은 ②이다.

## 06

$A+B=\begin{pmatrix} -2 & 2 \\ 4 & 2 \end{pmatrix}$ ······ ㉠

$A-B=\begin{pmatrix} 2 & 2 \\ 2 & -4 \end{pmatrix}$ ······ ㉡

㉠$+$㉡을 하면

$2A=\begin{pmatrix} -2 & 2 \\ 4 & 2 \end{pmatrix}+\begin{pmatrix} 2 & 2 \\ 2 & -4 \end{pmatrix}=\begin{pmatrix} 0 & 4 \\ 6 & -2 \end{pmatrix}$

∴ $A=\begin{pmatrix} 0 & 2 \\ 3 & -1 \end{pmatrix}$ ······ ㉢

㉢을 ㉠에 대입하여 정리하면

$B=\begin{pmatrix} -2 & 2 \\ 4 & 2 \end{pmatrix}-A=\begin{pmatrix} -2 & 2 \\ 4 & 2 \end{pmatrix}-\begin{pmatrix} 0 & 2 \\ 3 & -1 \end{pmatrix}=\begin{pmatrix} -2 & 0 \\ 1 & 3 \end{pmatrix}$

∴ $A^2-B^2=\begin{pmatrix} 0 & 2 \\ 3 & -1 \end{pmatrix}\begin{pmatrix} 0 & 2 \\ 3 & -1 \end{pmatrix}-\begin{pmatrix} -2 & 0 \\ 1 & 3 \end{pmatrix}\begin{pmatrix} -2 & 0 \\ 1 & 3 \end{pmatrix}$

$=\begin{pmatrix} 6 & -2 \\ -3 & 7 \end{pmatrix}-\begin{pmatrix} 4 & 0 \\ 1 & 9 \end{pmatrix}$

$=\begin{pmatrix} 2 & -2 \\ -4 & -2 \end{pmatrix}$

참고 두 행렬 $A$, $B$에 대하여 $AB\neq BA$인 경우가 존재하므로 $A^2-B^2=(A+B)(A-B)$가 항상 성립하지 않는다.

즉, 연립방정식을 이용하여 두 행렬 $A$, $B$를 각각 구하여 계산하여야 한다.

**07**

$A=\begin{pmatrix} 1 & 2 \\ 0 & 1 \end{pmatrix}$에서

$A^2=\begin{pmatrix} 1 & 2 \\ 0 & 1 \end{pmatrix}\begin{pmatrix} 1 & 2 \\ 0 & 1 \end{pmatrix}=\begin{pmatrix} 1 & 4 \\ 0 & 1 \end{pmatrix}$

$A^3=\begin{pmatrix} 1 & 4 \\ 0 & 1 \end{pmatrix}\begin{pmatrix} 1 & 2 \\ 0 & 1 \end{pmatrix}=\begin{pmatrix} 1 & 6 \\ 0 & 1 \end{pmatrix}$

$A^4=\begin{pmatrix} 1 & 6 \\ 0 & 1 \end{pmatrix}\begin{pmatrix} 1 & 2 \\ 0 & 1 \end{pmatrix}=\begin{pmatrix} 1 & 8 \\ 0 & 1 \end{pmatrix}$

$\vdots$

$\therefore A^n=\begin{pmatrix} 1 & 2n \\ 0 & 1 \end{pmatrix}$ ($n$은 자연수)

이때

$A-A^2=\begin{pmatrix} 0 & -2 \\ 0 & 0 \end{pmatrix}$, $A^3-A^4=\begin{pmatrix} 0 & -2 \\ 0 & 0 \end{pmatrix}$, $\cdots$

이므로

$A-A^2+A^3-A^4+\cdots+A^{999}-A^{1000}$

$=(A-A^2)+(A^3-A^4)+\cdots+(A^{999}-A^{1000})$

$=\begin{pmatrix} 0 & -2 \\ 0 & 0 \end{pmatrix}+\begin{pmatrix} 0 & -2 \\ 0 & 0 \end{pmatrix}+\cdots+\begin{pmatrix} 0 & -2 \\ 0 & 0 \end{pmatrix}$

$=500\begin{pmatrix} 0 & -2 \\ 0 & 0 \end{pmatrix}$

$=\begin{pmatrix} 0 & -1000 \\ 0 & 0 \end{pmatrix}$

따라서 $a=0$, $b=-1000$, $c=0$, $d=0$이므로
$a-b+c-d=0-(-1000)+0-0=1000$

**08**

$A=\begin{pmatrix} a & 0 \\ 0 & 1 \end{pmatrix}$에서

$A^2=\begin{pmatrix} a & 0 \\ 0 & 1 \end{pmatrix}\begin{pmatrix} a & 0 \\ 0 & 1 \end{pmatrix}=\begin{pmatrix} a^2 & 0 \\ 0 & 1 \end{pmatrix}$

$A^3=A^2A=\begin{pmatrix} a^2 & 0 \\ 0 & 1 \end{pmatrix}\begin{pmatrix} a & 0 \\ 0 & 1 \end{pmatrix}=\begin{pmatrix} a^3 & 0 \\ 0 & 1 \end{pmatrix}$

$\vdots$

$\therefore A^n=\begin{pmatrix} a^n & 0 \\ 0 & 1 \end{pmatrix}$ ($n$은 자연수)

따라서 $A^7=\begin{pmatrix} a^7 & 0 \\ 0 & 1 \end{pmatrix}=\begin{pmatrix} 128 & b \\ c & d \end{pmatrix}$이므로

$a=2$, $b=0$, $c=0$, $d=1$
$\therefore a+b+c+d=2+0+0+1=3$

**09**

행렬 $A$의 성분 $a_{ij}$를 구하면
$a_{11}=1-1+1=1$, $a_{12}=1-2+1=0$
$a_{21}=2-1+1=2$, $a_{22}=2-2+1=1$

$\therefore A=\begin{pmatrix} 1 & 0 \\ 2 & 1 \end{pmatrix}$

행렬 $B$의 성분 $b_{ij}$를 구하면
$b_{11}=1+1+1=3$, $b_{12}=1+2+1=4$
$b_{21}=2+1+1=4$, $b_{22}=2+2+1=5$

$\therefore B=\begin{pmatrix} 3 & 4 \\ 4 & 5 \end{pmatrix}$

$\therefore AB=\begin{pmatrix} 1 & 0 \\ 2 & 1 \end{pmatrix}\begin{pmatrix} 3 & 4 \\ 4 & 5 \end{pmatrix}$

$=\begin{pmatrix} 1\times3+0\times4 & 1\times4+0\times5 \\ 2\times3+1\times4 & 2\times4+1\times5 \end{pmatrix}$

$=\begin{pmatrix} 3 & 4 \\ 10 & 13 \end{pmatrix}$

따라서 행렬 $AB$의 $(2,2)$ 성분은 $13$이다.

**10**

$B=\begin{pmatrix} p & q \\ r & s \end{pmatrix}$라 하면 조건 ㈎에서

$B\begin{pmatrix} 1 \\ -1 \end{pmatrix}=\begin{pmatrix} p & q \\ r & s \end{pmatrix}\begin{pmatrix} 1 \\ -1 \end{pmatrix}=\begin{pmatrix} p-q \\ r-s \end{pmatrix}=\begin{pmatrix} 0 \\ 0 \end{pmatrix}$

이므로 두 행렬이 서로 같을 조건에 의하여
$p-q=0$, $r-s=0$

$\therefore p=q$, $r=s$

즉, $B=\begin{pmatrix} p & p \\ r & r \end{pmatrix}$라 할 수 있다.

또한, 조건 ㈏에서

$AB=\begin{pmatrix} 1 & 1 \\ a & a \end{pmatrix}\begin{pmatrix} p & p \\ r & r \end{pmatrix}=\begin{pmatrix} 1\times p+1\times r & 1\times p+1\times r \\ a\times p+a\times r & a\times p+a\times r \end{pmatrix}$

$=\begin{pmatrix} p+r & p+r \\ a(p+r) & a(p+r) \end{pmatrix}=2\begin{pmatrix} 1 & 1 \\ a & a \end{pmatrix}$

이므로 두 행렬이 서로 같을 조건에 의하여
$p+r=2$, $a(p+r)=2a$

$\therefore p+r=2$ ······ ㉠

$BA=\begin{pmatrix} p & p \\ r & r \end{pmatrix}\begin{pmatrix} 1 & 1 \\ a & a \end{pmatrix}=\begin{pmatrix} p\times1+p\times a & p\times1+p\times a \\ r\times1+r\times a & r\times1+r\times a \end{pmatrix}$

$=\begin{pmatrix} p(1+a) & p(1+a) \\ r(1+a) & r(1+a) \end{pmatrix}=4\begin{pmatrix} p & p \\ r & r \end{pmatrix}$

이므로 두 행렬이 서로 같을 조건에 의하여
$p(1+a)=4p$, $r(1+a)=4r$

$\therefore 1+a=4 \rightarrow$ ㉠에서 $p\neq0$ 또는 $r\neq0$ ······ ㉡

$\therefore A+B=\begin{pmatrix} 1 & 1 \\ a & a \end{pmatrix}+\begin{pmatrix} p & p \\ r & r \end{pmatrix}=\begin{pmatrix} 1+p & 1+p \\ a+r & a+r \end{pmatrix}$

따라서 행렬 $A+B$의 $(1,2)$ 성분과 $(2,1)$ 성분의 합은
$(1+p)+(a+r)=(1+a)+(p+r)$
$\qquad\qquad\qquad =4+2=6 (\because$ ㉠, ㉡$)$

╭─────────────────────────╮
**개념으로 단원 마무리** · 본문 146쪽
╰─────────────────────────╯

**1** 탭 (1) 행렬, 성분　(2) 행, 열　(3) $m\times n$　(4) $=$
(5) $n-1$, $m+n$, $mn$　(6) $1$, $0$, $E$

**2** 탭 (1) ○　(2) ✕　(3) ○　(4) ✕　(5) ○

(2) 행렬의 덧셈과 **뺄셈**은 두 행렬이 같은 꼴일 때만 정의된다.

(4) 두 행렬 $A$, $B$의 곱 $AB$는 행렬 $A$의 열의 개수와 행렬 $B$의 행의 개수가 같을 때만 정의된다.
즉, 두 행렬 $A$, $B$에 대하여 행렬 $B$의 열의 개수와 행렬 $A$의 행의 개수가 같은 곱 $BA$는 정의되지만 행렬 $A$의 열의 개수와 행렬 $B$의 행의 개수가 같지 않은 곱 $AB$는 정의되지 않는다.

MEMO

수학이 쉬워지는
완벽한 솔루션

# 완쏠

## 개념 라이트

공통수학1

메가스터디BOOKS

내용 문의 02-6984-6901 | 구입 문의 02-6984-6868,9 | www.megastudybooks.com